蔬菜测土配方施肥技术理论与实践

赵永志 著

中国农业科学技术出版社

作者简介

赵永志，中共党员，推广研究员，北京市土肥工作站党支部书记、站长。曾任北京市农业局办公室副主任等职务。现兼任现代农业产业技术体系北京创新团队土肥水功能研究室主任、岗位专家，北京"12316农业服务热线"首席专家，中国（北京）土壤学会、农学会、植物营养学会、农业经济法研究会、农技推广协会等9个专业学会的理事或副理事长，《中国农技推广》、《中国当代创新人才》、《科技创新引领跨越发展》、《北京农业》等农业科技期刊编委，农业部耕地质量建设与管理专家指导组成员、《中国品牌农业产业联盟》专家顾问委员会副主任及《京郊日报》专家顾问等。2000年以来，主持部、市级重点科技项目30多项，获部、市级科技成果奖14项，其中一等奖5项，二等奖7项，实用发明专利4项，主持多项农业标准制定，在国家级重点刊物上发表论文40多篇、出版技术专著和培训教材9部，科技培训声像教材15部，多次被局级以上单位或部门授予先进工作者称号。2010年被评为北京市先进工作者、中国时代改革创新百佳先锋人物、科技成果管理与研究科技影响力人物、科学中国人年度人物。2011年被评为中国文化传播发展时代影响力人物、科技成果管理与研究科技影响力人物、中国金桥奖先进工作者。

白　菜

彩图 1　白菜缺钾的症状

在开始结球时，其下部叶片黄化，并在叶脉间出现坏死斑点。

彩图 2　白菜缺钙的症状

从结球初至中期，在一些叶片的叶缘部位（外数第 5 ~ 6 片叶以内）发生缘腐病。

彩图 3　白菜缺钙的症状

典型症状是内叶叶尖发黄，呈枯焦状，俗称“干烧心”，又称心腐病。

彩图 4　白菜缺锌的症状

下部叶片出现与缺氮相似的叶片黄化并枯死。

甘 蓝

彩图 5　缺氮的甘蓝植株

其症状表现为叶片总体上呈苍白色，老叶呈紫红色。

彩图 6　缺磷的甘蓝植株

和正常植株相比，植株与叶片相对较小，老叶呈暗紫色。

彩图 7　甘蓝缺钾的症状

叶球包心小，外叶叶缘枯焦是典型的症状。

彩图 8　缺钙的甘蓝植株

左为缺钙的植株，幼叶呈杯状，皱缩，叶尖有灼伤；右为正常的植株。

彩图 9　甘蓝缺镁的症状

其特点是叶脉间逐渐黄化呈网纹状，且叶龄越长症状越明显。

彩图 10　甘蓝缺硫的症状

定植 20 天后，由于缺硫不仅生育期推迟，而且新叶呈紫红色。

彩图 11　缺铁的甘蓝叶片

叶片严重褪绿，并具有褪绿的杂色。

彩图 12　甘蓝缺硼的症状

新叶停止生长。尽管它与缺钙症状相似，但缺钙时叶脉间容易坏死。

彩图 13　缺锰的甘蓝植株

叶片严重缺绿，叶缘焦枯，有些叶片上有空洞和坏死组织。

彩图 14　甘蓝缺铜的症状

甘蓝缺铜虽无特殊症状，但整体发育差，生长极其缓慢。

彩图 15　甘蓝缺钼的症状

主要表现是，叶片向内卷曲，幼叶呈现“火烧”状。

番 茄

彩图 16　大棚番茄缺氮的状况

右为正常植株，左为缺氮植株，总体呈黄绿色，下部有黄叶。

彩图 17　缺氮的番茄植株

症状为植株生长缓慢，矮小直立，叶薄。叶柄坚硬。叶色淡绿，具有带紫色的叶脉，老叶黄化。

彩图 18　番茄缺磷的叶片

上部叶片生长受到抑制，新生的茎细、叶小。

彩图 19　缺磷的番茄植株

下部叶片的背面呈现紫红色。这是因为含有花青素所致。

彩图 20　缺钾的番茄叶片

症状特点是，叶缘黄化，与低温障碍很相似。此症状易发生在果实膨大期靠近果实的叶片上。

彩图 21　番茄叶片缺钾与缺镁比较

下为缺钾的番茄小叶；上为缺镁的番茄小叶，其区别在于缺钾的边缘症状更为明显。

彩图 22　缺钾的番茄枝条

顶端的叶片从叶尖开始出现深棕色。

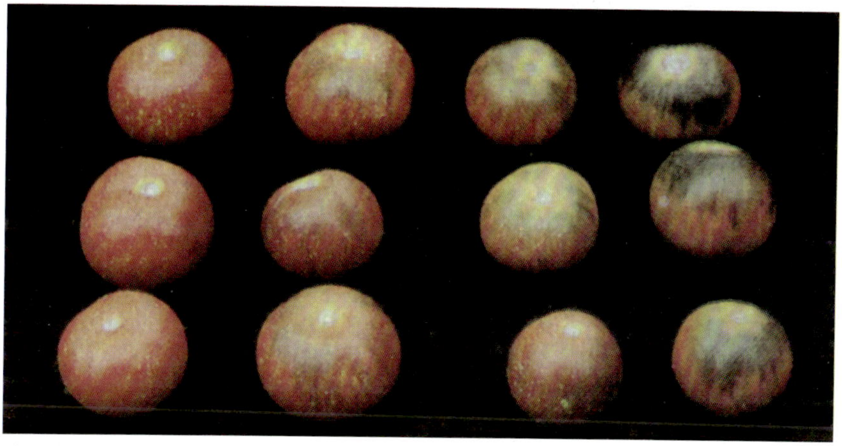

彩图 23　缺钾的番茄果实

左为正常的番茄果实，色泽红；右为有“绿背”症的番茄果实，这是番茄缺钾的一种表现。

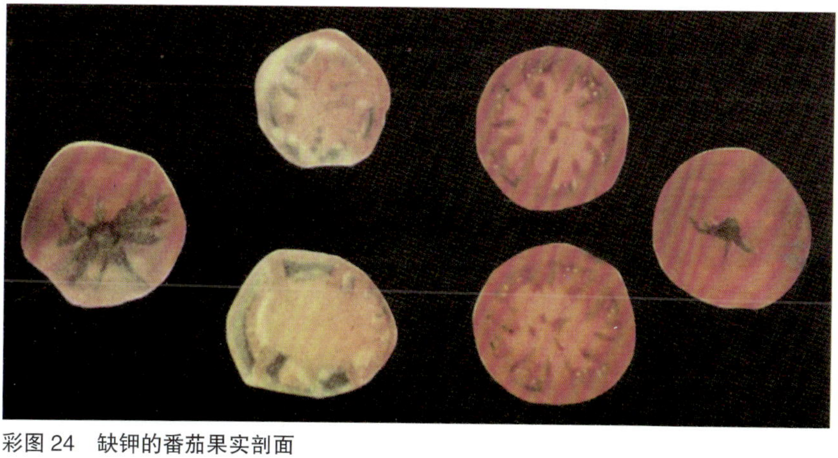

彩图 24　缺钾的番茄果实剖面

右为正常的果实；左为缺钾的，果实较小，内空，汁液少，多为棱形果。

彩图 25　缺钾的番茄果实

夏季缺钾时，果实蒂部周围的果皮呈黄绿色，而且容易发生日灼。

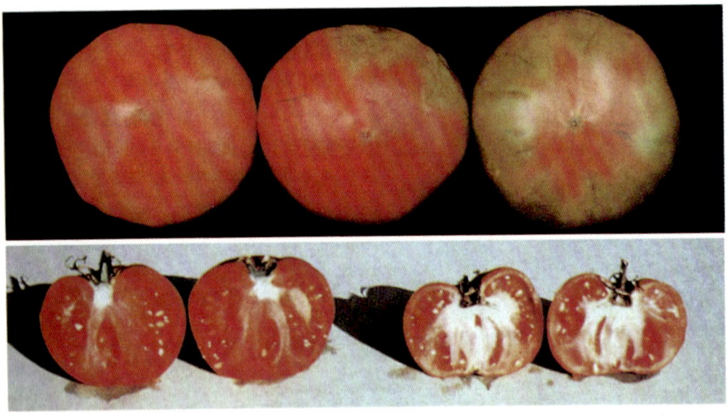

彩图 26　缺钾的番茄果实

上左为正常的番茄果实。上中及左为缺钾的果实，缺钾表现为果实着色不均，果形有棱角；下为果实切开后的情况。下左为正常的果实发育好，汁液多，肉厚；下右为缺钾的果实，发育不良，汁液少，内空，质量差，多为等外果。

彩图 27　缺钙的番茄叶片

左为缺钙的番茄顶芽，茎端变软并下垂；右为缺钙的番茄具有棕色叶脉的叶片。

彩图 28　缺钙的番茄果实

其典型症状是果实顶端有棕褐色斑点，继而溃烂，常称为“脐腐病”。这种情况往往是施磷、钾肥过多后诱发所致。

彩图 29　番茄严重缺钙的果实

普遍出现果实尚未成熟，果实的末端即开始腐烂，这是典型的脐腐病。

彩图 30　缺镁的番茄叶片

此图是番茄生长后期缺镁的症状。植株下部老叶的脉间黄化。

彩图 31　缺镁的番茄果实

症状为叶片褪绿并有坏死斑点。由于缺镁果实显示出缺钾的“绿背”症状。

彩图 32　缺硫的番茄植株

左为未施硫肥的番茄，植株较小，叶片呈黄白色；右为施过硫肥的番茄，植株较大，叶色正常。

彩图 33　番茄缺铁的症状

上部新叶和花均发生黄化，但老叶仍保持绿色。

彩图 34　严重缺硼的番茄植株

其特征为生长点死亡。

彩图 35　番茄缺硼的症状

叶柄上出现褐色斑块。

彩图 36　缺硼的番茄果实

果实蒂部出现褐色枯斑。

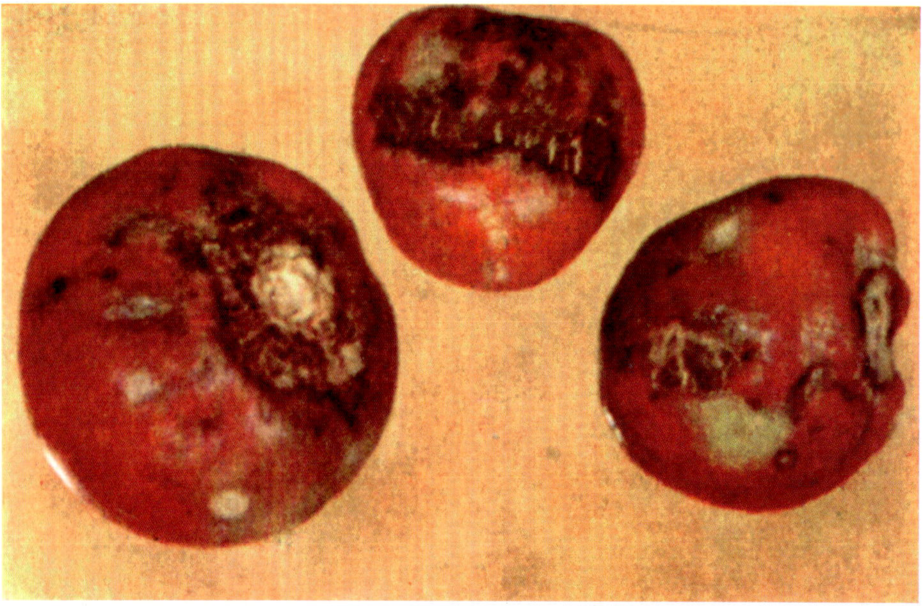

彩图 37　缺硼的番茄果实

果实表现有凹陷，似软木。果实成熟不一致。

彩图 38　缺锰的番茄植株

其症状为叶肉呈现黄色，而叶脉仍为绿色，叶片出现皱缩。

彩图 39　番茄缺铜的症状

表现为叶肉向内卷曲，皱缩。

彩图 40　缺锌的番茄植株

左为番茄锌充足；右为缺锌的植株，矮小，叶片叶小，丛生，结果少。

彩图 41　番茄缺锌的症状

顶端叶片首先出现小叶丛生，俗称“小叶病”。

彩图 42　缺钼的番茄植株

幼叶略显失绿，从顶部向下明显受害而死亡。

黄 瓜

彩图 43　黄瓜缺氮症状

症状为下部叶片枯边、叶脉间黄化，但叶脉仍为绿色。

彩图 44　黄瓜苗期缺磷症状

叶片变小，叶色呈暗绿色；右边为正常植株。

彩图 45　黄瓜中期缺磷的症状

下部叶片出现枯萎斑点。

彩图 46　黄瓜后期缺磷的症状

叶片上呈现极明显的枯死斑点。

彩图 47　黄瓜缺钾的症状

下为黄瓜缺钾初期的叶片，由下部叶片开始黄化，但与缺氮不同，叶脉仍保持绿色，上为严重缺钾的症状，叶面生成不规则的白斑。

彩图 48　黄瓜缺钾的叶片

其症状首先出现在叶缘上，脉间褪绿黄化，而叶脉仍保持绿色。

彩图 49　黄瓜初期缺钙的症状

嫩叶从外向下内卷。

彩图 50　不同程度缺镁黄瓜的叶片

上为轻度缺镁，中为中度缺镁，下为严重缺镁。此图可以看出黄瓜持续缺镁的变化。

彩图 41 黄瓜缺硫的症状

黄瓜生长发育没有异常表现，但中、上部叶片明显变淡。

彩图 52 缺铁的黄瓜叶片

症状的部位是在植株上部，叶色显现淡绿，而叶脉仍保持绿色。

彩图 53 缺铁的黄瓜叶片

左为缺铁的黄瓜叶片，叶色发黄；右为正常的黄瓜叶片，叶色正常。

彩图 54　缺硼的黄瓜果实

图为大棚缺硼黄瓜，从左到右随缺硼程度增加而逐渐加剧。一般果实外部不显症状，但果肉部分变为黄白色，出现胶状物质。严重时有些果实出现龟裂。

彩图 55　黄瓜缺硼的症状

上部叶片的叶缘出现不规则的黄化。果实上易分泌出脂状物。继而生长点枯死，节间变短，果实发育基本停止。

彩图 56　黄瓜缺锰的症状

其特征是中部叶片叶脉间黄化。这种症状在温室内常见。

彩图 57 黄瓜缺铜的症状

植株的上部叶片下垂是其典型症状，不仅上部叶片黄化，而且会扩展到下部叶片。

彩图 58 黄瓜缺钼的症状

上部叶片的脉间黄化，叶片向下弯曲成伞状，叶缘坏死。果实上有脂质溢出。右上图为叶片的特写。

彩图 59 缺锌的黄瓜叶片

叶片脉间黄化，卷曲、硬化。

彩图 60　茄子缺氮的症状

下部叶片的脉间黄化严重，而叶脉仍留有少许绿色。该叶片所显示的症状与蓟马及叶螨危害相似，但蓟马危害的叶片发亮且凹隐。

彩图 61　茄子缺磷的症状

下部叶片先变黄后干枯脱落；上部叶片呈灰绿色，茎部停止伸长，生长点生长受阻，果实也不再膨大。

茄　子

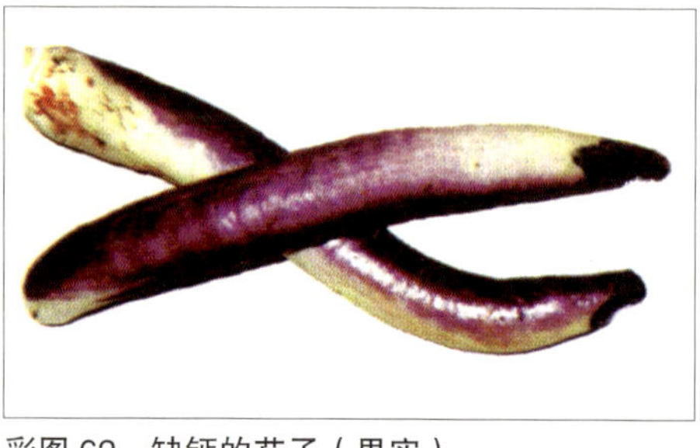

彩图 62　缺钙的茄子（果实）

症状为果实前端褐腐或干瘪。

彩图 63　缺镁的茄子叶片

首先叶脉附近变黄，严重时整个叶片黄化，从叶尖和叶缘开始变褐并坏死，有时叶脉仍保持绿色。收获量大时，下部叶片脱落严重。

彩图 64　茄子缺铁的症状

上为从顶端叶片开始黄化，叶脉间几乎全部叶片变黄；下为正常的叶片。

彩图 65　茄子缺锰的症状

其特征是生长中期以后，中下部叶片的叶脉间失绿、黄化（右），严重时叶肉全部白化（左）。这种现象在大棚两端干燥处常有发生。

彩图 66　缺钼的茄子植株

茎和叶片上出现紫红色，叶片出现畸形并向上卷曲。

甜 椒

彩图 67　甜椒缺磷的症状

其下部叶片的脉间失绿黄化，上部叶片呈灰绿色。

彩图 68　甜椒缺钾的症状

在下部叶片上会出现疮痂状。

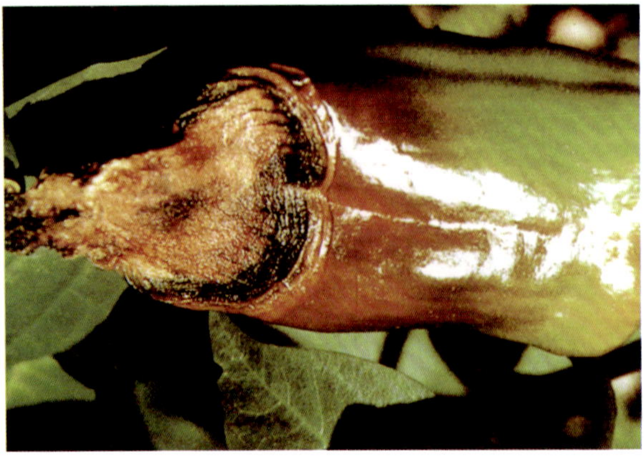

彩图 69　缺钙的甜椒果实

果实顶端首先出现深棕色斑块，随后逐步腐烂，称为“脐腐病”。

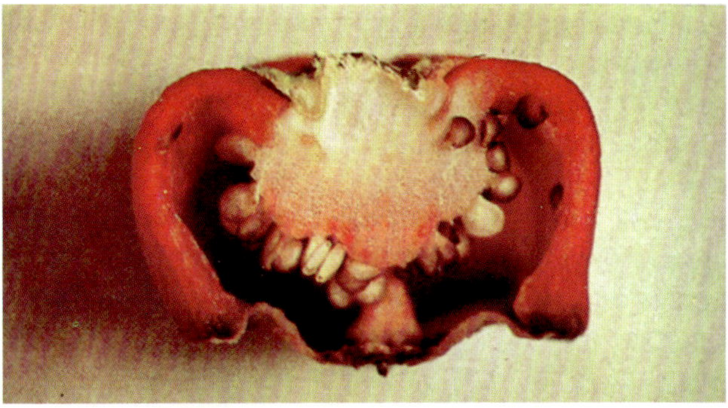

彩图 70　缺钙的甜椒剖面

缺钙不仅果实顶端腐烂，出现“脐腐病”，而且果实内部发育不良。

彩图 71　甜椒缺镁的症状

主要表现为叶尖黄化。

彩图 72　严重缺硼的辣椒植株

其症状为生长点和花芽死亡。

胡萝卜

彩图 73　缺氮胡萝卜植株

典型表现为地上部矮小，叶色淡绿，根部相对较小（右），左为健康植株。

彩图 74　缺磷胡萝卜植株

症状为植株矮小而瘦弱。老叶呈深紫色。并过早死亡脱落。

彩图 75　收获后的缺钾胡萝卜植株

左为缺钾的植株，叶片上呈黄色和褐色，根较小；右为正常的植株。

彩图 76　缺镁胡萝卜植株

症状为老叶明显褪绿。

彩图 77　缺硼胡萝卜植株

注意此为根裂现象，不是刀切的，而是由于缺硼在成熟过程中裂开的。

彩图 78　缺锰的胡萝卜

左为未施锰肥的胡萝卜；右为施过锰肥的胡萝卜。这表明缺锰对根系的影响很大。

花椰菜

彩图 79　缺氮的花椰菜植株

生长矮小，直立，茎细。叶色淡绿，老叶呈明显枯黄、红色和紫色。

彩图 80　花椰菜缺磷的症状

红色花序，叶片硬化，尖角，并有紫边。

彩图 81　缺钾的花椰菜植株

叶色蓝绿，近叶缘处轻微褪绿，叶片往后卷缩，叶缘卷曲并呈灼烧状。

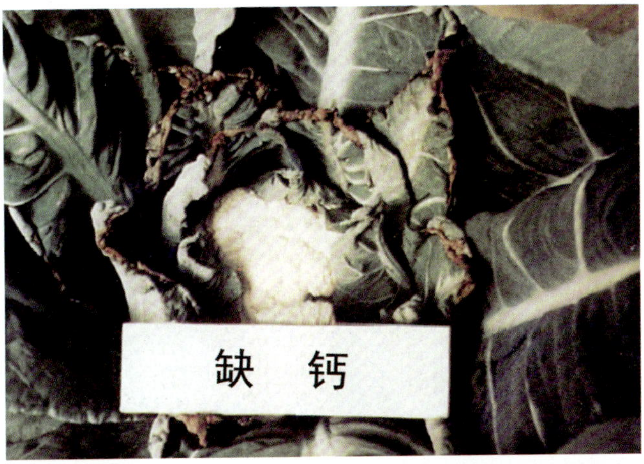

彩图 82　缺钙的花椰菜植株

心叶叶尖萎缩，呈深褐色并枯死，是典型的缺钙症状。

彩图 83　花椰菜缺镁的症状

症状首先出现在老叶上，脉间失绿，而叶脉保持绿色。

彩图 84　花椰菜缺硼的症状

右图叶片的中脉加宽、变厚，花头小，呈褐色，左图茎部出现黄褐色斑块。

彩图 85　花椰菜缺硼的表现
　　生长后期花头周围有明显的黄斑。

彩图 86　花椰菜缺铜的症状
　　缺铜虽无特殊症状，但发育差，无花头。

彩图 87　花椰菜缺钼的症状
　　生长后期花头松散，且有黄斑。

芹 菜

彩图 88　缺氮芹菜植株

生长矮小，叶色淡绿，老叶呈黄色，早早死亡。

彩图 89　缺磷芹菜植株

生长矮小，叶色蓝绿，老叶呈黄色，过早死亡。

彩图 90　缺镁芹菜植株

症状为老叶近叶缘处开始迅速褪绿。

彩图 91　严重缺钾的芹菜叶片

典型症状为叶缘发焦，似灼伤状。

彩图 92　芹菜缺钙症状

心叶生长明显受到抑制，近心的叶柄上有纵向凹陷状坏死斑（左）；部分叶片上发生与病毒相似的黄化现象（右）。

彩图 93　芹菜缺硫盆栽

左为施过硫肥的芹菜，植株较高，叶色正常；右为未施硫肥的芹菜，植株较矮，叶色发黄。

彩图 94　芹菜缺硼症状

左为正常的芹菜植株，中、右均为缺硼的芹菜，缺硼的症状为茎部粗短、开裂、变脆，称为茎裂病（茎折病），老叶叶柄出现多处裂纹裂口。

彩图 95　缺锰芹菜叶片

叶片呈无光泽的暗绿色，同时叶缘褪绿。

彩图 96　缺氮菜豆叶片

生长 9 周的缺氮菜豆，叶色变黄，干枯脱落。

彩图 97　菜豆缺镁症状

中下部叶片的脉间呈紫红色，上部叶片叶色正常。

彩图 98　矮生菜豆缺硫的叶片

左为未施硫肥的，叶片发黄；右为施过硫肥的正常叶片。

彩图 99　缺铁的菜豆叶片

上排左边到下排右边显示出不同程度的缺铁症状。其特症是幼叶较老叶黄化症状更为明显，但叶脉仍保持绿色。

彩图 100　缺锰的菜豆叶片

幼叶具有脉间明显失绿特征。

西　瓜

彩图 101　缺钾的西瓜叶片

症状为叶脉间黄化，叶缘焦枯。

彩图 102　缺钙的西瓜蔓

症状为新叶和卷须萎缩或褐腐。

彩图 103　缺镁的西瓜叶片

症状为叶脉间失绿，呈黄褐色或黄白色斑块。

草 莓

彩图 104 缺钙的草莓植株

症状为叶片皱缩，叶缘残缺不全。

彩图 105 缺铁的草莓植株

叶片严重褪绿。在早期叶脉具有明显的绿色网状特征。

彩图 106 缺锰的草莓叶片

叶缘稍有褪绿，随后向中脉发展。严重时明显褪绿黄化。

蔬菜测土配方施肥技术理论与实践

赵永志 著

中国农业科学技术出版社

图书在版编目(CIP)数据

蔬菜测土配方施肥技术理论与实践/赵永志著.
—北京:中国农业科学技术出版社,2012.1
ISBN 978-7-5116-0699-0

Ⅰ.①蔬… Ⅱ.①赵… Ⅲ.①蔬菜园艺-土壤肥力-测定法②蔬菜园艺-施肥-配方 Ⅳ.①S630.6

中国版本图书馆 CIP 数据核字(2011)第 207467 号

责任编辑 徐 毅 李少莉
责任校对 贾晓红
出 版 者 中国农业科学技术出版社
北京市中关村南大街 12 号 邮编:100081
电 话 (010)82106631(编辑室) (010)82109704(发行部)
(010)82109703(读者服务部)
传 真 (010)82106631
网 址 http://www.castp.cn
经 销 者 新华书店北京发行所
印 刷 者 北京卡乐富印刷有限公司
开 本 787 mm×1 092 mm 1/16
印 张 16.5 彩插:34 页
字 数 265 千字
版 次 2012 年 2 月第 1 版 2012 年11月第 2 次印刷
定 价 39.00 元

编审人员

主　编：赵永志

副主编：王立平

编　者（以姓氏笔画为序）：

王晓丽	石建红	卢　颖	冯文清	刘　彬
朱　文	曲明山	吴文强	辛　燕	张海伶
陈保华	宋威克	杨明宇	季　卫	周向东
郑雅莲	哈雪娇	贾小红	郭　宁	徐振桐
秦　岭	崔同华	魏　荔	肖长坤	鲁利平

序

我国是一个人口众多而耕地后备资源相对不足的国家，保障粮食及其他农产品生产安全始终是我国一项长期的战略性任务，国务院通过的《全国新增 1000 亿斤粮食生产能力规划(2009－2020)》提出，到 2020 年我国粮食生产能力达到 11000 亿斤以上，比现有产能增加 1000 亿斤。在耕地刚性减少的情况下，农业增产只能依赖于单产的提高，而提高土壤肥力和施用肥料对作物增产起着重要的作用。我国农民盲目施肥现象依然比较严重，尤其是近一、二十年，我国化肥施用量急剧增加，施用有机肥数量急剧减少，长期单一超量施用化肥，导致土壤板结、结构变差，土壤生物功能急剧下降，土壤生态系统变得越来越脆弱，这不仅大大影响了耕地生产能力和抵抗自然灾害能力的提高，影响了农产品数量和质量安全，影响了农业效益和农民收入提高，而且带来严重的环境污染。随着"优质、高产、高效、生态、安全"现代农业的发展，实行科学施肥，推广测土配方施肥和增施有机肥技术，成为今后一项长期而重要的工作任务。推广测土配方施肥和增施有机肥技术，不仅对于提高农作物单产，改善农作物品质，降低生产成本，提高肥料利用率，保证农作物稳定增产、农业增效、农民增收具有现实意义和作用，而且对于建设都市型农业，保护农业生态环境，保证农产品质量安全，实现农业可持续发展具有深远的历史意义。

实施测土配方施肥和增施有机肥首先是确保我国粮食安全的战略举措。在人增地减难以逆转的形势下，保障粮食安全必须依靠科技进步提高单产，推广测土配方施肥技术和增施有机肥是提高单产的重要技术支撑。为此，必须把测土配方施肥和增施有机肥继续作为今后促进粮食生产稳定发展、保障国家粮食安全和农产品有效供给的战略性举措，长期坚持下去。

测土配方施肥和增施有机肥是保护生态环境、促进农业可持续发展的需要。目前我国已成为世界第一大化肥消费国，但化肥利用率长期徘徊在 30%左右，与先进发达国家相比差距很大，北京市化肥投入量近些年始终保持着高速的增长。大量施用化肥使氮、磷在耕层积累，对土体、地下水、河湖等环境造成潜在的危害。采用测土配方施肥和增施有机肥技术，优化肥料施用结构、减少不合理肥料用量，降低环境污染，从而有效地缓解能源供需矛盾，促进农业可持续发展，这是当代世界发展低碳、绿色、高效经济的总趋势之一。

测土配方施肥和增施有机肥是促进农业增效农民增收的需要。我国是个农业大国，但还不是农业强国，农业基础地位依然薄弱，最需要加强，农村发展依然滞后，最需要扶持，农民增收依然困难，最需要加快。实践证明测土配方施肥和增施有机肥是当前农业生产中最直接、最广泛、最有效的节本增收措施，为此应该进一步加大推广力度，扩大测土配方施肥和增施有机肥覆盖面，指导农民科学、经济、合理施肥，使这一节本增效的有效措施长期惠泽广大农民群众。

测土配方施肥和增施有机肥还是建设发展北京都市现代农业的需要。进入 21 世纪北京市提出了发展都市型现代农业的战略任务，都市型现代农业融生产、生态、生活和展示功能为一体，具有鲜明突出的高端性、多样性、应急性和示范性的特点和作用，基于都市农业的特点，应着力发展生态农业、循环农业、高效农业、有机农业和观光农业，打造低碳、高效、绿色、有机、生态、安全的农业品牌，土肥作为农业的基础，推广测土配方施肥和增施有机肥技术是建设发展都市农业的基础环节。

北京市土肥工作站作为北京市重要的农业技术研究与推广部门，承担着北京地区土壤肥料质量管理、土壤肥料检验检测和土壤肥料技术研究与示范推广等主要工作。多年来始终把"服务首都，服务郊区，富裕农民"为己任，始终把确保首都郊区农业生产安全、生态安全、食品安全和农业增效、农民增收作为自己的最大责任和光荣使命，为了增加农业科技人员、农民朋友和肥料生产及经营者更好地了解和掌握肥料基础知识、增强鉴别真假肥料的能力，提高科学施肥水平，北京市土肥工作站组织土肥系统的专家编写了粮经、蔬菜、果树测土配方施肥技术理论与实践系列丛书。丛书系统全面、内容新颖，简明扼要，实用性及可操作性强。我愿将此书推荐给广大农业科技人员、农民朋友、肥料生产和经营者，相信对于你们从事农业科学试验、农业生产、肥料生产与经营具有一定的指导作用和参考价值，并希望通过我们的共同努力，提高北京地区科学施肥技术水平，推进北京都市型现代农业又好又快地发展。

南京农业大学教授

农业部耕地质量建设与管理专家组组长

中国土壤学会副理事长

沈其荣

2011 年 12 月 25 日

前 言

测土配方施肥是一项技术性很强的农业技术措施，推广测土配方施肥技术，对于提高农作物单产，改善农作物品质，降低生产成本，保证农作物稳定增产、农业增效、农民持续增收具有重要的现实意义和作用，对于提高肥料利用率，减少肥料浪费，保护农业生态环境，保证农产品质量安全，实现农业可持续发展具有深远的历史意义。为了提高农业科技人员、农民朋友以及肥料生产、经营者的测土配方施肥技术水平，促进北京都市型农业的发展，北京市土肥工作站组织编写了《蔬菜测土配方施肥技术理论与实践》一书。全书分为测土配方施肥基本概念，肥料基础知识，蔬菜需肥特点及施肥技术，蔬菜缺素症及防治方法，测土配方施肥技术信息化五个部分。详细讲解了测土配方施肥的重要意义、基本原理和方法，各类肥料的性质特点、鉴别方法及施用方法，主要蔬菜的需肥特点、施肥方法及推荐施肥量，主要蔬菜缺素症的症状及对应的防治措施，测土配方施肥技术信息化建设的方法、步骤、功能与应用。本书系统全面，内容新颖，理论联系实践，实用性及可操作性强，适于农业科技人员、农民朋友和肥料生产、经营者阅读。

在本书的编写过程中，作者引用了一些相关书籍的图片和资料，在此向其作者深表谢意。由于时间仓促以及水平有限，书中难免有不足和疏漏之处，敬请读者批评指正。

编 者

2011 年 12 月

目　　录

测土配方施肥的基本原理与方法

第一节　测土配方施肥的意义与作用

一、测土配方施肥的基本概念

测土配方施肥是以土壤测试和肥料田间试验为基础，根据作物的需肥规律、土壤供肥性能和肥料效应，在合理施用有机肥料的基础上，提出氮、磷、钾及中、微量元素的施用数量、施肥时期和施肥方法。通俗地讲就是在农业科技人员的指导下科学施用配方肥料。测土配方施肥技术的核心是调节和解决作物需肥与土壤供肥之间的矛盾，有针对性地补充作物所需的营养元素，作物缺什么元素补什么元素，需要多少补多少，实现各种养分的平衡供应，满足作物的需要，达到提高肥料利用率和减少肥料用量，提高作物产量，改善作物品质，节支增收的目的。

二、测土配方施肥的重要性和紧迫性

（一）测土配方施肥是贯彻中央文件精神、推进科技兴农的需要

农业部把开展测土配方施肥作为践行“三个代表”重要思想、贯彻落实科学发展观、维护农民切身利益的具体体现。2005 年，中共中央《关于进一步加强农村工作提高农业综合生产能力若干政策的意见》（中发［2005］1 号文）提出要“推广测土配方施肥，推行有机肥综合利用与无害化处理，引导农民多施农家肥，增加土壤有机质”。国务院印发的《关于做好建设节约型社会近期重点工作的通知》（国发［2005］21 号文）将“推广节肥、节药技术，提高化肥、农药利用率”作为加强资源综合利用的重要措施。在 2005 年“两会”期间，胡锦涛总书记和温家宝总理强调要指导和帮助农民合理施用化肥、农药，切实解决农业和农村面源污染问题。温家宝总理批示：“大力推广科学施肥技术，指导农民科学、经济、合理施肥，既可以节约开支，降低成本，提高耕地产

出率；又有利于改良土壤，保护地力和环境，是发展高产、优质、高效农业，增加农民收入的一条重要途径，应当作为农业科技革命的一项重要措施来抓。”温家宝总理在视察河北农村时再次强调指出测土配方施肥是农业和农村工作的一个亮点。回良玉副总理对农业部做出批示："测土配方施肥是农业节本增效，提高耕地产出率，促进可持续发展的一项关键技术。特别是在当前农资价格持续上涨的情况下，农业部启动春季行动，对促进农民增产增收具有重要作用。望加强领导，认真组织实施，有关部门要给予支持。”2005 年为了贯彻落实中央一号文件精神和中央领导同志的重要批示精神，农业部先后发出了《农业部关于开展测土配方施肥春季行动的紧急通知》（农农发［2005］8 号）与《农业部关于印发测土配方施肥秋季行动方案的通知》（农农发［2005］16 号）要求在全国范围内开展测土配方施肥春季与秋季行动。2006 年，北京市委、市政府高度重视测土配方施肥工作，将该项工作列入市委、市政府的折子工程。北京市农委、市农业局联合召开了测土配方施肥工作会议，根据《农业部办公厅、财政部办公厅关于下达 2006 年测土配方施肥补贴项目实施方案的通知》（农办财［2006］11 号）精神和《全国测土配方施肥项目规划》、全国测土配方施肥视频会议的有关要求，结合北京都市型现代农业发展和社会主义新农村建设的需要，紧紧围绕发展安全、高效农业和循环经济的主题，制定了《北京市测土配方施肥五年规划》与《2006 年北京市测土配方施肥行动方案》，在北京市启动了测土配方施肥补贴项目。

（二）测土配方施肥是实现农业发展方式转变，粮食增产、农业增效与农民增收的需要

《中共中央关于推进农村改革发展若干重大问题的决定》中明确提出，发展现代农业必须按照高产、优质、高效、生态、安全的要求，加快转变农业发展方式，提高土地产出率、资源利用率、劳动生产率，增强农业抗风险能力、国际竞争能力、可持续发展能力。最近几年随着农业产业结构的调整，越来越多的农民转移到高附加值的设施经济作物及名优特农产品的种植上来，各地政府也在加紧推进地方优势农产品的产业发展，以高投入高收益为目标，重视肥料农药的投入，结果带来了生产成本过高、资源浪费严重以及生态环境污染等问题，这些都对转变农业发展方式提出了新的课题。目前，我国农业基础仍然薄弱，北京作为国际性大都市，土地资源十分宝贵，农村人均耕地面积仅为 1.4 亩（1 亩等于 667m^2，全书同）。有限的土地不仅要提供充足的粮食蔬菜和

瓜果等农副产品，还要保证城乡居民生活用地和城市建设用地，土壤资源严重短缺。实践证明，测土配方施肥是当前农业生产中最直接、最广泛、最有效的节本增收措施，可有效减轻农民劳动强度，节约劳动成本，尤其在能源供应偏紧、化肥价格居高不下的情况下，大力推广测土配方施肥对农民节本增收意义更加重大。因此，必须充分发挥测土配方施肥的技术支撑作用，把测土配方施肥作为今后促进粮食增产、农业增效、农民增收的一项基础性、公益性、长期性的战略举措，一如既往地坚持下去。

（三）测土配方施肥是保护生态环境，促进农业可持续发展的需要

北京市化肥投入量近些年始终保持着高速的增长，2005 年氮磷钾纯养分的用量达到 14 万吨，约合每亩 33.3kg，远高于全国平均水平，占生产总投入的 50%～60%，其中，纯氮用量达到 8.4 万吨。据调查，北京市瓜菜类化肥年投入量占北京市化肥总投入量的 43%，每年菜田土壤淋洗的氮素约为 433 吨，平均每亩淋洗 0.56kg，可使 4 330 万立方米的地下水超标 10mg/L。磷素施入土壤后易被固定，在 2 个月内就有 2/3变成不可吸收的状态，而且作物对磷的当季利用率很低，一般只有 5%～15%，加上后期效率不超过 25%，约有大于 75%的磷素滞留在土壤中，每季磷（P_2O_5）在土壤的积累量可达每亩 15.5kg，有些设施菜田耕层土壤的磷（P_2O_5）含量可达 300～500mg/kg。由于氮、磷素在耕层的积累，对土体、地下水、河湖等环境存在着潜在的危害。采用测土配方施肥技术，可优化肥料施用结构、减少不合理肥料用量，降低环境污染、提高耕地基础地力，从而有效地缓解能源供需的矛盾，促进农业的可持续发展。

三、测土配方施肥的意义与作用

我国是一个人口众多而耕地后备资源相对不足的国家，农业增产依赖于单产的提高，肥料的施用对作物单产的提高起着重要的促进作用。长期以来我国农村盲目施肥现象严重，不仅造成农业生产成本增加，而且带来严重的环境污染，威胁农产品质量安全，影响农业产量进一步提高。随着“优质、高产、高效、生态、安全”农业的发展，转变施肥观念、实行科学施肥，成为今后的一项长期性任务。推广测土配方施肥技术，对于提高农作物单产，改善农作物品质，降低生产成本，保证农作物稳定增产、农业增效、农民持续增收具有现实的意义和作用，对于提高肥料利用率、减少肥料浪费，保护农业生态环境、保证农产品质量安全、实现农业可持续发展具有深远的历史意义。

（一）测土配方施肥是提高化肥利用率、建立作物施肥指标体系的主要途径

目前，我国每年化肥利用率很低，平均仅为30%，氮肥的利用率一般为30%～50%，磷肥的利用率一般为10%～15%，钾肥的利用率一般为40%～70%。导致化肥利用率偏低的原因很多，但施肥量和施肥比例不合理，是其中的主要因素。通过开展测土配方施肥，可建立作物施肥指标体系，合理地确定施肥量和各营养元素比例，有效提高化肥利用率。

（二）测土配方施肥是确保我国粮食安全的重大战略举措

我国是世界上人口最多的发展中国家，粮食安全关系国家的长治久安，任何时候都麻痹不得、大意不得、放松不得，必须常抓不懈。在人增地减趋势难以逆转的形势下，保障粮食安全必须依靠科技进步，走提高单产的路子。长期实践证明，合理施肥对提高单产有着其他任何措施不可替代的作用。长期研究结果表明，肥料对粮食增产的贡献率一般在40%以上。据全国测土配方施肥补贴项目连续6年实施调查结果显示，通过测土配方施肥，项目区与传统施肥区相比，小麦、玉米等粮食作物亩均增产6%～10%，充分展示了测土配方施肥在提高粮食单产中的重要作用。根据《国家粮食安全中长期规划纲要》，我国粮食自给率要稳定在95%以上，测土配方施肥技术的推广是重要技术支撑，为此，必须把测土配方施肥继续作为今后促进粮食生产稳定发展、保障国家粮食安全和农产品有效供给的战略性举措，长期坚持下去。

（三）测土配方施肥是转变农业发展方式的重要内容

发展现代农业必须按照高产、优质、高效、生态、安全的要求，加快转变农业发展方式，提高土地产出率、资源利用率、劳动生产率，增强农业抗风险能力、国际竞争能力、可持续发展能力。长期以来，我国农业发展方式是“高投入、高产出、低效益”。目前，尽管我国用占世界9%的耕地养活了占世界22%的人口，满足了国内日益增长的粮食等农产品需求，却消费了占世界1/3的化肥。生产成本过高和资源浪费较大是不争的事实。因此，改进耕地、肥料等资源利用方式是转变农业发展方式不可或缺的重要方面，是加快发展中国特色农业现代化的内在要求。近6年来，通过测土配方施肥补贴试点，项目区肥料利用率提高3～5个百分点，全国累计减少不合理施肥160万吨（折纯），相当于节约原油210万吨或天然气2.2亿立方米。实践证明，大力推广测土配方

施肥技术，可以节约开支，降低成本，培肥地力，提高耕地产出率，是发展高产、优质、高效农业的重要途径，应当作为农业科技革命的一条重要措施来抓。

（四）测土配方施肥是建设农业生态文明的客观要求

20 世纪 70 年代以来，我国在肥料施用上逐步以有机肥为主转变为以化肥为主，目前，已成为世界第一大化肥消费国。2007 年全国化肥施用总量达到 5 000 多万吨，占世界化肥消费总量的 30.2%，由于先进实用的科学施肥技术未得到应有的推广应用，化肥利用率长期徘徊在 30%左右，与先进发达国家相比差距很大。大量化肥通过挥发进入大气、通过渗透流入地下或进入江河，造成局部地区水体富营养化。此外，畜禽养殖废弃物等有机肥资源处置不当，利用率低，也造成资源浪费和环境污染。通过测土配方施肥补贴项目实施，项目区农民施肥观念逐渐转变，氮磷钾施用比例趋于合理。实践表明，测土配方施肥对减少肥料用量、提高化肥利用率，减轻环境污染、促进节能减排具有重要的现实意义。

（五）测土配方施肥是促进农业增效农民增收的有效途径

农业是安天下、稳民心的战略产业，同时，也是效益比较低的弱质产业。《中共中央关于推进农村改革发展若干重大问题的决定》指出：农业基础仍然薄弱，最需要加强；农村发展仍然滞后，最需要扶持；农民增收仍然困难，最需要加快。测土配方施肥是当前农业生产中最直接、最广泛、最有效的节本增收措施。全国测土配方施肥补贴项目实施结果证明，通过实施测土配方施肥，粮食作物平均每亩节本增收 25～35 元；经济作物每亩节本增收 50～80 元。应该进一步加大推广力度，扩大测土配方施肥覆盖面，指导农民科学、经济、合理施肥，使这一节本增效的有效措施长期惠泽广大农民群众。

（六）测土配方施肥是缓解化肥资源供需矛盾的客观需要

目前，我国已成为世界最大的化肥生产和消费国，2007 年我国化肥生产总量 5 696 万吨，每年因生产氮肥需消耗标准煤约 1 亿吨，消耗的天然气占全国总量的 1/3。我国磷矿品位低，开采难度大，现有 21.11 亿吨资源也只能延续到 2022 年左右；钾矿资源有限，可开采资源少，现有经济储量可开采 66 年左右。在这种化肥资源与能源供应偏紧，而化肥需求总量呈刚性性增长的情况下，当务之急就是通过测土配方施肥，实行经济、科学、环保施肥，减少不合理的化肥用量，减缓化肥需求过快增长的势头，减轻国家化肥资源与能源供给能力。

总之，测土配方施肥不同于一般的“项目”或“工程”，是一项长期性、规范性、科学性、示范性和应用性很强的农业科学技术，是直接关系到农作物稳定增产、农民收入稳步增加、生态环境不断改善的一项“日常性”工作。有效全面地实施测土配方施肥能够达到5个方面的目标。

1. 增产目标

即通过测土配方施肥措施使作物单产水平在原有基础上有所提高，在当前生产条件下，能最大限度地发挥作物的增产潜能。

2. 优质目标

即通过测土配方施肥均衡作物营养，使作物在农产品质量上得到改善。

3. 高效目标

即做到合理施肥、养分配比平衡、分配科学，提高肥料利用率，降低生产成本，增加施肥效益。

4. 生态目标

即通过测土配方施肥，减少肥料的挥发、流失等浪费，减轻对地下水硝酸盐的积累和面源污染，从而保护农业生态环境。

5. 改土目标

即通过有机肥和化肥的配合施用，实现耕地养分的投入产出平衡，在逐年提高单产的同时，使土壤肥力得到不断提高，达到培肥土壤、提高耕地综合生产能力的目标。

第二节　测土配方施肥的基本原理

测土配方施肥是以养分归还（补偿）学说、最小养分律、同等重要律、不可代替律、肥料效应报酬递减律和因子综合作用律等理论为依据，以确定不同养分的施肥总量和配比为主要内容。为了充分发挥肥料的最大增产效益，施肥必须与选用良种、肥水管理、种植密度、耕作制度和气候变化等影响肥效的诸因素结合，形成一套完整的施肥技术体系。

测土配方施肥的基本原理有3个方面的基本内涵。

“测土”：摸清土壤的养分状况，掌握土壤的供肥性能。

“配方”：根据土壤缺什么元素，确定补充什么元素，其核心是根据土壤、作物状况和产量要求，确定施用肥料的配方、品种和数量。

“施肥”：按照上述配方，合理安排基肥和追肥比例，规定施用时间和方法，以发挥肥料的最大增产作用。

一、养分归还（补偿）学说

土壤虽然是个巨大的“养分库”，但不能把它看做是取之不尽、用之不竭的，每年种植农作物带走了大量的土壤养分，作物产量的形成有40％～80％的养分来自土壤。为保证土壤有足够的养分供应容量和强度，保持土壤养分的输出与输入间的平衡，必须通过施肥这一措施把作物吸收的养分“归还”土壤，确保土壤肥力。

二、最小养分律（水桶定律）

作物生长发育需要吸收各种养分，但严重影响作物生长，限制作物产量的是土壤中那种相对含量最小的养分因素，也就是最缺的那种养分（最小养分）。如果忽视这个最小养分，即使继续增加其他养分，作物产量也难以再提高。只有增加最小养分的量，产量才能相应提高。经济合理的施肥方案，是将作物所缺的各种养分同时按作物所需比例相应提高，作物才会高产。

三、同等重要律

对农作物来讲，不论大量元素或微量元素，都是同样重要缺一不可的，即缺少某一种微量元素，尽管它的需要量很少，仍会影响某种生理功能而导致减产。如玉米缺锌导致植株矮小而出现花白苗，水稻苗期缺锌造成僵苗，棉花缺硼使得蕾而不花。微量元素与大量元素同等重要，不能因为需要量少而忽略。

四、不可代替律

作物需要的各营养元素，在作物内都有一定功效，相互之间不能替代。如缺磷不能用氮代替，缺钾不能用氮、磷配合代替。缺少什么营养元素，就必须施用含有该元素的肥料进行补充。

五、报酬递减律

从一定土地上所得的报酬，随着向该土地投入的劳动和资本量的增大而有所增加，但达到一定水平后，随着投入的单位劳动和资本量的增加，报酬的增加却在逐步减少。当施肥量超过适量时，作物产量与施肥量之间的关系就不再是曲线模式，而呈抛物线模式了，单位施肥量的增产会呈递减趋势。

六、因子综合作用律

作物产量高低是由影响作物生长发育诸因子综合作用的结果，但其中必有一个起主导作用的限制因子，产量在一定程度上受该限制因子的制约，可用函数式来表达作物产量与环境因子的关系：

$$Y=f\ (N、W、T、G、L)$$

式中：Y——农作物产量；f——函数的符号；N——养分；W——水分；T——温度；G——CO_2 浓度；L——光照。

为了充分发挥肥料的增产作用和提高肥料的经济效益，一方面，施肥措施必须与其他农业技术措施密切配合，发挥生产体系的综合功能；另一方面，各种养分之间的配合作用，也是提高肥效不可忽视的问题。

第三节　测土配方施肥的基本原则

一、氮磷钾相配合

氮、磷、钾相配合是测土配方施肥的重要内容。随着产量的不断提高，在土壤高强度消耗养分的情况下，必须强调氮、磷、钾相互配合，并补充必要的微量元素，才能获得高产稳产。

二、有机与无机相结合

实施测土配方施肥必须以有机肥料为基础。增施有机肥料可以增加土壤有机质含量，改善土壤理化性状，提高土壤保水保肥能力，增强土壤微生物的活性，促进化肥利用率的提高。因此，必须坚持多种形式的有机肥料投入，才能够培肥地力，实现农业可持续发展。

三、大量、中量、微量元素配合

各种营养元素的配合是配方施肥的重要内容，随着产量的不断提高，在耕地高度集约利用的情况下，必须进一步强调氮、磷、钾肥的相互配合，并补充必要的中量、微量元素，才能获得高产稳产。

四、用地与养地相结合，投入与产出平衡

要使作物-土壤-肥料形成物质和能量的良性循环，必须坚持用养结合，投入产出相平衡。破坏或消耗了土壤肥力，就意味着降低了农业再生产的能力。

第四节 测土配方施肥的基本方法

一、基于田块的肥料配方设计

基于田块的肥料配方设计首先确定氮、磷、钾养分的用量，然后确定相应的肥料组合，通过提供配方肥料或发放配肥通知单，指导农民使用。肥料用量的确定方法主要包括土壤与植物测试推荐施肥方法、肥料效应函数法、土壤养分丰缺指标法和养分平衡法。

1. 土壤与植物测试推荐施肥方法

该技术综合了目标产量法、养分丰缺指标法和作物营养诊断法的优点。对于大田作物，在综合考虑有机肥、作物秸秆应用和管理措施的基础上，根据氮、磷、钾和中、微量元素养分的不同特征，采取不同的养分优化调控与管理策略。其中，氮肥推荐根据土壤供氮状况和作物需氮量，进行实时动态监测和精确调控。包括基肥和追肥的调控；磷、钾肥通过土壤测试和养分平衡进行监控；中、微量元素采用因缺补缺的矫正施肥策略。该技术包括氮素实时监控、磷钾养分恒量监控和中、微量元素养分矫正施肥技术。

（1）氮素实时监控施肥技术

根据不同土壤、不同作物、不同目标产量确定作物需氮量，以需氮量的30%～60%作为基肥用量。具体基施比例根据土壤全氮含量，同时参照当地丰缺指标来确定。一般在全氮含量偏低时，采用需氮量的50%～60%作为基肥；在全氮含量居中时，采用需氮量的40%～50%作为基肥；在全氮含量偏高时，采用需氮量的30%～40%作为基肥。30%～60%基肥比例可根据上述方法确定，并通过“3414”田间试验进行校验，建立当地不同作物的施肥指标体系。有条件的地区可在播种前对0～20cm土壤无机氮（或硝态氮）进行监测，调节基肥用量。

$$基肥用量（kg/亩）=\frac{（目标产量需氮量-土壤无机氮）\times（30\%\sim60\%）}{肥料中养分含量\times肥料当季利用率}$$

其中，土壤无机氮（kg/亩）＝土壤无机氮测试值（mg/kg）×0.15×校正系数

氮肥追肥用量推荐以作物关键生育期的营养状况诊断或土壤硝态氮的测试为依据，这是实现氮肥准确推荐的关键环节，也是控制过量施氮或施氮不足、提高氮肥利用率和减少损失的重要措施。测试项目主要是土壤全氮含量、土壤硝态氮含量或小麦拔节期茎基部硝酸盐浓度、玉米最新展开叶叶脉中部硝酸盐浓度，水稻采用叶色卡或叶绿素仪进行叶色诊断。

（2）磷钾养分恒量监控施肥技术

根据土壤有（速）效磷、钾含量水平，以土壤有（速）效磷、钾养分不成为实现目标产量的限制因子为前提，通过土壤测试和养分平衡监控，使土壤有（速）效磷、钾含量保持在一定范围内。对于磷肥，基本思路是根据土壤有效磷测试结果和养分丰缺指标进行分级，当有效磷水平处在中等偏上时，可以将目标产量需要量（只包括带出田块的收获物）的100％～110％作为当季磷肥用量；随着有效磷含量的增加，需要减少磷肥用量，直至不施；随着有效磷的降低，需要适当增加磷肥用量，在极缺磷的土壤上，可以施到需要量的150％～200％。在2～3年后再次测土时，根据土壤有效磷和产量的变化再对磷肥用量进行调整。钾肥首先需要确定施用钾肥是否有效，再参照上面方法确定钾肥用量，但需要考虑有机肥和秸秆还田带入的钾量。一般大田作物磷、钾肥料全部做基肥。

（3）中微量元素养分矫正施肥技术

中、微量元素养分的含量变幅大，作物对其需要量也各不相同。主要与土壤特性（尤其是母质）、作物种类和产量水平等有关。矫正施肥就是通过土壤测试，评价土壤中、微量元素养分的丰缺状况，进行有针对性的因缺补缺的施肥。

2. 肥料效应函数法

根据“3414”方案田间试验结果建立当地主要作物的肥料效应函数，直接获得某一区域、某种作物的氮、磷、钾肥料的最佳施用量，为肥料配方和施肥推荐提供依据。

3. 土壤养分丰缺指标法

通过土壤养分测试结果和田间肥效试验结果，建立不同作物、不同区域的土壤养分丰缺指标，提供肥料配方。

土壤养分丰缺指标田间试验也可采用“3414”部分实施方案。

"3414"方案中的处理1为空白对照（CK），处理6为全肥区（NPK），处理2、4、8为缺素区（即PK、NK和NP）。收获后计算产量，用缺素区产量占全肥区产量百分数即相对产量的高低来表达土壤养分的丰缺情况。相对产量低于50%的土壤养分为极低，相对产量50%～60%（不含）为低，60%～70%（不含）为较低，70%～80%（不含）为中，80%～90%（不含）为较高，90%（含）以上为高，从而确定适用于某一区域、某种作物的土壤养分丰缺指标及对应的肥料施用数量。对该区域其他田块，通过土壤养分测试，就可以了解土壤养分的丰缺状况，提出相应的推荐施肥量。

4．养分平衡法

（1）基本原理与计算方法

根据作物目标产量需肥量与土壤供肥量之差估算施肥量，计算公式为：

$$\text{施肥量（kg/亩）}=\frac{\text{目标产量所需养分总量}-\text{土壤供肥量}}{\text{肥料中养分含量}\times\text{肥料当季利用率}}$$

养分平衡法涉及目标产量、作物需肥量、土壤供肥量、肥料利用率和肥料中有效养分含量五大参数。土壤供肥量即为"3414"方案中处理1的作物养分吸收量。目标产量确定后因土壤供肥量的确定方法不同，形成了地力差减法和土壤有效养分校正系数法两种。

地力差减法是根据作物目标产量与基础产量之差来计算施肥量的一种方法。其计算公式为：

$$\text{施肥量（kg/亩）}=\frac{\text{（目标产量}-\text{基础产量）}\times\text{单位经济产量养分吸收量}}{\text{肥料中养分含量}\times\text{肥料利用率}}$$

基础产量即为"3414"方案中处理1的产量。

土壤有效养分校正系数法是通过测定土壤有效养分含量来计算施肥量。其计算公式为：

$$\text{施肥量（kg/亩）}=\frac{\text{作物单位产量养分吸收量}\times\text{目标产量}-\text{土壤测试值}\times0.15\times\text{土壤有效养分校正系数}}{\text{肥料中养分含量}\times\text{肥料利用率}}$$

（2）有关参数的确定

——目标产量

目标产量可采用平均单产法来确定。平均单产法是利用施肥区前3年平均单产和年递增率为基础确定目标产量，其计算公式是：

$$\text{目标产量（kg/亩）}=\text{（}1+\text{递增率）}\times\text{前3年平均单产（kg/亩）}$$

一般粮食作物的递增率为10%～15%，露地蔬菜为20%，设施蔬菜为30%。

——作物需肥量

通过对正常成熟的农作物全株养分的分析，测定各种作物百千克经济产量所需养分量，乘以目标常量即可获得作物需肥量。

$$作物目标产量所需养分量（kg）=\frac{目标产量（kg）}{100}\times百千克产量所需养分量（kg）$$

——土壤供肥量

土壤供肥量可以通过测定基础产量、土壤有效养分校正系数两种方法估算：

通过基础产量估算（处理1产量）：不施肥区作物所吸收的养分量作为土壤供肥量。

$$土壤供肥量（kg）=\frac{不施养分区农作物产量（kg）}{100}\times百千克产量所需养分量（kg）$$

通过土壤有效养分校正系数估算：将土壤有效养分测定值乘一个校正系数，以表达土壤“真实”供肥量。该系数称为土壤有效养分校正系数。

$$土壤有效养分校正系数（\%）=\frac{缺素区作物地上部分吸收该元素量（kg/亩）}{该元素土壤测定值（mg/kg）\times0.15}$$

——肥料利用率

一般通过差减法来计算：利用施肥区作物吸收的养分量减去不施肥区农作物吸收的养分量，其差值视为肥料供应的养分量，再除以所用肥料养分量就是肥料利用率。

$$肥料利用率（\%）=\frac{施肥区农作物吸收养分量（kg/亩）-缺素区农作物吸收养分量（kg/亩）}{肥料施用量（kg/亩）\times肥料中养分含量（\%）}\times100$$

上述公式以计算氮肥利用率为例来进一步说明。

施肥区（NPK区）农作物吸收养分量（kg/亩）：“3414”方案中处理6的作物总吸氮量；

缺氮区（PK区）农作物吸收养分量（kg/亩）：“3414”方案中处理2的作物总吸氮量；

肥料施用量（kg/亩）：施用的氮肥肥料用量；

肥料中养分含量（%）：施用的氮肥肥料所标明的含氮量。

如果同时使用了不同品种的氮肥，应计算所用的不同氮肥品种的总氮量。

——肥料养分含量

供施肥料包括无机肥料与有机肥料。无机肥料、商品有机肥料含量按其标明量。不明养分含量的有机肥料养分含量可参照当地不同类型有机肥养分平均含量获得。

二、县域施肥分区与肥料配方设计

在GPS定位土壤采样与土壤测试的基础上，综合考虑行政区划、土壤类型、土壤质地、气象资料、种植结构、作物需肥规律等因素，借助信息技术生成区域性土壤养分空间变异图和县域施肥分区图，优化设计不同分区的肥料配方。主要工作步骤如下：

1. 确定研究区域

一般以县级行政区域为施肥分区和肥料配方设计的研究单元。

2. GPS定位指导下的土壤样品采集

土壤样品采集要求使用GPS定位，采样点的空间分布应相对均匀，如每100亩采集一个土壤样品，先在土壤图上大致确定采样位置，然后在标记位置附近的一个采集地块上采集多点混合土样。

3. 土壤测试与土壤养分空间数据库的建立

将土壤测试数据和空间位置建立对应关系，形成空间数据库，以便能在GIS中进行分析。

4. 土壤养分分区图的制作

基于区域土壤养分分级指标，以GIS为操作平台，使用Kriging等方法进行土壤养分空间插值，制作土壤养分分区图。

5. 施肥分区和肥料配方的生成

针对土壤养分的空间分布特征，结合作物养分需求规律和施肥决策系统，生成县域施肥分区图和分区肥料配方。

6. 肥料配方的校验

在肥料配方区域内针对特定作物，进行肥料配方验证。

第五节 测土配方施肥的基本内容

测土配方施肥技术包括“测土、配方、配肥、供应、施肥指导”五个核心环节和“野外调查、田间试验、土壤测试、配方设计、校正试验、配方加工、示范推广、宣传培训、数据库建设、效果评价、技术创新”十一项重点内容。

一、测土配方施肥的核心环节

（一）测土

在广泛的资料收集整理、深入的野外调查和典型农户调查、掌握耕地立地条件、土壤理化性质与施肥管理水平的基础上，按平均每100～200亩农田确定取样单元及取样农户地块，采集有代表性的土样1个；对采集的土样进行有机质、全氮、水解氮、有效磷、缓效钾、速效钾及中、微量元素等养分的化验，为制定配方和田间肥料试验提供基础数据。

（二）配方

以开展田间肥料小区试验，摸清土壤养分校正系数、土壤供肥量、农作物需肥规律和肥料利用率等基本参数，建立不同施肥分区主要作物的氮、磷、钾肥料效应模式和施肥指标体系为基础，再由专家分区域、分作物根据土壤养分测试数据、作物需肥规律、土壤供肥特点和肥料效应，在合理配施有机肥的基础上，提出氮、磷、钾及中、微量元素等肥料配方。

（三）配肥

依据施肥配方，以各种单质或复混肥料为原料，配置配方肥。目前，推广上有两种方式：一是农民根据配方建议卡自行购买各种肥料，配合施用；二是由配肥企业按配方加工配方肥，农民直接购买施用。

（四）供应

测土配方施肥最具活力的供肥运作模式是通过肥料招投标，以市场化运作、工厂化生产和网络化经营将优质肥料供应到户、到田。

（五）施肥

制定、发放测土配方施肥建议卡到户或供应配方肥到点，并建立测土配方施肥示范区，通过树立榜样田的形式来展示测土配方施肥技术效果，引导农民应用测土配方施肥技术。

二、测土配方施肥的重点内容

（一）野外调查

资料收集整理与野外定点采样调查相结合，典型农户调查与随机抽样调查相结合，通过广泛深入的野外调查和取样地块农户调查，掌握耕地地理位置、自然环境、土壤状况、生产条件、农户施肥情况以及耕作制度等基本信息进行调查研究，以便有的放矢地开展测土配方施肥工作。

（二）田间试验

田间试验是获得各种作物最佳施肥量、施肥时期、施肥方法的根本途径，也是筛选、验证土壤养分测试技术、建立施肥指标体系的基本环节。通过田间试验，掌握各个施肥单元不同作物优化施肥量，基、追肥分配比例，施肥时期和施肥方法；摸清土壤养分校正系数、土壤供肥量、农作物需肥参数和肥料利用率等基本参数；构建作物施肥模型，为施肥分区和肥料配方提供依据。

（三）土壤测试

土壤测试是制定肥料配方的重要依据之一，随着我国种植业结构的不断调整，高产作物品种不断涌现，施肥结构和数量发生了很大的变化，土壤养分库也发生了明显改变。通过开展土壤氮、磷、钾及中、微量元素养分测试，了解土壤供肥能力状况。

（四）配方设计

肥料配方设计是测土配方施肥工作的核心。通过总结田间试验、土壤养分数据等，划分不同区域施肥分区；同时，根据气候、地貌、土壤、耕作制度等相似性和差异性，结合专家经验，提出不同作物的施肥配方。

（五）校正试验

为保证肥料配方的准确性，最大限度地减少配方肥料批量生产和大面积应用的风险，在每个施肥分区单元设置配方施肥、农户习惯施肥、空白施肥 3 个处理，以当地主要作物及其主栽品种为研究对象，对比配方施肥的增产效果，校验施肥参数，验证并完善肥料配方，改进测土配方施肥技术参数。

（六）配方加工

配方落实到农户田间是提高和普及测土配方施肥技术的最关键环节。目前，不同地区有不同的模式，其中，最主要的也是最具有市场前景的运作模式就是市场化运作、工厂化加工、网络化经营。这种模式适应我国农村农民科技素质低、土地经营规模小、技物分离的现状。

（七）示范推广

为促进测土配方施肥技术能够落实到田间，既要解决测土配方施肥技术市场化运作的难题，又要让广大农民亲眼看到实际效果，这是限制测土配方施肥技术推广的“瓶颈”。建立测土配方施肥示范区，为农民创建窗口，树立样板，全面展示测土配方施肥技术效果，是推广前要做的工作。推广“一袋子肥”模式，将测土配方施肥技术物化成产品，也有利于打破技术推广“最后一公里”的坚冰。

（八）宣传培训

测土配方施肥技术宣传培训是提高农民科学施肥意识，普及技术的重要手段。农民是测土配方施肥技术的最终使用者，迫切需要向农民传授科学施肥方法和模式，同时，还要加强对各级技术人员、肥料生产企业、肥料经销商的系统培训，逐步建立技术人员和肥料商持证上岗制度。

（九）数据库建设

运用计算机技术、地理信息系统（GIS）和全球卫星定位系统（GPS），按照规范化测土配方施肥数据字典，以野外调查、农户施肥状况调查、田间试验和分析化验数据为基础，时时整理历年土壤肥料田间试验和土壤监测数据资料，建立不同层次、不同区域的测土配方施肥数据库。

（十）效果评价

农民是测土配方施肥技术的最终执行者和落实者，也是最终受益者。检验测土配方施肥的实际效果，及时获得农民的反馈信息，不断完善管理体系、技术体系和服务体系。同时，为科学地评价测土配方施肥的实际效果，必须对一定的区域进行动态调查。

（十一）技术创新

技术创新是保证测土配方施肥工作长效性的科技支撑。重点开展田间试验方法、土壤养分测试技术、肥料配制方法、数据处理方法等方面的创新研究工作，不断提升测土配方施肥技术水平。

三、配方肥料的合理施用

在养分需求与供应平衡的基础上，坚持有机肥料与无机肥料相结合，坚持大量元素与中量元素、微量元素相结合，坚持基肥与追肥相结合，坚持施肥与其他措施相结合。在确定肥料用量和肥料配方后，合理施肥的重点是选择肥料种类、确定施肥时期和施肥方法等。

（一）配方肥料种类

根据土壤性状、肥料特性、作物营养特性、肥料资源等综合因素确定肥料种类，可选用单质或复混肥料自行配制配方肥料，也可直接购买配方肥料。

（二）施肥时期

根据肥料性质和植物营养特性，适时施肥。植物生长旺盛和吸收养分的关键时期应重点施肥，有灌溉条件的地区应分期施肥。对作物不同时期的氮肥推荐量的确定，有条件区域应建立并采用实时监控技术。

（三）施肥方法

常用的施肥方式有撒施后耕翻、条施、穴施等。应根据作物种类、栽培方式、肥料性质等选择适宜施肥方法。例如，氮肥应深施覆土，施肥后灌水量不能过大，否则造成氮素淋洗损失；水溶性磷肥应集中施用，难溶性磷肥应分层施用或与有机肥料堆沤后施用；有机肥料要经腐熟后施用，并深翻入土。

肥料的种类、性质及施用方法

第一节　氮　肥

氮肥：是指具有氮（N）标明量，并提供植物氮素营养的单元肥料。氮肥的主要作用：一是提高生物总量和经济产量。施用氮肥有明显的增产效果，在增加作物产量的作用中氮肥所占份额在磷肥（P）、钾肥（K）等肥料之上。二是改善农作物的营养价值，特别是能增加种子中蛋白质含量，提高食品的营养价值。

氮肥品种：常用的氮肥品种可分为铵态、硝态、铵态硝态和酰胺态氮肥 4 种类型，各类氮肥主要品种如下。

铵态氮肥：有硫酸铵、氯化铵、碳酸氢铵、氨水和液体氨；

硝态氮肥：有硝酸钠、硝酸钙；

铵态硝态氮肥：有硝酸铵、硝酸铵钙和硫硝酸铵；

酰胺态氮肥：有尿素、氰氨化钙（石灰氮）。

合理施用氮肥要注意以下几点。

①根据各种氮肥特性加以区别对待。碳酸氢铵和氨水易挥发跑氨，宜作基肥深施；硝态氮肥在土壤中移动性强、肥效快，是旱田的良好追肥；一般水田作追肥可用铵态氮肥或尿素。有些肥料对种子有毒害，如尿素、碳酸氢铵、氨水、石灰氮等，不宜做种肥；硫酸铵等尽管可作种肥，但用量不宜过多，并且肥料与种子间最好有土壤隔离。在雨量偏少的干旱地区，硝态氮肥的淋湿问题不突出，因此，以施用硝态氮肥较合适，在多雨地区或降雨季节，以施用铵态氮肥和尿素较好。

②氮肥深施。氮肥深施可以减少肥料的直接挥发、随水流失、硝化脱氮等方面的损失。深层施肥还有利于根系发育，使根系深扎，扩大营养面积。

③合理配施其他肥料。氮肥与有机肥配合施用对夺取作物高产、稳产，降低成本具有重要作用，这样做不仅可以更好地满足作物对养分的需要，而且还可以培肥地力。氮肥与磷肥配合施用，可提高氮磷两种养分的利用效果，尤其在土壤肥力较低的土壤上，氮磷肥配合施用效果更好。在有效钾含量不足的土壤上，氮肥与钾肥配合使用，也能提高氮肥的效果。

④根据作物的目标产量和土壤的供氮能力，确定氮肥的合理用量，并且合理掌握基、追肥比例及施用时期，这要因具体作物而定，并与灌溉、耕作等栽培措施相结合。

一、碳酸氢铵

（一）碳酸氢铵的性质

简称碳铵，含N17%左右。是固体氮肥中含氮量较低的品种。纯品为白色粉末状结晶体，有氨味，易分解，吸湿性强，易结块，较易溶于水。碳铵是一种不稳定的化合物，易分解为氨、二氧化碳，造成氮素损失。碳铵为生理中性速效性氮肥。执行标准GB 3559—2001（表2-1）。

表2-1　农业用碳酸氢铵的技术指标　（单位：%）

项目	碳酸氢铵			干碳酸氢铵
	优等品	一等品	合格品	
外观	白色或浅色结晶	白色或浅色结晶	白色或浅色结晶	白色或浅色结晶
氮（N）　≥	17.2	17.1	16.8	17.5
水分（H_2O）≤	3.0	3.5	5.0	0.5

注：优等品和一等品必须含有添加剂，以保证碳酸氢铵具有良好的物理性能，使用方便

（二）碳酸氢铵的鉴别

①看形状：碳酸氢铵为结晶小颗粒。

②看颜色：优等品和一等品的碳酸氢铵一般呈白颜色，部分合格品的碳酸氢铵呈微黄色；长效碳酸氢铵呈现灰色、灰白色等。

③闻气味：碳酸氢铵有特殊的刺鼻氨味。

④观察水溶性：利用白瓷碗或透明的玻璃杯，向其中加入清水，向里面加入少量碳酸氢铵，搅拌，观察溶解情况，合格品的碳酸氢铵应该能溶解于水。

⑤检查 pH 值：利用 pH 值广泛试纸（这种试纸比较便宜）检查溶解后的碳酸氢铵水溶液，pH 值试纸应该呈现深蓝色或蓝黑色。

⑥铁片灼烧：将铁片烧红，取少量碳酸氢铵放在铁片上观察，没有熔融过程，直接分解，铁片上没有残留物，有强烈氨味的白烟。

（三）碳酸氢铵的施用与贮存

碳酸氢铵适用于各种作物和土壤，长期施用不会影响土质。

1. 作基肥

可沟施或穴施。若能结合耕翻深施，效果会更好。施用深度要大于 6cm（砂质土壤可更深些），且施入后要立即覆土，只有这样才能减少氮素的损失。

2. 作追肥

旱田可结合中耕，要深施 6cm 以下，并立即覆土，还要及时浇水。水田要保持 3cm 左右的浅水层，但不要过浅，否则容易伤根，施后要及时进行耕耙，以便使肥料被土壤很好地吸收。

3. 施用注意事项

①不能与碱性肥料混合施用，以防止氨挥发，造成氮素损失。②土壤干旱或墒情不足时，不宜施用。③施用时勿与作物种子、根、茎、叶接触，以免灼伤植物。④不宜做种肥，否则可能影响种子发芽。⑤无论作基肥或追肥，切忌在土壤表面撒施，以防氮挥发，造成氮素损失或熏伤作物。追肥时不要在刚下雨后或者在露水还未干前撒施。

4. 贮存

碳酸氢铵在搬运过程中注意轻搬轻放、防止包装袋破裂。在运输与贮存中应注意防潮、防晒、防雨并贮于低温处。不能将产品堆放在日晒或环境潮湿的地方。

二、氯化铵

（一）氯化铵的性质

氯化铵含 N25%，纯品为白色或略带黄色的方形或八面体小结晶。从表面看与食盐非常相似。氯化铵吸湿性比硫酸铵大，比硝酸铵小，不易结块，易溶于水，为生理酸性速效氮肥，执行标准 GB 2946—1992（表 2-2）。

表 2-2 氯化铵的技术指标 (单位:%)

指标名称		优等品	一等品	合格品
氮(N)含量(以干基计)	≥	25.4	25.0	25.0
水分①	≤	0.5	0.7	1.0
钠盐含量(以 Na 计)	≤	0.8	1.0	1.4
粒度②(1.0～4.0mm 颗粒)	≥	75	—	—
松散度②③(孔径 5.0mm)	≥	75	—	—

注:① 水分为出厂检验结果。结晶状产品必须添加防结块剂。② 结晶状产品不控制粒度、松散度两项指标。③ 松散度为监督抽检项目。每 7 天测定一次,均以出厂检验结果为准,但生产厂必须保证每批出厂产品合格

(二)氯化铵的鉴别

①看形状:氯化铵为细小块状或结晶的小颗粒。

②看颜色:氯化铵一般呈白色或微黄色。

③闻气味:氯化铵一般没有气味,个别产品因为含有微量碳酸氢铵而有氨气味,但是氨味远弱于碳酸氢铵。

④观察溶解情况:利用白瓷碗或透明的玻璃杯,其中加入清水,加入少量氯化铵,搅拌,观察溶解情况,合格品的氯化铵应该能完全溶解于水中。

⑤测量 pH 值:将 pH 值试纸插入氯化铵溶液中,试纸呈现微红色。

⑥铁片灼烧:把铁片烧红后,将少量氯化铵放在其上,能发现肥料迅速消失,放出白色浓烟,并能闻到氨味和盐酸味,融化完后铁板上无残烬。

(三)氯化铵的施用与贮存

氯化铵适于粮食作物等,也适于酸性土壤和石灰性土壤。

1. 作基肥

氯化铵作基肥施用后,应及时浇水,以便将肥料中的氯离子淋洗至土壤下层,减小对作物的不利影响。

2. 作追肥

适宜作追肥,作为追肥时要掌握小量多次的原则。

3. 施用注意事项

①不能用于烟草、甘蔗、甜菜、茶树、马铃薯等忌氯作物。西瓜、葡萄等作物也不易长期使用。②不能用于排水不利的盐碱地上,以防止

加重土壤盐害。③氯化铵不适于干旱少雨地区，最适用于水田。④不宜用作种肥和秧田肥。因为氯化铵在土壤中会生成水溶性氯化物，影响种子的发芽和幼苗生长。

4. 贮存

农用氯化铵在贮运过程中应保持干燥，避免雨淋受潮、阳光直晒，并避免与碱、酸类物品存放一处。贮存时应注意保持仓库的通风干燥，阴凉低温。

三、硫酸铵

（一）硫酸铵的性质

硫酸铵含氮量 21%，简称硫铵。纯品为白色晶体，含少量杂质时呈微黄色。易溶于水，吸湿性小，不易结块，物理性状良好，化学性质稳定，常温下无挥发，不分解。执行标准 GB 535—1995（表 2-3）。

表 2-3　硫酸铵的技术指标　（单位：%）

项目		指标		
		优等品	一等品	合格品
外观		白色结晶，无可见机械杂质	无可见机械杂质	无可见机械杂质
氮（N）含量（以干基计）	≥	21.0	21.0	20.5
水分（H_2O）	≤	0.2	0.3	1.0
游离酸（H_2SO_4）含量	≤	0.03	0.05	0.2
铁（Fe）含量	≤	0.007	—	—
砷（As）含量	≤	0.00005	—	—
重金属（以 Pb 计）含量	≤	0.005	—	—
水不溶物含量	≤	0.01	—	—

注：硫酸铵作农业用时可不检验铁、砷、重金属和水不溶物含量等指标

（二）硫酸铵的鉴别

①看形状：硫酸铵为结晶小颗粒。

②看颜色：优等品的硫酸铵呈白色，一等品和合格品的硫酸铵可以为白色、灰色、粉红色等颜色。

③闻气味：硫酸铵基本上没有气味。

④观察溶解现象：利用玻璃杯或白瓷碗，向其中加入清水，然后取

少量硫酸铵加入，搅动或摇晃，可以发现硫酸铵能完全溶解于水中。

⑤测量 pH 值：将 pH 值试纸插入硫酸铵溶液中，试纸呈现微红色。

⑥观察铁片灼烧现象：把铁片烧红后，将少量硫酸铵放在铁片上，能够发现肥料逐渐融化，并发出白色烟雾和刺鼻的氨味，融化完后铁板上留有残烬，但是不会发生燃烧现象。

（三）硫酸铵的施用与贮存

硫酸铵为生理酸性速效氮肥，一般比较适用于小麦、玉米、水稻、棉花、甘薯、麻类、果树、蔬菜等作物。对于土壤而言，硫酸铵最适于中性土壤和碱性土壤，而不适于酸性土壤。

1. 作基肥

硫酸铵作基肥时要深施覆土，以利于作物吸收。

2. 作追肥

这是最适宜的施用方法，根据不同土壤类型确定硫酸铵的追肥用量。对保水保肥性能差的土壤，要分期追肥，每次用量不宜过多；对保水保肥性能好的土壤，每次用量可适当多些。土壤水分多少也对肥效有较大的影响，特别是旱地，施用硫酸铵时一定要注意适时浇水。水田作追肥时，则应先排水落干，并且要注意结合耕耙同时施用。此外，不同作物施用硫酸铵时也存在明显的差异，如用于果树时，可开沟条施、环施或穴施。

3. 作种肥

硫酸铵对种子发芽无不良影响，可用做种肥。

4. 施用注意事项

①不能将硫酸铵与其他碱性肥料或碱性物质接触或混合施用，以防降低肥效。②不宜在同一块耕地上长期施用硫酸铵，否则土壤会变酸造成板结。如确需施用时，可适量配合施用一些石灰或有机肥。但必须注意硫酸铵和石灰不能混施，以防止硫酸铵分解，造成氮素损失。一般两者的配合施用要相隔 3～5 天。③硫酸铵不适于在酸性土壤上施用。

5. 贮存

硫酸铵在运输过程中应防潮和防包装袋破损，在贮存时应注意地面平整，库房内阴凉、通风干燥，严禁与石灰、水泥、草木灰等碱性物质接触或同库存放，包装袋堆置高度应小于 7m。

四、尿素

（一）尿素的性质

尿素含氮 46％，目前是固体氮肥中含氮量最高的品种。纯品为白色或略带黄色的结晶体或小颗粒，吸湿性较小，易溶于水，为生理中性氮肥。执行标准 GB 2440—2001（表 2-4）。

表 2-4 农业用尿素的技术指标 （单位：%）

<table>
<tr><th colspan="3">项目</th><th>优等品</th><th>一等品</th><th>合格品</th></tr>
<tr><td colspan="3">外观</td><td>白色或浅色颗粒状</td><td>白色或浅色颗粒状</td><td>白色或浅色颗粒状</td></tr>
<tr><td colspan="2">总氮（N）（以干基计）</td><td>≥</td><td>46.4</td><td>46.2</td><td>46.0</td></tr>
<tr><td colspan="2">缩二脲</td><td>≤</td><td>0.9</td><td>1.0</td><td>1.5</td></tr>
<tr><td colspan="2">水分</td><td>≤</td><td>0.4</td><td>0.5</td><td>1.0</td></tr>
<tr><td colspan="2">亚甲基二脲（以 HCHO 计）[1]</td><td>≤</td><td>0.6</td><td>0.6</td><td>0.6</td></tr>
<tr><td rowspan="4">粒度[2]（d）</td><td>0.85～2.80mm</td><td>≥</td><td rowspan="4">93</td><td rowspan="4">90</td><td rowspan="4">90</td></tr>
<tr><td>1.18～3.35mm</td><td>≥</td></tr>
<tr><td>2.00～4.75mm</td><td>≥</td></tr>
<tr><td>4.00～8.00mm</td><td>≥</td></tr>
</table>

注：①若在尿素生产工艺中不加甲醛，可不做亚甲基二脲含量的测定。②指标中粒度项只需符合四档中任一档即可，包装标志中应注明

（二）尿素的鉴别

①看形状：尿素为颗粒状，分大颗粒和小颗粒两种。

②看颜色：尿素颗粒一般呈无色透明状，含有杂质的呈微黄色。

③闻气味：尿素本身没有任何气味。

④观察溶解情况：尿素很容易溶解于水，水溶液的 pH 值呈中性。

⑤观察潮解情况：尿素很容易吸湿，放在空气中 12 小时以上，尿素颗粒就可能溶化。

⑥观察铁片灼烧：把铁片烧红后，将少量的尿素颗粒放在其上，肥料边融化边冒白烟，并放出刺激性氨味，融化后铁板上无残留物。

（三）尿素的施用与贮存

尿素养分含量较高，适用于各种土壤和多种作物，尿素适宜作基肥、追肥，最适合作追肥，特别是根外追肥效果好。

1. 作基肥、追肥

尿素施入土壤，只有在转化成碳酸氢铵后才能被作物大量吸收利用。由于存在转化的过程，因此肥效较慢，一般要提前 4～6 天施用。同时还要求深施覆土，施后也不要立即灌水，以防氮素淋至深层，降低肥效。

2. 作根外追肥

作根外追肥时，尤其是叶面喷施，对尿素中的营养成分吸收很快，利用率也高，增产效果明显。喷施尿素时，对浓度要求较为严格，一般禾本科作物的浓度为1.5%～2%，果树为0.5%左右，露地蔬菜为0.5%～1.5%，温室蔬菜在0.2%～0.3%。对于生长盛期的作物，或者是成年的果树，施用尿素的浓度可适当提高。

3. 施用注意事项

①一般不直接作种肥。因为尿素中含有少量的缩二脲，缩二脲对种子的发芽和生长均有害。如果作种肥时，可将种子和尿素分开下地，切不可用尿素浸种或拌种。②当缩二脲含量高于0.5%时，不可用作根外追肥。③尿素转化成碳酸氢铵后，在石灰性土壤上易分解挥发，造成氮素损失，因此，要深施覆土。

4. 贮存

尿素应贮存于场地平整、阴凉、通风干燥的仓库内，包装袋应堆放整齐，堆放高度应小于7m。尿素运输和贮存过程中应注意防雨、防晒。

五、硝酸铵

（一）硝酸铵的性质

硝酸铵含N34%，简称硝铵。纯品为白色或淡黄色球形颗粒状或结晶细粒状，含氮量高。其中，铵态氮和硝态氮各占一半，兼有两种形态氮肥的特性。易溶于水，为生理中性速效性氮肥。因为具有吸湿性极强以及易燃、易爆等硝态氮肥的特性，因此，常把硝铵归入硝态氮肥。执行标准GB 2945—1989（表2-5）。

表2-5 农业用结晶状硝酸铵的技术指标 （单位：%）

项目		优等品	一等品	合格品
总氮含量（以干基计）	≥	34.6	34.6	34.6
游离水含量*	≤	0.3	0.5	0.7
酸度		甲基橙指示剂不显红色		

*注：水分以出厂检验结果为准

（二）硝酸铵的鉴别

①看形状：硝酸铵呈结晶状和颗粒状两种不同形态。

②看颜色：硝酸铵外观呈白色或浅黄色，没有肉眼可见的机械杂质。

③闻气味：硝酸铵如果保存得好应该没有任何气味。

④观察潮解情况：将少量硝酸铵放在干净的瓷碗里，观察潮解情况。如果天气潮湿，肥料会很快化成水，在湿度不大的情况下，存放12小时以上也可能化成水。

⑤观察溶解情况：利用无色透明的玻璃杯或白瓷碗，向其中加入清水，加入少量硝酸铵，进行搅动，能够发现硝酸铵很快溶解于水。

⑥观察pH值：将pH值试纸插入硝酸铵溶液中，发现试纸变红，说明溶液呈微酸性。

⑦观察铁片灼烧反应：把铁片烧红后，将少量硝酸铵放在上面，能发现硝酸铵边燃烧，边冒出白色烟雾，并放出刺激性氨味，融化后铁板上无残余物。

（三）硝酸铵的施用与贮存

硝酸铵适于多种类型土壤和作物。

1. 作追肥

硝酸铵可以作追肥。但不宜作基肥，因为硝酸铵施入土壤后，解离成的硝酸根离子容易随水分淋失。硝酸铵也不宜作种肥，因其养分含量较高，吸湿性强，与种子接触会影响发芽。水田施用硝酸铵，氮素易淋失，肥效不如等氮量的其他氮肥。硝酸铵最为适宜作追肥，而且最适用于旱田的追肥，用量可根据地力和产量指标来定。

2. 施用注意事项

①不能与酸性肥料（如过磷酸钙）和碱性肥料（如草木灰等）混合施用，以防降低肥效。②在施用时如遇结块，应轻轻地用木棍碾碎，不可猛砸，以防爆炸。

3. 贮存

①硝酸铵是炸药成分之一，应避免与金属性粉末、油类、有机物质、木屑等易燃、易爆的物品混合贮运。硝酸铵可装在清洁干燥有篷布或带有盖的交通工具内运输。②硝酸铵不能与石灰氮、草木灰等碱性肥料混合贮存。仓库应保持通风干燥、防止受雨雪和地面湿气影响，同时，避免阳光直射。③在搬运和堆垛时，轻拿轻放，垛与垛、垛与墙之间应保持0.7～0.8m，以利于热的扩散。

第二节　磷　肥

磷肥：具有磷（P）的标明量，以提供植物磷养分为其主要功效的单元肥料。磷是组成细胞核、原生质的重要元素，是核酸及核苷酸的组成部分。作物体内磷脂、酶类和植素中均含有磷，磷参与构成生物膜及碳水化合物，含氮物质和脂肪的合成、分解和运转等代谢过程，是作物生长发育必不可少的养分。合理施用磷肥，可增加作物产量，改善产品品质，加速谷类作物分蘖，促进幼穗分化、灌浆和籽粒饱满，促进早熟；还能促使瓜类、茄果类蔬菜及果树等作物的花芽分化和开花结实，提高结果率，增加浆果、甜菜、西瓜等的糖分、薯类作物薯块中的淀粉含量、油料作物籽粒含油量以及豆科作物种子蛋白质含量；在栽种豆科绿肥时，施用适量的磷肥能明显提高绿肥鲜草产量，使根瘤菌固氮量增多，达到通常称之为“以磷增氮”的目的。此外，施磷还能提高作物抗旱、抗寒和抗盐碱等抗逆性。

常用磷肥品种有水溶性磷肥、混溶性磷肥、枸溶性磷肥、难溶性磷肥，不同磷肥品种特性如下：

水溶性磷肥：主要有普通过磷酸钙，重过磷酸钙和磷酸铵（磷酸一铵、磷酸二铵），适合于各种土壤，各种作物，但最好用于中性或石灰性土壤。其中磷酸铵为氮磷二元复合肥料，最适在旱地施用，且磷含量高，在施用时，除豆科作物外，大多数作物直接施用必须配施氮肥，调整氮磷比例，否则会造成浪费或氮、磷比例失调造成减产。

混溶性磷肥：指硝酸磷肥，也是一种氮磷二元复合肥料，最适宜在旱地施用，在水田和酸性土壤中施用易引起脱氮损失。

枸溶性磷肥：包括钙镁磷肥、磷酸氢钙、沉淀磷肥和钢渣磷肥。这类磷肥不溶于水，但在土壤中被弱酸溶解，然后被作物吸收利用，而在石灰性碱性土壤中，与土壤的钙结合，向难溶性的磷酸盐方向转化，降低磷的有效性，因此，适用酸性土壤中施用。

难溶性的磷肥：磷矿粉、骨粉等，只溶于强酸，不溶于水，施入土壤后，主要靠土壤中的酸使它慢慢溶解，才能变作物能利用的形态，肥效很慢，但是后效很长，适用于酸性土壤中作基肥，也可与有机肥料堆腐或与化学酸性、生理酸性肥料配合施用，效果较好。

合理施用磷肥品种要注意以下几点。

①根据土壤供磷能力，掌握合理的磷肥用量。土壤速效磷的含量是决定磷肥肥效的主要因素，一般土壤速效磷小于 5mg/kg 时，为严重缺磷，氮磷肥施用比例应为 1∶1 左右。速效磷在 5～10mg/kg 时，为中度缺磷，氮、磷肥施用比例在 1∶0.5 左右。当速磷为 10～15mg/kg 时，为轻度缺磷，可以少施或隔年施用磷肥。当速效磷大于 15mg/kg

时，视为暂不缺磷，可以暂不施用磷肥。

②掌握磷肥在作物轮作中的合理分配。水田轮作时，如稻稻连作，在较缺磷的水田，早、晚稻磷肥的分配比例以 2∶1 为宜；在不太缺磷的水田，磷肥可全部施在早稻上。在水旱稻轮作时，磷肥应首先施于旱作。在旱地轮作时，由于冬、秋季温度低，土壤磷素释放少，而夏季温度高，土壤磷素释放多，故磷肥应重点用于秋播作物上。如小麦、玉米轮作时，磷肥主要投入在小麦上作基肥，玉米利用其后效。豆科作物与粮食作物轮作时，磷肥重施于豆科作物上，以促进其固氮作用，达到以磷增氮的目的。

③掌握合理施用方法。磷肥施入土壤后易被土壤固定，且磷肥在土壤中的移动性差，这些都是导致磷肥当季利用率低的原因。为提高其肥效，旱地可用开沟条施、刨窝穴施；水田可用沾秧根、塞秧蔸等集中施用的方法。同时，注意在基施时上下分层施用，以满足作物苗期和中后期对磷的需求。

④配合施用有机肥、氮肥、钾肥等。与有机肥堆沤后再施用，能显著地提高磷肥的肥效。但与氮肥、钾肥等配合施用时，应掌握合理的配比，具体比例要根据对土壤中 N、P、K 等的化验结果及作物的种类确定。

一、过磷酸钙

（一）过磷酸钙的性质

简称普钙，有效磷含量差异很大，一般 12%～18%，纯品为深灰色或灰白色粉末，稍有酸味，易吸湿、易结块，有腐蚀性，易溶于水，为酸性速效磷肥，是应用比较普遍的一种磷肥。实行生产许可证管理制度。执行标准 HG 2740—1995（表 2-6）。

表 2-6　过磷酸钙的技术指标　　（单位：%）

项目	指标			
	优等品	一等品	合格品	
			Ⅰ	Ⅱ
有效五氧化二磷（P_2O_5）含量　≥	18.0	16.0	14.0	12.0
游离酸（以 P_2O_5 计）含量　≤	5.0	5.5	5.5	5.5
水分（H_2O）　≤	12.0	14.0	14.0	15.0

（二）过磷酸钙的鉴别

①看形状：一般为粉末状，很少一部分为颗粒状。

②看颜色：一般呈现灰白色、深灰色、灰褐色和浅黄色。

③闻味道：用手指捻一捻肥料，手指感觉发涩，用鼻子闻时，能闻到过磷酸钙散发出酸味。

④观察溶解情况：向透明的玻璃杯或白瓷碗中加入清水，取少量过磷酸钙倒入，搅拌1分钟，然后静置5分钟，观察肥料的溶解情况，过磷酸钙肥料有一部分能溶于水中，另有一半沉淀于杯底。

⑤检查pH值：取一张pH值试纸，插入过磷酸钙上清液中，取出检查pH试纸的颜色，过磷酸钙水溶液成酸性，试纸变红色。

⑥在选购过磷酸钙时，要注意查看包装袋上是否有生产许可证号，并尽可能选购正规企业的产品。

（三）过磷酸钙的施用与贮存

过磷酸钙适用于多种作物和多种土壤。可将它施在中性、石灰性缺磷土壤上，以防止固定。它既可以作基肥、追肥，又可以作种肥和根外追肥。

1. 作基肥

对缺少速效磷的土壤，每亩施用量可在50kg左右，耕地之前均匀撒施一半，结合耕地作基肥。播种前，再均匀撒施另一半，结合整地浅施入土，做到分层施磷。这样，过磷酸钙的肥料效果就比较好，其有效成分的利用率也高。如与有机肥混合作基肥时，过磷酸钙的每亩施用量应在20～25kg。也可采用沟施、穴施等集中施用方法。

2. 作追肥

每亩的用量可控制在20～30kg，需要注意的是，一定要早施、深施，施到根系密集土层处。否则，过磷酸钙的效果就会不佳。若作种肥，过磷酸钙每亩用量应控制在10kg左右。

3. 作根外追肥

适宜在作物开花前后叶面喷施过磷酸钙溶液，喷施浓度为1%～3%。

4. 施用注意事项

①主要用在缺磷的地块，以利于发挥磷肥的增产潜力。②施用要适量，如果连年大量施用过磷酸钙，则会降低磷肥的效果。③不能与碱性肥料混合施用，以防酸碱中和降低肥效。④使用时过磷酸钙要碾碎过筛，否则会影响均匀度并会影响到肥料的效果。

5. 贮存

磷酸钙在贮存和运输过程中应注意防潮、防晒和防包装袋破损。

二、重过磷酸钙

（一）重过磷酸钙的性质

简称重钙，含有效磷 40%～50%，是一种高浓度磷肥。纯品为浅灰色颗粒或粉末状，带有酸味，粉末状易吸湿，易结块，有腐蚀性，多制作成颗粒状，不易吸湿，不易结块。易溶于水，为酸性速溶磷肥。执行标准 HG/T 2219—1991（表 2-7）。

表 2-7　粒状重过磷酸钙的技术指标　（单位：%）

项目		指标		
		优等品	一等品	合格品
总磷（P_2O_5）含量	≥	47.0	44.0	40.0
有效磷（P_2O_5）含量	≥	46.0	42.0	38.0
游离酸（以 P_2O_5 计）含量	≤	4.5	5.0	5.0
游离水分	≤	3.5	4.0	5.0
粒度（1.0～4.0mm 颗粒）	≥	90	90	85
颗粒平均抗压强度，N	≥	12	10	8

（二）重过磷酸钙的鉴别

①看形状：有的为粉末状，有的为颗粒状。

②看颜色：一般呈现灰白色、深灰色、灰褐色或浅黄色。

③闻味道：用手指捻一捻肥料，手指感觉发涩。用鼻子闻时，能闻到过磷酸钙散发出的酸味。

④观察溶解情况：向透明的玻璃杯或白瓷碗中加入清水，取少量重过磷酸钙倒入，搅拌 1 分钟，静置 5 分钟，观察肥料的溶解情况，重过磷酸钙大部分能溶于水中，有一小部分沉淀于杯底（这是与普通过磷酸钙的差别）。

⑤检查 pH 值：取一张 pH 值试纸，插入重过磷酸钙的上清液中，取出，检查 pH 试纸的颜色，水溶液呈酸性，试纸变为红色。

（三）重过磷酸钙的施用与贮存

①重过磷酸钙适用于各种作物和各类土壤。施用方法与过磷酸钙相同。由于重钙含磷量比较高，因而它的施用量比过磷酸钙要少。因为重

过磷酸钙中不含具有硫成分的石膏，所以对喜硫作物，如马铃薯、豆科及十字花科作物等的施用效果在等磷条件下不及过磷酸钙。重过磷酸钙易溶于水，为酸性速效磷肥。由于这种肥料施入土壤后，固定比较强烈，所以目前世界上生产量和使用量都比较少。

②重过磷酸钙施用中应注意事项与过磷酸钙相同。需要注意的是重过磷酸钙不宜用来蘸秧根，也不宜用来拌种。对于酸性土壤而言，施用前几天最好普施一次石灰。

③重过磷酸钙的贮存：重过磷酸钙在贮存和运输过程中，应注意防潮、防晒和包装袋破损。

三、钙镁磷肥

（一）钙镁磷肥的性质

钙镁磷肥的外观为灰白、黑绿或棕色玻璃状细粉。由于产地不同，产品规格相差较大，一般磷（P_2O_5）的含量在14%～20%，氧化钙（CaO）的含量在25%～40%。是一种以含磷为主，同时含有钙、镁、硅等成分的多元肥料。钙镁磷肥不溶于水，无毒，无腐蚀性，不易吸湿，不易结块，为化学碱性肥料。实行生产许可制度，执行标准HG 2557—1994（表2-8）。

表2-8　钙镁磷肥的技术指标　（单位：%）

项目		指标		
		优等品	一等品	合格品
有效五氧化二磷（P_2O_5）含量	≥	18.0	15.0	12.0
水分含量	≤	0.5	0.5	0.5
碱分（以CaO计）含量	≥	45.0	—	—
可溶性硅（SiO_2）含量	≥	20.0	—	—
有效镁（MgO）含量	≥	12.0	—	—
细度：通过250μm标准筛	≥	80	80	80

*注：优等品中碱分、可溶性硅和有效镁含量如用户没有要求，生产厂可不做检

（二）钙镁磷肥的鉴别

①看形状：一般为粉末状。

②看颜色：一般为暗绿色、灰褐色、灰黑色、灰白色等。

③闻味道：没有任何味道。

④观察溶解情况：向透明的玻璃杯或白瓷碗中加入清水，取少量钙

镁磷肥倒入，搅拌1分钟，静置5分钟，观察肥料的溶解情况，钙镁磷肥全部沉淀于杯底。

⑤检查pH值：取一张pH值试纸，插入钙镁磷肥上清液中，取出检查pH试纸的颜色，钙镁磷肥的水溶液呈碱性，试纸变为蓝（紫）色。

⑥在选购钙镁磷肥时，应注意包装袋上是否标注生产许可证号，并尽可能选购正规企业的产品。

（三）钙镁磷肥的施用与贮存

钙镁磷肥广泛适用于各种作物和缺磷的酸性土壤，特别适用于南方钙镁淋溶较严重的酸性红壤。

1. 作基肥

最适合于作基肥深施，钙镁磷肥施入土壤后，其中磷只能被弱酸溶解，要经过一定的转化过程，才能被作物利用，所以肥效较慢，属缓效肥料。一般要结合深耕，将肥料均匀施入土壤，使它与土层混合，以利于溶解及作物的吸收。也可与10倍以上的优质有机肥混拌堆沤1个月以上，沤制好的肥料用作基肥（也可用作种肥、蘸秧根）。钙镁磷肥一般每亩用量要控制在15～20kg，通常每亩施钙镁磷肥35～40kg时，可隔年施用。

2. 蘸秧根

南方水田可用来蘸秧根，每亩用量在10kg左右，对秧苗无伤害，效果也比较好。

3. 施用注意事项

①钙镁磷肥与普钙、氮肥配合施用效果比较好，但不能与它们混施。②钙镁磷肥通常不能与酸性肥料混合施用，否则会降低肥料的效果。③钙镁磷肥最适合于对枸溶性磷吸收能力强的作物，如油菜、萝卜、豆科作物和瓜类等作物上。水稻田缺硅时，施用钙镁磷肥效果也好。

4. 贮存

钙镁磷肥贮存时应保持仓库的阴凉、通风干燥，堆置高度应小于7m 。

第三节 钾 肥

钾肥指具有钾（K）标明量的单元肥料，钾是植物营养三要素之一。与氮、磷元素不同，钾在植物体内呈离子态，具有高度的渗透性、流动性和再利用的特点。钾在植物体中对60多种酶体系的活化起着关键作用，对光合作用也起着积极的作用。钾素营养好的植物，能调节单位叶面积的气孔数和气孔大小，促进二氧化碳（CO_2）和来自叶组织的氧（O_2）的交换；供钾量充足，能加快作物导管和筛管的运输速率，并促进作物多种代谢过程。

钾元素被称为“品质元素”。它对作物产品质量的作用主要有：①能促进作物较好地利用氮，增加蛋白质的含量。②使核仁、种子、水果和块茎、块根增大，形状和色泽美观。③提高油料作物的含油量，增加果实中维生素C的含量。④加速水果、蔬菜和其他作物的成熟，使成熟期趋于一致。⑤增强产品抗碰伤和自然腐烂能力，延长贮运期限。⑥增加棉花、麻类作物纤维的强度、长度和细度及色泽纯度。⑦钾还可以提高作物抗逆性，如抗旱、抗寒、抗倒伏、抗病虫害侵蚀的能力。

钾肥的品种较少，常用的只有氯化钾和硫酸钾，其次是钾镁肥。草木灰中含有较多的钾，常把草木灰当做钾肥施用。另外，还将少量窑灰钾作为钾肥施用。

要掌握钾肥的正确施用方法，应注意以下4个方面。

①因土施用。钾肥应首先投放在土壤严重缺钾的区域。一般土壤速效钾低于80mg/kg时，钾肥效果明显，要增施钾肥；土壤速效钾在80～120mg/kg时，暂不施钾。从土壤质地看，砂质土壤速效钾含量往往较低，应增施钾肥。黏质土壤速效钾含量往往较高，可少施或不施。缺钾又缺硫的土壤可施硫酸钾，盐碱地不宜施氯化钾。在多雨地区或具有灌溉条件，排水状况良好的地区大多数作物都可施用氯化钾。

②因作物施用。施于喜钾作物如豆科作物、薯类作物、甘蔗、棉麻、烟等经济作物以及禾谷类的玉米、杂交水稻等。在多雨地区或具有灌溉条件，排水状况良好的地区，大多数作物都可施用氯化钾，少数经济作物为改善品质，不宜施用氯化钾。应根据农业生产对产品性状的要求及其用途决定钾肥的合理施用。

③注意轮作施钾。在冬小麦、夏玉米轮作中，钾肥应优先施在玉米上。

④注意钾肥品种之间的合理搭配。对于烟草、糖类作物、果树应选用硫酸钾为好；对于纤维作物，氯化钾则比较适宜。由于硫酸钾成本偏高，在高效经济作物上可以选用硫酸钾；而对于一般的大田作物除少数对氯敏感的作物外，则宜用较便宜的氯化钾。

一、氯化钾

(一) 氯化钾的性质

氯化钾含 K_2O 60%，纯品为白色、淡黄色、砖红色的结晶体。易溶于水，在水中的溶解度随着温度的升高不断增加。氯化钾呈现化学中性，生理酸性，为速效性钾肥。执行标准 GB 6549—1996（表 2-9）。

表 2-9　农业用氯化钾的技术指标　（单位：%）

项目		指标		
		优等品	一等品	合格品
氧化钾（K_2O）含量（以干基计）	≥	60	57	54
水分（H_2O）	≤	6	6	6

(二) 氯化钾的鉴别

①看外观：氯化钾为结晶体。

②看颜色：氯化钾有红色和白色两种，个别的氯化钾呈灰白色或浅黄色。

③观察水溶性：进行水溶性试验，观察溶解情况，氯化钾很容易溶解于水。

④观察吸湿性：在潮湿的天气条件下，将少量的氯化钾肥料放于碗中并暴露在空气中过夜，第二天早晨发现氯化钾已经化成水。

⑤测量 pH 值：将 pH 值试纸插入氯化钾水溶液中，溶液成中性或微酸性，试纸颜色基本不变或微变红（这是区分氯化钾和硫酸钾的方法之一）。

⑥观察灼烧火焰的颜色：将少许氯化钾放在铁片上，将铁片倾斜，使肥料在酒精灯（或火）上燃烧，能观察到紫色火焰。

(三) 氯化钾的施用与贮存

氯化钾适用于缺钾土壤及大田作物，也适用于中性石灰性缺钾土壤。

1. 作基肥、追肥

当用作基肥时，通常要在播种前 10～15 天，结合耕地将氯化钾施入土壤中。用作追肥时，一般要求在苗长大后再追施。施用时要掌握钾肥经济效益最大时的施用量，一般每亩的施用量控制在 7.5～10kg。对于保肥、保水能力比较差的砂性土，则要遵循少量多次施用的原则。氯化钾无论用作基肥还是用作追肥，都应提早施用，以利于通过雨水或利用灌溉水，将氯离子淋洗至土壤下层，清除或减轻氯离子对作物的危害。氯化钾不宜作种肥。因为氯化钾肥料中含有大量的氯离子，会影响种子的发芽和幼苗的生长。

2. 氯化钾不宜用在“忌氯作物”上

在对氯敏感的作物上不宜施用，如烟草、甜菜、甘蔗、甘薯、马铃薯、葡萄、果树、茶树等。

3. 施用注意事项

①氯化钾与氮肥、磷肥配合施用，可以更好地发挥其肥效。②透水性差的盐碱地不宜施用氯化钾，否则会增加对土壤的盐害。③砂性土壤施用氯化钾时，要配合施用有机肥。④酸性土壤一般不宜施用氯化钾，如要施用，可配合施用石灰和有机肥。

4. 贮存

在氯化钾的贮存和运输过程中，应防止受潮和包装袋的破损。

二、硫酸钾

（一）硫酸钾的性质

硫酸钾 K_2O 含量 50%。白色或带灰黄色的结晶体，易溶于水，溶解度随温度上升而增大。吸湿性较低，不易结块，物理性状优于氯化钾。硫酸钾为化学中性、生理酸性肥料。执行标准 GB 20406—2006（表 2-10）。

表 2-10　农业用硫酸钾的技术指标　（单位：%）

项目	粉末状结晶			颗粒状		
	优等品	一等品	合格品	优等品	一等品	合格品
氧化钾（K_2O）含量　≥	50.0	50.0	45.0	50.0	50.0	40.0
氯（Cl）含量　≤	1.0	1.5	2.0	1.0	1.5	2.0
水分含量　≤	0.5	1.5	3.0	0.5	1.5	3.0
游离酸（H_2SO_4）含量　≤	1.0	1.5	2.0	1.0	1.5	2.0
粒度（粒径 1.00～4.75mm 或 3.35～5.60mm）　≥	—	—	—	90	90	90

（二）硫酸钾的鉴别

①看外观：硫酸钾为结晶体形状。

②看颜色：硫酸钾一般呈现白颜色，也有的成灰黄色、灰绿色或浅棕色。

③观察吸湿性：硫酸钾基本没有吸湿性，即使空气的湿度超过70%，硫酸钾仍然保持原来的性状（这是氯化钾和硫酸钾主要区别）。

④观察溶解情况：硫酸钾能够溶解，但溶解的速度比氯化钾慢，溶解的量也较氯化钾的小（这是氯化钾和硫酸钾区别之一）。

⑤观察火焰的颜色：利用氯化钾一节中介绍的方法，观察硫酸钾的火焰颜色，硫酸钾在灼烧时有钾离子特有的紫色火焰。

⑥测量溶液 pH 值：将 pH 值试纸插入硫酸钾水溶液中，优等品和一等品的硫酸钾溶液呈酸性，纸条颜色为红色；合格品的硫酸钾溶液呈碱性，纸条颜色为蓝色（这是区分氯化钾和硫酸钾的区别之一）。

（三）硫酸钾的施用与贮存

硫酸钾广泛适用于各类土壤和各种作物，特别是对氯敏感的作物。

1. 作基肥

旱田用硫酸钾作基肥时，一定要深施覆土，以减少钾的晶体固定，并利于作物根系吸收，提高利用率。

2. 作追肥

由于钾在土壤中移动性较小，应集中条施或穴施到根系较密集的土层，以促进吸收。砂性土壤常缺钾，宜作追肥以免淋失。

3. 作种肥和根外追肥

作种肥每亩用量 1.5～2.5kg，也可配制成 0.2%～0.3%的溶液，作根外追肥。

4. 施用注意事项

①对于水田等还原性较强的土壤，硫酸钾不及氯化钾，主要是易产生硫化氢毒害。酸性土壤宜配合施用石灰。②硫酸钾价格比较贵，在一般情况下，除对氯敏感的作物外，能用氯化钾的就可以不用硫酸钾。③对十字花科作物和大蒜等需硫较多的作物，效果较好，应优先调配使用。

5. 贮存

在硫酸钾运输和贮存过程中，应防止受潮和包装袋的破损。

第四节　中量元素肥料

中量元素肥料是指钙、镁、硫、硅肥，中量元素是作物生长过程中需要量次于氮、磷、钾而高于微量元素的营养元素，占作物体的0.1%～0.5%。这些元素在土壤中存量较多，同时，在施用大量元素时能够得到补充，一般情况下可满足作物的需求。但随着氮磷钾高浓度而不含中量元素的化肥的大量施用以及有机肥投入的减少，近年来在一些土壤和作物上中量元素缺乏的现象逐渐增加。应根据作物种类和土壤条件和环境等因素的不同合理施用不同中量元素肥料。

一、钙肥

（一）含钙肥料的种类及性质

作物吸收钙的数量小于钾大于镁，钙的主要营养功能是能够稳定细胞膜结构，保持细胞的完整性，有助于生物膜有选择性地吸收离子，稳固细胞壁，促进细胞伸长，增强植物对环境胁迫的抗逆能力，防止植物早衰，提高作物品质，促进根系生长。植物缺钙生长受阻，节间较短，较一般正常生长的植株矮小，而且组织柔软。缺钙植株的顶芽、侧芽、根尖等分生组织首先出现缺素症，易腐烂死亡，幼叶卷曲畸形，叶缘开始变黄并逐渐坏死。缺钙使甘蓝、白菜和莴苣等出现叶焦病，番茄、辣椒、西瓜等出现脐腐病，苹果出现苦痘病和水心病。施用钙肥可以补充土壤中的钙、调节土壤理化性质，改良土壤，防治作物的缺钙症状。

钙肥的主要品种有石灰、石膏、普通过磷酸钙、重过磷酸钙、钙镁磷肥等（表 2-11）。

表 2-11　主要含钙肥料及性质

品种	氧化钙（%）	其他成分（%）
生石灰（石灰石烧制）	84.0～96.0	
生石灰（牡蛎、蚌壳烧制）	50.0～53.0	
生石灰（白云岩烧制）	26.0～58.0	氧化镁（MgO）10～14
熟石灰（消石灰）	64.0～75.0	
石灰石粉（石灰石粉碎）	45.0～56.0	
生石膏（变通石膏）	26.0～32.6	硫（S）15～18
熟石膏（雪花石膏）	35.0～38.0	硫（S）20～22
磷石膏	20.8	磷（P_2O_5）0.7～3.7，硫（S）10～13
普通过磷酸钙	16.5～28.0	磷（P_2O_5）12～20
重过磷酸钙	19.6～20.0	磷（P_2O_5）40～54
钙镁磷肥	25.0～30.0	磷（P_2O_5）14～20， 氧化镁（MgO）15～18

（续表）

品种	氧化钙（%）	其他成分（%）
钢渣磷肥	35.0～50.0	磷（P_2O_5）5～20
粉煤灰	2.5～46.0	磷（P_2O_5）0.1，钾（K_2O）1.2
草木灰	0.9～25.2	磷（P_2O_5）1.57（N）0.93
骨　粉	26.0～27.0	磷（P_2O_5）20～35
氯化钙	47.3	
硝酸钙	26.6～34.2	氮（N）12～17
石灰氮	54.0	氮（N）20～21

（二）钙肥的施用方法

1. *石灰的施用*

石灰可分为生石灰、熟石灰和石灰石粉，属强碱性。土壤施用石灰除补充作物钙外，对酸性土壤能调节土壤酸碱程度，改善土壤结构；促进土壤有益微生物的活动，加速有机质分解和养分释放；能减轻土壤中铁、铝离子对磷的固定，提高磷的有效性；石灰能杀死土壤中病菌和虫卵以及消灭杂草。石灰主要用于酸性土壤，可以作基肥，也可以作追肥。

①基肥：结合整地将石灰与农家肥一起施入，也可以结合绿肥压青和稻草还田进行。水稻秧田一般亩施 15～25kg，本田亩施 50～100kg，旱地亩施基肥 25～50kg，用于改土亩施 150～250kg。

②追肥：基肥未施石灰的可在作物生育期间追施，水稻可结合中耕亩施 25kg 左右，旱地可以条施或穴施，亩施 15kg 为宜。

③施用石灰应注意几点：首先石灰不宜使用过量，否则会加速有机质大量分解，使土壤肥力下降，并易引起土壤板结和结构破坏；其次石灰呈碱性，应施用均匀，以防止局部土壤碱性过大，影响作物生长，应避免与种子或根系接触；其三对小麦、大麦等不耐酸的作物可适当多施，豆类、甜菜、水稻等中等耐酸作物可以少施，马铃薯、烟草、茶树等耐酸强的作物，可以不施。石灰残效期有 2～3 年，一次施用量较多时，不要年年施用。

2. *石膏的施用*

农用石膏有生石膏、熟石膏和磷石膏 3 种，呈酸性。主要用于碱性土壤，消除土壤碱性，起到改土和供给作物钙、硫营养的作用。石膏可以作基肥，作追肥，也可以作种肥等。

①作为改碱施用：宜作基肥，一般在土壤 pH 值在 9 以上，含有碳酸钠的碱性土中施用石膏，亩施 100～200kg，结合灌排深翻入土，后效长，不必年年都施。为提高改土效果应与种植绿肥或与农家肥和磷肥配合施用。

②作为钙、硫营养施用：水田作基肥或追肥亩用量 5～10kg，蘸秧根亩用量 3kg 左右。旱地撒施于土表，再结合翻耕作基肥，基施亩用量 15～25kg，也可以作为种肥条施或穴施，作种肥亩施 4～5kg。

二、镁肥

（一）含镁肥料的种类及性质

镁对植物代谢和生长发育具有很重要的作用，主要作用在植物叶绿素合成、光合作用、蛋白质合成、酶的活化中。不同植物含镁量不同，豆科植物地上部分的含镁量是禾本科的 2～3 倍。植株缺镁叶绿素含量下降，出现失绿症，植株矮小，生长缓慢。双子叶植物缺镁叶脉间失绿，并逐渐由淡绿色转变为黄色或白色，还会出现大小不一的褐色或紫红色斑点或条纹，严重时出现叶片坏死。禾本科植物缺镁，叶基部叶绿素积累出现暗绿色斑点，其余部分淡黄色，严重时叶片退色而有条纹，特别典型是叶尖出现坏死斑点。缺镁首先表现在老叶上，得不到补充则发展到新叶。

镁肥的主要品种有硫酸镁、氯化镁、钙镁磷肥等（表 2-12）。

表 2-12 主要含镁肥料及性质

肥料名称	主要成分	含镁量（Mg%）
硫酸镁	$MgSO_4 \cdot 7H_2O$	9.6～9.8
氯化镁	$MgCl_2$	25.6
碳酸镁	$MgCO_3$	28.8
硝酸镁	$Mg(NO_3)_2$	16.4
氧化镁	MgO	55.0
钾镁肥	$MgSO_4 \cdot KSO_4$	7～8
硫酸钾镁	$KSO_4 \cdot 2MgSO_4$	11.2
白云石粉	$CaCO_3 \cdot MgSO_3$	11～13
光卤石	$KCl_2 \cdot MgCl_2 \cdot 6H_2O$	8.7

（二）镁肥的施用

①作基肥、追肥：做基肥要在耕地前与其他化肥或有机肥混合撒施或掺细土后单独撒施。做追肥要早施，采用沟施或对水冲施。每亩硫酸镁的适宜用量为10～13kg，折纯镁为每亩1～1.5kg；一次施足后，可隔几茬作物再施，不必每季作物都施。

②叶面喷施：在作物生长前期、中期进行叶面喷施。不同作物及同一作物的不同生育时期要求喷施的浓度往往不同，一般硫酸镁水溶液喷施浓度为：果树为0.5%～1.0%，蔬菜为0.2%～0.5%，大田作物如水稻、棉花、玉米为0.3%～0.8%，镁肥溶液喷施量为每亩50～150kg。

③镁肥施用注意事项：首先镁肥要用于缺镁的土壤。一般认为高度淋溶的土壤，pH值＜6.5的酸性土壤，有机质含量低，阳离子代换量低，保肥性能差的土壤易缺镁。另外，因施肥不合理，长期过量施用氮肥、钾肥、钙肥的土壤，也会因离子间的拮抗而出现缺镁。镁肥要用于需镁较多的作物，需镁较多的作物一是经济作物，如果树、蔬菜、棉花和叶用经济作物如桑树、茶树、烟草等；二是豆科作物大豆、花生等。施用镁肥要根据土壤酸碱度选用镁肥品种，对中性及碱性土壤，宜选用速效的生理酸性镁肥，如硫酸镁，对酸性土壤，宜选用缓效性的镁肥，如白云石、氧化镁等。

三、硫肥

（一）硫肥的种类及性质

硫的主要营养功能是在蛋白质合成和代谢、电子传递中有重要作用。缺硫植株蛋白质合成受阻导致失绿症，其外观症状与缺氮很相似，缺硫症状往往先出现于幼叶，而缺氮先发生在老叶。缺硫新叶失绿黄化，茎细弱，根细长而不分枝，开花结实推迟，果实减少。十字花科作物对缺硫十分敏感，四季萝卜常作为鉴定土壤硫营养状况的指示植物。豆科植物对缺硫敏感，苜蓿缺硫叶呈淡黄绿色，小叶比正常叶更直立，茎变红，分枝少，大豆缺硫新叶呈淡黄绿色，严重时整株黄化，植株矮小。小麦缺硫新叶脉间黄化，老叶仍保持绿色，缺硫使植物体内蛋白质含量降低，因此，降低了面粉的烘烤质量。

硫肥的主要品种有硫酸钙、硫酸铵、硫酸镁和硫酸钾，施用硫肥能够直接供应硫素营养，由于硫肥还含有其他成分，故还能提供钙、镁等其他营养元素（表2-13）。

表 2-13 主要含硫肥料及性质

肥料名称	主要成分	含 S 量（%）
石膏	$CaSO_4 \cdot 2H_2O$	18.6
硫黄	S	95～99
硫酸铵	$(NH_4)_2SO_4$	24.2
硫酸钾	K_2SO_4	17.6
硫酸镁（水镁矾）	Mg_2SO_4	13
硫硝酸铵	$(NH_4)_2SO_4 \cdot 2NH_4NO_3$	12.1
普通过磷酸钙	$Ca(H_2PO_4)_2 \cdot H_2O$，$CaSO_4$	13.9
青矾（硫酸铁）	$FeSO_4 \cdot 7H_2O$	11.5

（二）硫肥的施用

常用的硫肥品种可作基肥、追肥和种肥。一般因作物种类、土壤类型、施肥目的不同，硫肥施用数量、施用方法和施肥时期而异。作物在临近生殖生长期时是需硫高峰，因此，硫肥应该在生殖生长期之前施用，作为基肥施用较好，如在作物生长过程中发现缺硫，可以用硫酸铵等速效性硫肥作追肥或喷施。施用量应根据土壤缺硫程度和作物需求量来确定，一般缺硫土壤每亩施 1.5～3kg 硫可以满足当季作物硫的需要，每亩可以施过磷酸钙 20kg 或硫酸铵 10kg，也可以每亩施石膏粉 10kg 或硫黄粉 2kg。硫肥可单独施用，也可以和氮、磷、钾等肥料混合，结合耕地施入土壤。

第五节 微量元素肥料

微量元素肥料：指作物正常生长发育所必需的微量元素，通过工业加工过程制成的，在农业生产中作为肥料施用的化工产品，简称微肥。20 世纪 50～60 年代以施用有机肥为主、化肥为辅的情况下，微量元素缺乏并不突出，随着大量元素肥料施用量增加，作物产量大幅提高，加之有机肥投入比重下降，土壤缺乏微量元素状况随之加剧，但不同土壤质地、不同作物对微量元素的需求存在差异，应根据土壤微量元素有效含量确定丰缺情况，做到缺素补素。一般情况下，在土壤微量元素有效含量低时易产生缺素症，所补给的微量元素才能达到增产效果。

一、铁肥

（一）铁肥的种类与性质

铁是叶绿素合成所必需的，缺铁时叶绿体结构被破坏，导致叶绿素不能形成。铁参与体内氧化还原反应和电子传递。铁还参与植物呼吸作用。对铁敏感的作物有豆类、高粱、甜菜、菠菜、番茄、苹果、柑橘、桃树等。一般情况下，禾本科和其他一些农作物很少见到缺铁现象，而果树缺铁较为普遍。植物缺铁总是从幼叶开始，典型的症状是在叶片的叶脉间和细胞网状组织中出现失绿现象，在叶片上往往明显可见叶脉深绿而脉间黄化，黄绿相间相当明显，严重缺铁时叶片上出现坏死斑点，叶片逐渐枯死，缺铁时根系还可能出现有机酸的积累。铁在植物体内移动性很小，植物缺铁常在幼叶上表现出失绿症。

铁肥的主要品种包括硫酸亚铁、硫酸亚铁铵及螯合态铁等。硫酸亚铁（$FeSO_4 \cdot 7H_2O$），含铁 19%～20%，易溶于水，浅蓝绿色细结晶。硫酸亚铁铵［$(NH_4)_2SO_4 \cdot FeSO_4 \cdot 6H_2O$］，含铁 14%，呈淡青色结晶，溶于水。螯合态铁 FeEDTA，含铁 5%～14%，易溶于水（表 2-14）。

表 2-14　常用铁肥品种、成分和性质

品种	分子式	含铁量（%）	溶解性
硫酸亚铁	$FeSO_4 \cdot 7H_2O$	19	易溶
硫酸亚铁铵	$(NH_4)_2SO_4 \cdot FeSO_4 \cdot 6H_2O$	14	易溶
螯合态铁	FeEDTA	14	易溶

（二）铁肥的施用

①基施：生产上最常用的铁肥是硫酸亚铁，可以用 5～10kg 硫酸亚铁与 200kg 有机肥混合后施到果树下，可以克服果树缺铁失绿症。

②叶面喷施：叶面喷施硫酸亚铁可避免土壤对铁的固定。一般喷施浓度 0.2%～0.5%，每隔 7 天左右 1 次，连续 2～3 次。若在铁肥溶液中加配尿素和柠檬酸，则会取得良好的效果，先在 50kg 水中加入 25g 柠檬酸，溶解后加入 125g 硫酸亚铁，待硫酸亚铁溶解后再加入 50g 尿素，即配成 0.25%硫酸亚铁＋0.05%柠檬酸＋0.1%尿素的复合铁肥。对于根外追肥不方便的果树还可以将 0.75%的硫酸亚铁溶液注入树干或固体硫酸亚铁埋藏于树干中，每株 1～2g。

二、铜肥

（一）铜肥的种类与性质

铜参与植物体内氧化还原反应，铜构成铜蛋白并参与光合作用，铜是超氧化物歧化酶（SOD）的重要组分，铜参与氮素代谢，影响固氮作用，铜能够促进花器官的发育。不同作物对铜的反应不同，单子叶植物对铜比较敏感，麦类作物最敏感，双子叶植物敏感性较差。缺铜明显特征是花的颜色发生退色现象。禾谷类作物表现为植株丛生，顶端逐渐变白，症状从叶尖开始，严重时不抽穗，或穗萎缩变形，结实率降低或子粒不饱满、不结实。果树表现为顶梢叶片呈叶簇状，叶和果实退色，严重时顶梢枯死，并向下发展。

用作铜肥的有硫酸铜、碱式硫酸铜、硫铁矿渣等。常用的为硫酸铜，有效铜含量35%，蓝色结晶，易溶于水（表2-15）。

表 2-15 常用铜肥品种、成分和性质

品种	分子式	含铜量（%）	溶解性
硫酸铜	$CuSO_4 \cdot 5H_2O$	25～35	易溶
碱式硫酸铜	$CuSO_4 \cdot Cu(OH)_2$	15～53	难溶
氧化亚铜	Cu_2O	89	难溶

（二）铜肥的施用

硫酸铜可做基肥、种肥和根外追肥。多用做种肥和根外追肥。除硫酸铜其他品种只能做基肥。施用铜肥只有在确诊为缺铜的情况下方可应用。

①基肥：硫酸铜作基肥，一般用量每亩1～2kg，每隔3～5年施用一次。

②种肥：硫酸铜作种肥，每1kg种子用1～2g拌种或用浓度为0.01%～0.5%的溶液浸种。

③根外追肥：叶面喷施浓度为0.02%～0.04%硫酸铜溶液。可在硫酸铜溶液中加入少量熟石灰，以避免药害。

三、锰肥

（一）锰肥的种类和性质

锰直接参与光合作用，是维持叶绿体结构所必需的元素，锰可以调节酶的活性，促进种子萌发和幼苗生长。不同作物或同一种作物的不同品种对锰的敏感程度不同。燕麦、小麦、豌豆、菜豆、菠菜、甜菜、苹果、桃树、山莓、草莓是对锰敏感的作物，而大麦、水稻、三叶草、苜蓿、白菜、花椰菜、马铃薯、番茄对锰中度敏感，玉米、黑麦、牧草对锰敏感性很低。植物缺锰时一般幼小到中等叶龄的叶片最易出现症状，在单子叶植物中锰的移动性高于双子叶植物，所以，禾谷类作物缺锰症状常出现在老叶上。缺锰典型症状是燕麦“灰斑病”、豌豆“杂斑病”、棉花和菜豆“皱叶病”。植物缺锰的症状有早期和后期两个阶段。在早期缺锰阶段，叶片的主脉和侧脉附近为深绿色、呈带状，叶脉间则为浅绿色。到了中期叶片的主脉和侧脉附近的带状区变成暗绿色，叶脉间为浅绿色的失绿区，并且逐渐扩大。到后期严重缺锰的阶段，叶脉间的失绿区变成灰绿到灰白色，叶片薄，枝条有顶枯现象，长势很弱。果树缺锰时一般是叶脉间失绿黄化。禾本科植物则出现与叶脉平行的失绿条纹，条纹呈浅绿色，逐渐变成灰绿色、灰白色、褐色和红色。

常用的锰肥有硫酸锰、氯化锰、碳酸锰、氧化锰、含锰的玻璃肥料及含锰的工业废渣等。硫酸锰含锰量为 24%～28%，为粉红色晶体，易溶于水。氯化锰有效锰含量 17%，浅红色结晶，易溶于水（表 2-16)。

表 2-16 常用锰肥品种、成分和性质

品种	分子式	含锰量（%）	溶解性
硫酸锰	$MnSO_4 \cdot 7H_2O$	24～28	易溶
氯化锰	$MnCl_2$	17	易溶
碳酸锰	$MnCO_3$	31	易溶
氧化锰	MnO	41～68	稍溶
含锰玻璃肥料	$MnSO_3$	10～25	难溶
含锰工业矿渣	总锰	9	难溶

（二）锰肥的施用

锰肥可做基肥、种肥或根外追肥。但主要用于种子处理和根外追肥。

①基肥：难溶性锰肥如含锰的工业废渣一般用作基肥，每亩用量 5～10kg。硫酸锰一般每亩用 1～2.5kg，与生理酸性化肥或农家肥混合条施或穴施。

②浸种：浓度为 0.05%～0.1%的硫酸锰溶液，浸种 8 小时，晾干后播种。

③拌种：每 1kg 种子用 4～8g 硫酸锰，先用少量水溶解后再拌种，晾干后播种。

④根外追肥：一般用 0.1%～0.2%的硫酸锰溶液每亩 50～75kg，果树为 0.3%～0.4%，在苗期至生长盛期叶面喷施 2～3 次。

四、锌肥

（一）锌肥的种类与性质

锌是某些酶的组分或活化剂，参与生长素的代谢，参与光合作用中 CO_2 的水合作用，促进蛋白质的代谢，促进生殖器官发育和提高抗逆性。植物对锌的敏感程度因作物种类不同而有差异，对锌敏感作物有玉米、水稻、甜菜、大豆、菜豆、柑橘、梨、桃、番茄等，其中以玉米和水稻最敏感，通常可作为判断土壤有效锌丰缺的指示植物。多年生果树对锌也比较敏感，缺锌对果实品质影响很大。果树缺锌时表现为叶片狭小，丛生呈簇状，芽孢形成减少，树皮显得粗糙易碎。典型症状是果树“小叶病”、“繁叶病”。

锌肥的主要品种有：硫酸锌、氯化锌、碳酸锌、硝酸锌、氧化锌、硫化锌、螯合态锌、含锌复合肥、含锌混合肥和含锌玻璃肥料等。其中，以硫酸锌和氯化锌为最常用，氧化锌次之。硫酸锌（$ZnSO_4 \cdot 7H_2O$）含锌 23%，白色针状结晶或粉状结晶，易溶于水，水溶液的 pH 值接近中性，易吸湿，是目前最常用的锌肥，适用于各种施用方法。氧化锌（ZnO）含锌量 78%，白色或淡黄色非晶性粉末，不溶于水。在空气中能缓慢吸收二氧化碳和水，生成碳酸锌，由于溶解度小，移动性差，故肥效长，施用一次，可长期有效，但供当季作物吸收的锌少，常配成悬浮液蘸根施用（表 2-17）。

表 2-17 常用锌肥品种、成分和性质

品种	分子式	含锌量（%）	溶解性
硫酸锌	$ZnSO_4 \cdot 7H_2O$ $ZnSO_4 \cdot H_2O$	23	易溶 易溶
氧化锌	ZnO	78	难溶
碱式硫酸锌	$ZnSO_4 \cdot 4(OH)_2$	55	可溶
氯化锌	$ZnCl_2$	48	易溶
碳酸锌	$ZnCO_3$	52	难溶
锌螯合物	$Na_2ZnEDTA$	12～14	易溶

（二）锌肥的施用

水溶性锌肥既可作基肥，又可作追肥或根外追肥，拌种或浸种，而非水溶性锌肥一般只适合作基肥。

①基肥：锌肥作基肥一般每亩用量为硫酸锌 1～2kg。由于用量较少，锌肥可与有机肥料或生理酸性肥料混合施用，但不宜与磷肥混施。锌在土壤中不易移动，应施在种子附近，但不能直接接触种子。对于缺锌土壤，锌肥不仅对当季作物有效，而且还有后效，一般 2～3 年施用 1 次即可。

②追肥：追施可将锌肥直接施入土壤，一般硫酸锌每亩用 1～2kg。最好集中施用，条施或穴施在根系附近，以利于根系吸收，提高锌肥的利用率。

③种肥：常将硫酸锌用于拌种，每 1kg 种子加 2～3g，用少量水溶解，喷在种子上，边喷边拌，用水量为以能拌匀种子为宜，晾干后即可播种。浸种是用浓度为 0.02%～0.05%硫酸锌溶液，浸种 8～10 小时，捞出晾干播种。蘸根是在移栽定植时，将植物根部在 1%的氧化锌悬浮液中蘸一下再栽植。

④叶面喷施：用 0.1%～0.2%硫酸锌溶液叶面喷施，连续喷 2～3 次，每次间隔 7～10 天。

五、硼肥

（一）硼肥的种类与性质

硼能够促进植物体内碳水化合物的运输和代谢，促进半纤维素及细胞壁物质的合成，促进细胞伸长和细胞分裂，促进生殖器官的建成和发育，调节酚的代谢和木质化作用，提高豆科作物根瘤固氮能力等。需硼较多的作物有油菜、甜菜、苜蓿、三叶草、白菜、大豆、花椰菜、萝卜、芹菜、莴笋、向日葵、茉莉花、苹果、桃等。植物缺硼的主要症状是茎尖生长点生长受抑制，严重时枯萎，甚至死亡。老叶叶片变厚变脆畸形，枝条节间短，出现木栓化现象。根的生长发育明显受阻，根短粗兼有褐色。生殖器官发育受阻，结实率低，果实小、畸形，导致种子和果实减产，严重时有可能绝收。对硼敏感的作物常会出现许多典型的症状，如甜菜的“腐心病”，油菜的“花而不实”、棉花的“蕾而不花”、花椰菜的“褐心病”、小麦的“穗而不实”、芹菜“茎折病”、苹果的“缩果病”等。缺硼不仅影响产量而且明显影响品质。

硼肥种类很多，常用的硼肥有硼砂，硼酸，硼镁肥，硼镁磷肥。硼砂含硼11%左右，为无色透明结晶或白色粉末，溶于水。硼酸含硼17%，无色透明结晶或白色粉末，易溶于水。硼镁肥是制取硼砂的残渣，灰色或灰白色粉末，所含硼主要是硼酸形态，能溶于水，含硼1%左右，含镁20%～30%。硼镁磷肥含硼0.6%左右，含镁10%～15%，含有效磷6%左右，是一种含大、中量元素（磷、镁）和微量元素（硼）的复合肥料。另外，还有含硼石膏、含硼黏土、含硼过磷酸钙、含硼过硝酸钙、含硼碳酸钙。硼泥含硼量约2%，是生产硼肥时下脚料，可直接施入田间。农家肥中草木灰、厩肥中也含有一定量的硼（表2-18）。

表2-18 常用硼肥品种、成分和性质

品种	分子式	含硼量（%）	溶解性
硼砂	$Na_2B_4O_7 \cdot 10H_2O$	11	溶于40℃热水中
硼酸	H_3BO_3	17	易溶
硼泥		2.4（总BO_3）	部分溶

（二）硼肥的施用

①基肥：硼肥的施用方法与土壤硼含量有关。当土壤严重缺硼时，一般采用基施效果好。一般每亩施用0.5～0.75kg硼砂，与干细土或有机肥混匀后开沟条施或穴施，或与氮、磷、钾等肥料配合使用，也可单独施用。一定要施得均匀，不宜深翻或撒施。用量不能过大，每亩硼砂用量超过2.5kg时，会降低出苗率，甚至死苗减产。不要使硼肥直接接触种子或幼苗，以免影响发芽、出苗和幼苗幼根生长。

②浸种：浸种宜用硼砂或硼酸溶液，先用40℃的水将硼砂溶解，再用冷水稀释成0.01%～0.03%水溶液，将种子倒入溶液中，浸泡6～8小时，种液比为1∶1，捞出晾干后即可播种。

③叶面喷施：轻度缺硼的土壤通常采用根外追肥的方法。喷施浓度为0.1%～0.25%硼砂或硼酸溶液，用量为每亩50～75kg水溶液，不同作物适宜的喷施时期不同，一般喷施2～3次。

六、钼肥

（一）钼肥的种类与性质

钼是硝酸还原酶和固氮酶的组成成分，能够促进植物体内有机含磷化合物的合成，参与体内光合作用和呼吸作用，促进繁殖器官的建成。

不同作物对钼肥的需求及对钼肥的效应差别很大，豆科作物、豆科绿肥和豆科牧草施用钼肥效果很好，十字花科对钼也较敏感，玉米、柑橘、烟草、马铃薯等在严重缺钼土壤上施钼也有较好的效果 。缺钼的共同特征是植株矮小、生长缓慢，叶片失绿，且有大小不一的黄色或橙黄色斑点，严重缺钼时叶片萎蔫，有时叶片扭曲成杯状，老叶变厚、焦枯，以至死亡。十字花科的花椰菜缺钼最典型的症状是叶片明显缩小，呈不规则状的畸形叶，或形成鞭尾状叶，通常称为“鞭尾病”或“鞭尾现象”。

钼肥主要品种有钼酸钠，钼酸铵等。钼酸铵是青白或黄白色晶体，易溶于水，含钼量为 50%～54%。钼酸钠为青白色晶体，易溶于水，含钼量为 35%～39%（表 2-19）。

表 2-19　常用钼肥品种、成分和性质

品种	分子式	含钼量（%）	溶解性
钼酸铵	$(NH_4)_6Mo_7O_{24} \cdot 4H_2O$	54	易溶
钼酸钠	$Na_2MoO_4 \cdot 2H_2O$	36	易溶
三氧化钼	MoO_3	66	难溶
含钼矿渣		10	难溶

（二）钼肥的施用

钼肥可做基肥、种肥和根外追肥。由于钼肥是作物需要量最少的微量元素，且价格昂贵，所以钼肥用量应尽量减少，一般作根外追肥、浸种和拌种。并且由于用量少，难于施匀，应少作基肥。

①基肥：钼肥可以单独使用，也可和其他化肥和有机肥混合施用，最好与磷肥配合施用。如果单独使用，可拌干细土 10kg，搅拌均匀后施用，或撒施翻耕入土，或开沟条施或穴施，钼酸铵、钼酸钠每亩用量 50～100g。

②拌种：每 1kg 种子用 1～2g 钼酸铵，先用少量热水溶解再用水配成 0.2%～0.3%的溶液，喷施在种子上，边喷施边搅拌，但喷液不能过多，以免种皮起皱，造成烂种，拌好后将种子阴干后即可播种。

③浸种：一般用 0.05%～0.1%钼酸铵溶液，浸种 12 小时。

④根外追肥：将钼酸铵（钠）先用约 50℃ 的水溶解，然后配成 0.02%～0.05%的溶液，在苗期和花期喷施 1～2 次。每次每亩喷施溶液 50～75kg。

第六节 复合肥料

复合肥料：在一定的工艺条件下，经过化学反应而制成的，含有氮磷钾中两种或两种以上元素，具有固定的养分含量和配比的肥料，它们的养分含量和配比决定于生产过程中的化学反应及化合物的分子式化学组成。常见的复合肥料种类主要包括磷酸二铵、磷酸一铵、磷酸二氢钾、硝酸钾和硝酸磷肥等。

复合肥料的主要优点：一是含有两种或两种以上的作物需要的元素，养分含量高，能比较均衡和长时间地供应作物需要的养分，提高施肥增产效果；二是这类复合肥一般为颗粒状，吸湿小，不结块，具有一定的抗压强度和粒度，物理性状好，可以改善某些单质肥料的不良性状，便于储存，施用方便，特别是利于机械化施肥；三是这类肥料既可以做基肥和追肥、又可以作种肥，适用的范围比较广；四是肥料副成分少，在土壤中不残留有害成分，对土壤性质基本不会产生不良影响。

复合肥料主要缺点：氮磷钾养分比例相对固定，不能适用于各种土壤和各种作物对养分的需求，所以，在复合肥料施用的过程中一般要配合单质肥料的施用，才能满足各类作物在不同生育阶段对养分种类、数量的要求，达到作物高产对养分的平衡需求；其次是复合肥料所含养分同时施用，有的养分可能与作物最大需肥时期不相吻合，易流失，难以满足作物某一时期对某一养分的特殊要求，不能发挥本身所含各养分的最佳施用效果。

一、磷酸一铵、磷酸二铵

（一）磷酸一铵、磷酸二铵的性质

磷酸一铵、磷酸二铵中含有氮、磷两种养分，属于氮磷二元型复合肥料，是我国发展最快、用量最大的复合肥料。执行标准 GB 10205—2001。

磷酸一铵：又称磷酸铵。含磷 60%左右，含氮 12%左右，灰白色或淡黄色颗粒，不易吸湿，不易结块，易溶于水，化学性质呈酸性。是以含磷为主的高浓度速效氮磷复合肥。

磷酸二铵：简称二铵。含磷 46%左右，含氮 18%左右，白色结晶体，吸湿性小，稍结块，易溶于水，制成颗粒状产品后不易吸湿、不易结块。化学性质呈碱性。是以含磷为主的高浓度速效氮磷复合肥（表 2-20、表 2-21、表 2-22）。

表 2-20　传统法粒状磷酸一铵和磷酸二铵的技术指标　（单位：%）

项目	磷酸一铵			磷酸二铵		
	优等品 12-52-0	一等品 11-49-0	合格品 10-46-0	优等品 18-46-0	一等品 15-42-0	合格品 13-38-0
总养分（$N+P_2O_5$）≥	64.0	60.0	56.0	64.0	57.0	51.0
总氮（N）≥	11.0	10.0	9.0	17.0	14.0	12.0
有效磷（以 P_2O_5 计）≥	51.0	48.0	45.0	45.0	41.0	37.0
水溶性磷占有效磷百分率 ≥	90	85	80	90	85	80
水分（H_2O）≤	2.0	2.0	2.5	2.0	2.0	2.5
粒度（1.00～4.00mm 颗粒）≥	90	80	80	90	80	80

表 2-21　料浆法粒状磷酸一铵和磷酸二铵的技术指标　（单位：%）

项目	料浆法磷酸一铵			料浆法磷酸二铵	
	优等品 11-47-0	一等品 11-44-0	合格品 10-42-0	一等品 15-42-0	合格品 13-38-0
总养分（$N+P_2O_5$）≥	58.0	55.0	52.0	57.0	51.0
总氮（N）≥	10.0	10.0	9.0	14.0	12.0
有效磷（以 P_2O_5 计）≥	46.0	43.0	41.0	41.0	37.0
水溶性磷占有效磷百分率 ≥	80	75	70	75	70
水分（H_2O）≤	2.0	2.0	2.5	2.0	2.5
粒度（1.00～4.00mm 颗粒）≥	90	80	80	80	80

表 2-22　粉状磷酸一铵的技术指标　（单位：%）

项目	Ⅰ类			Ⅱ类	
	优等品 9-49-0	一等品 8-47-0	合格品 11-47-0	一等品 11-44-0	合格品 10-42-0
总养分（$N+P_2O_5$）≥	58.0	55.0	58.0	55.0	52.0
总氮（N）≥	8.0	7.0	10.0	10.0	9.0
有效磷（以 P_2O_5 计）≥	48.0	46.0	46.0	43.0	41.0
水溶性磷占有效磷百分率 ≥	90	85	80	75	70
水分（H_2O）≤	4.0	5.0	3.0	4.0	5.0

（二）磷酸一铵、磷酸二铵的鉴别

①看外观：磷酸二铵均为颗粒状，多数磷酸一铵为颗粒，部分国产磷酸一铵为粉末状。

②看颜色：磷酸一铵和磷酸二铵成灰色、灰白色或灰褐色，也有的磷酸二铵为浅黄色。

③观察溶解性：磷酸一铵和磷酸二铵很容易全部溶解于水。

④测量 pH 值：利用 pH 值试纸测试磷酸一铵或磷酸二铵溶液 pH 值，磷酸一铵溶液的 pH 值试纸呈红色，溶液呈酸性；磷酸二铵溶液的 pH 值试纸呈蓝色，溶液呈碱性。

⑤观察铁片灼烧：将铁片烧红后，取少量的磷酸一铵和磷酸二铵放于其上，能观察到磷酸铵颗粒变小，并放出刺激性的氨味。

（三）磷酸一铵、磷酸二铵的施用与贮存

磷酸一铵、磷酸二铵是以磷为主的高浓度速效氮、磷复合肥。它不仅适用于各种类型的作物，而且适宜于各种类型的土壤条件，特别是在碱性土壤和缺磷比较严重的地方，增产效果十分明显。可以作基肥，也可作追肥或种肥。

1. 作基肥、追肥

最适合于作基肥，一般亩用量在 15～25kg 之间。对于高产作物而言，还可适当提高用量。通常在整地前结合耕地，将肥料施入土壤。也可在播种后，开沟施入。

2. 作种肥

磷酸二铵作种肥时，通常是在播种时将种子与肥料分别播入土壤，不能与种子直接接触。每亩用量一般控制在 2.5～5kg。

3. 施用注意事项

①不能将磷酸二铵与碱性肥料混合施用，否则会造成氮的挥发，同时还会降低磷的肥效。②已经施用过磷酸二铵的作物，在生长的中、后期，一般只补适量的氮肥，不再需要补施磷肥。③除豆科作物外，大多数作物直接施用时需配施氮肥，调整氮磷比。

4. 贮存

磷酸一铵、磷酸二铵在贮存和运输过程中，应防雨、防潮、防晒、防破裂。

二、磷酸二氢钾

（一）磷酸二氢钾的性质

磷酸二氢钾含磷 52%、含钾 34%左右。纯品为白色或灰白色结晶体，物理性状好，吸湿性小，易溶于水，水溶液呈酸性，为高浓度速效磷钾二元型复合肥料。执行标准为 HG 2321—1992（表 2-23）。

表 2-23　农业用磷酸二氢钾的技术指标　（单位：%）

项目		农业	
		一等品	合格品
磷酸二氢钾（KH_2PO_4 以干基计）含量	≥	96.0	92.0
水分	≤	4.0	5.0
pH 值		4.3～4.7	
氧化钾（K_2O 以干基计）含量	≥	33.2	31.8

（二）磷酸二氢钾的鉴别

①看形状：一般为结晶体或粉末。

②看颜色：多呈现白色、浅黄色或灰白色。

③观察溶解性：观察磷酸二氢钾的溶解情况，磷酸二氢钾完全溶解于水，没有沉淀，并且溶解的速度很快。

④检查溶液的酸碱性：利用 pH 值试纸检查磷酸二氢钾水溶液的酸碱性，能够发现 pH 值试纸变红，说明溶液呈现酸性。

⑤观察灼烧时的火焰颜色：能够发现钾离子的特有紫色火焰。

⑥观察铁片上燃烧现象：磷酸二氢钾的吸湿性很小，化学性质稳定，不容易分解，在铁片上燃烧没有反应。

（三）磷酸二氢钾的施用与贮存

①做根外追肥：由于磷酸二氢钾价格比较昂贵，目前，多用于作物根外追肥，特别是用于果树、蔬菜，通常都会取得良好的增产效果。应根据作物和生长时期确定喷施浓度，一般叶面喷施浓度 0.1%～0.2%，喷施 2～3 次，间隔 7 天左右。对于大田作物，一般小麦在拔节期至孕穗期，棉花在开花期前后喷施。

②做种肥：磷酸二氢钾也可用作种肥，在播种前将种子在浓度为 0.2%的磷酸二氢钾水溶液中浸泡 12～18 小时，捞出晾干即可播种。

③施用注意事项：磷酸二氢钾用于追肥，通常是采用叶面喷施的办法进行，叶面喷施是一种辅助性的施肥措施，必须在作物前期施足基肥，中期用好追肥的基础上，及时喷施。

④贮存：磷酸二氢钾在贮存和运输过程中应避免雨淋，仓库应清洁、阴凉、干燥。

三、硝酸钾

（一）硝酸钾的性质

含 N 13%，含 K_2O 44%，N∶K_2O 为 1∶3.4，白色晶体，吸湿性

小，不易结块，易溶于水，不含副成分。生理反应和化学反应均为中性。为不含氯的氮钾二元复合肥料。也是含钾为主的高浓复肥品种之一。农业用硝酸钾执行标准 GB/T 20784—2006（表 2-24）。

表 2-24　硝酸钾的主要技术指标　（单位：%）

项目		优等品	一等品	合格品
氧化钾（K_2O）的质量分数	≥	46.0	44.5	44.0
总氮（N）的质量分数	≥	13.5		
氯离子（Cl^-）的质量分数	≤	0.2	1.2	1.5
游离水（H_2O）的质量分数	≤	0.5	1.2	2.0

（二）硝酸钾的鉴别

①看形状：硝酸钾为结晶体。

②看颜色：硝酸钾呈白色。

③观察溶解性：观察硝酸钾的溶解情况，硝酸钾能完全溶解于水。

④观察灼烧火焰的颜色：将少许硝酸钾放在酒精灯上燃烧，可发出紫色火焰。

（三）硝酸钾的施用与贮存

①作基肥和追肥：硝酸钾适用于各种作物，特别适用于烟草、葡萄、马铃薯、甘薯、茄果类蔬菜等经济作物。适于作基肥和追肥，最为适宜做追肥，一般每亩用量 10～15kg。

②浸种：一般可采用浓度为 0.2%的硝酸钾水溶液浸种和拌种。

③根外追肥：一般可采用浓度为 0.6%～1.0%的硝酸钾溶液进行根外追肥。

④施用注意事项：施用时要注意配合氮、磷化肥，以提高肥效。由于硝态氮易于淋失，更适于在旱地施用。

⑤贮存：硝酸钾应贮存在阴凉、干燥处，在运输过程中应防潮、防晒、防破裂。硝酸钾属于易燃易爆品，不得与有机物、还原剂及易燃品等物质混运混贮。

四、硝酸磷肥

（一）硝酸磷肥的性质

硝酸磷肥含氮 26%、含磷 11%左右，为浅灰白色颗粒。中性，吸湿性强，宜结块。硝酸磷肥是用硝酸分解磷矿粉，再用氨来中和多余的酸加工制成的氮磷两元肥料。硝酸磷肥的主要有效成分是硝酸铵、磷酸铵和磷酸二钙，既含有硝态氮又含有铵态氮，兼含有水溶性磷和枸溶性磷。硝酸磷肥执行国家推荐性标准 GB/T 10510—1998（表 2-25）。

表 2-25　硝酸磷肥的技术指标

项目		指标		
		优等品	一等品	合格品
总氮（N）含量	≥，%	27.0	26.0	25.0
有效磷（以 P_2O_5 计）含量	≥，%	13.5	11.0	10.0
水溶性磷占有效磷百分率	≥，%	70	55	40
水分（游离水）	≤，%	0.6	1.0	1.2
粒度（1.00～4.00mm 颗粒）	≥，%	95	85	80
颗粒平均抗压碎力（2.00～2.80mm），N	≥	50	40	30

（二）硝酸磷肥的鉴别

①看肥料形状：硝酸磷肥为颗粒状。

②看颜色：硝酸磷肥呈灰色、灰白色或乳白色。

③观察溶解性：观察硝酸磷肥的溶解性，发现肥料部分溶解于水，部分沉淀于杯底。

④测量 pH 值：利用广泛试纸测量硝酸磷肥溶液的 pH 值，试纸变红，说明硝酸磷肥的水溶性呈酸性。

⑤观察铁片上燃烧现象：将少量硝酸磷肥放在已经烧红的铁片上灼烧，能闻到刺激性氨气味和棕色烟雾。

⑥观察吸湿性：在空气湿度大时，将肥料放置白瓷碗底一晚上或放在手心握一会儿，能够观察到肥料的表面已经“化了”。

（三）硝酸磷肥的施用与贮存

①作基肥和追肥：硝酸磷肥适于多种土壤和多种作物，尤其适用于缺氮又缺磷的土壤，适宜用作基肥和追肥，进行条施，但要深施。一般每亩用量 15～30kg。

②作种肥：作种肥每亩 5～10kg，但不能与种子直接接触。

③施用注意事项：硝酸磷肥含硝态氮，容易随水流失，水田作物上应尽量避免施用该肥料。

④贮存：硝酸磷肥的运输和贮存过程中，应防雨、防潮、防晒、方

破裂。硝酸磷肥含有硝酸根，容易助燃和爆炸，在贮存、运输和施用时应远离火源，如果肥料出现结块现象，应用木棍将其粉碎，不能使用铁锹拍打，以防爆炸伤人。

第七节　复混肥料、掺混肥料

一、复混肥料、掺混肥料的特点

（一）复混肥料的特点

复混肥料：将几种单元素肥料或是二元素肥料经过物理加工方法，形成的含有多种元素的肥料。这种肥料在加工过程中不以发生化学反应为主，而是简单地通过胶结剂使不同种类的单质肥料结合在一起。复混肥料是当前肥料行业发展最快的肥料品种，实行强制性的生产许可证管理制度。执行标准 GB 15063—2009（表 2-26）。

表 2-26　复混肥料的主要技术指标

项目		指标		
		高浓度	中浓度	低浓度
总氮养分（N+ P_2O_5+K_2O）的质量分数[a]/% ≥		40.0	30.0	25.0
水溶性磷占有效磷百分率[b]/% ≥		60	50	40
水分（H_2O）的质量分数[c]/% ≤		2.0	2.5	5.0
粒度（1.00～4.75mm 或 3.35～5.60mm）[d]/% ≥		90	90	80
氯离子的质量分数[e]/%≤	未标“含氯”的产品 ≤	3.0		
	标志“含氯（低氯）”的产品 ≤	15.0		
	标志“含氯（中氯）”的产品 ≤	30.0		

a 组成产品的单一含量不得低于 4.0%。且单一养分测定值与标明值负偏差的绝对值不得大于 1.5%

b 以钙镁磷肥等枸溶性磷肥为基础磷肥并在包装容器上注明为“枸溶性磷”，“水溶性磷占有效磷百分率”项目不做检验和判定；若为氮、钾二元肥料，“水溶性磷占有效磷百分率”项目不做检验和判定

c 水分为出厂检验项目

d 特殊形状或更大颗粒（粉状除外）产品的粒度由供需双方协议确定

e 氯离子的质量分数大于 30.0%的产品，应在包装袋上标明“含氯（高氯）”，标志“含氯（高氯）”的产品氯离子的质量分数可不做检验和判定

①养分全面、含量高：含有两种或两种以上的营养元素，能比较均衡地、长时间地同时供给作物所需要的多种养分，并充分发挥营养元素之间的相互促进作用，提高施肥的效果。复混肥料的化学成分虽不及复合肥料均一，但同一种复合肥的养分比是固定不变的，而复混肥料可以根据不同类型土壤的养分状况和作物的需肥特征，配制成系列专用肥，产品的养分比例多样化，针对性强，可以根据需要选择和施用，从而避免某些养分的浪费，提高肥料的增产效果。肥料利用率和经济效益都比较高。

②复混肥料物理性能好，便于施用：复混肥料颗粒一般比较坚实、无尘，粒度大小均匀，吸湿性小，便于贮存和施用，既适合于机械化施肥，同时，也便于人工撒施，减轻施肥劳力。

③复混肥料养分齐全，可促进土壤养分平衡：农民习惯上施用单质肥，特别是偏施氮肥，很少施用钾肥，极易导致土壤养分不平衡。

④复混肥料有利于施肥技术的普及：测土配方施肥是一项技术性强、要求高而又面广量大的工作，如何把这项技术送到千家万户，一直是难以解决的问题。尽管土肥技术部门通过测土可向农民提供配方，但由农民自己购买单质肥料进行混配费工费力，又受肥料供应条件的限制，难以大面积推广。将配方施肥技术通过专用复混肥这一物化载体，可以真正做到技物结合，从而可以大大加速配方施肥技术的推广应用。

⑤复混肥料存在的缺点：一是所含养分同时施用，有的养分可能与作物最大需肥时期不相吻合，易流失，难以满足作物某一时期对养分的特殊要求；二是养分比例固定的复混肥料，难以同时满足各类土壤和各种作物的要求。

（二）掺混肥料的特点

掺混肥料：氮、磷、钾 3 种养分中，至少有两种养分标明量的由干混方法制成的颗粒状肥料，也称 BB 肥。执行标准 GB 21633—2008（表 2-27）。

表 2-27　掺混肥料的主要技术指标

项目	指标
总氮养分（N+ P_2O_5+K_2O）的质量分数[a]/%　≥	35
水溶性磷占有效磷百分率[b]/%　≥	60
水分（H_2O）的质量分数/%　≤	2.0
粒度（2.00～4.00mm）/%　≥	70
氯离子的质量分数[c]/%　≤	3.0
中量元素单一养分的质量（以单质计）[d]/%　≥	2.0
微量元素单一养分的质量（以单质计）[e]/%　≥	0.02

a 组成产品的单一含量不得低于 4.0%，且单一养分测定值与标明值负偏差的绝对值不得大于 1.5%

b 以钙镁磷肥等枸溶性磷肥为基础磷肥并在包装容器上注明为“枸溶性磷”，可不控制“水溶性磷占有效磷百分率”指标。若为氮、钾二元肥料，也不控制“水溶性磷占有效磷百分率”指标

c 包装容器上标明“含氯”时不检测本项目

d 包装容器上标明含有钙、镁、硫时检验本项目

e 包装容器上标明含有铜、铁、锰、锌、硼、钼时检验本项目

①掺混肥料是根据作物养分需求规律、土壤养分供应特点和平衡施肥原理，经过机械均匀掺混而成的复混肥料，是科学平衡施肥的理想载体。可根据作物养分需求和不同土壤的养分供应特点等，设计可灵活调整的配方，符合化肥专用化的发展趋势。

②掺混肥料养分浓度可高达 50%以上，符合化肥高浓度化的发展趋势；BB 肥可添加中微量元素，农药，除草剂等，符合化肥多功能化的发展趋势。

③掺混肥料因含测土配方施肥技术，易于开展农化服务，可满足农化服务水平提升的要求。

④掺混肥料具有省时省工、真假易辨等优点。农民从肥料中能明显地看到氮、磷、钾的肥料颗粒，不易因造假而受到损失。

⑤掺混肥料生产成本和使用成本低，生产过程中无化学反应，可满足化肥发展节能环保的需求。

⑥掺混肥料的主要缺点，一是易吸潮、结块，掺混肥料中的氮素都是以颗粒尿素为主，含尿素的掺混肥料因其吸水性而容易结块。二是易于发生分离，掺混肥料原料比重不一，颗粒大小不一，易于离析分层，尤其是运输搬运过程中分层，导致使用各元素的不均衡，从而影响施肥效果与作物的产品质量。

二、复混肥料的分类

（一）根据营养元素种类划分

①二元复混肥料：含有氮、磷、钾 3 种元素中的两种元素，根据农作物需肥规律合理匹配，复混后加工成的商品肥料。如氮磷复混肥、氮钾复混肥、磷钾复混肥。

②三元复混肥料：含有氮、磷、钾 3 种元素，根据农作物需肥规律合理匹配，复混后加工成的商品肥料。通常以专用型的三元复混肥施用效果最好。

（二）根据氮磷钾养分总含量划分

复混肥中的氮磷钾比例一般氮以纯氮（N）、磷以五氧化二磷（P_2O_5）、钾以氧化钾（K_2O）为标准计算，例如，氮：磷：钾＝15：15：15，表明在复混肥中纯氮含量占总物料量的 15%，五氧化二磷占 15%，氧化钾占 15%，氮、磷、钾总含量占总物料的 45%。根据总养分含量可分为 3 种不同浓度的复混肥。

①高浓度复混肥料：氮、磷、钾养分总含量大于等于 40%。一般生产过程中总含量为 45%的占多数。高浓度复混肥的特点是养分含量高，适宜机械化施肥。但由于高浓度复混肥养分含量高，用量少，采用人工撒施不容易达到施肥均匀。高浓度复合肥中氮、磷、钾占的比例大，一些中、微量元素含量低，长期施用会造成土壤中中、微量元素含量的不足。

②中浓度复混肥料：氮、磷、钾养分总含量在 30%～40%。中浓度复混肥是对高浓度和低浓度复混肥的调节，它的施用量介于两者之间，一般的播种机稍加改造就可以将所需肥料数量施足，而且可以达到均匀程度，还含有相当数量的钙、镁、硫等中量元素。一般在果树和蔬菜上施用中浓度复混肥比较普遍。

③低浓度复混肥料：氮、磷、钾养分总含量在 25%～30%。低浓度复混肥养分含量低，施用量大，采用一次性播种施肥复式作业时不容易将肥料全部施入土壤中，人工撒施劳动量也比施高浓度复混肥要多。它的优点是由于用量大，施起来容易均匀。低浓度复混肥生产原料选择面比较宽，可选用硫酸铵、普钙等用以增加复混肥中量元素钙、镁、硫的含量。一般低浓度复混肥适宜在蔬菜和瓜类作物上应用。

（三）根据复混肥的成分和添加物划分

①无机复混肥料：原料完全是化学肥料，用尿素、硫铵、重钙、磷酸铵、氯化钾等按照一定比例，经混合造粒，生成二元复混肥、三元复

混肥和各种专用复混肥。

②有机-无机复混肥料：以无机原料为基础，增加有机物为填充物所形成的复混肥。这些有机-无机复混肥的生产一般是以无机肥料为主要原料，填充物采用烘干鸡粪等有机物增加肥料中的有机物质。有机无机复合肥的基本特点是速效养分含量能够满足作物当季生长的要求，同时又向土壤补充了部分有机肥料，可以起到培肥地力的作用，也向土壤提供了部分有机的缓效养分。

三、复混肥料的鉴别

（一）看包装标志

看包装是否标明产品名称、生产许可证号、肥料登记证号、执行标准号、养分总含量及养分配合式、使用方法、净重、生产企业名称、地址、联系方式等，包装袋内是否有产品合格证，标志不全就有可能是伪劣产品。要注意的是复混肥料的总养分含量是氮、磷、钾含量之和，其他元素的含量不能计入总养分含量。

（二）看形态外观

复混肥料的形状多为颗粒状，也有的为条状或片状，颜色多为灰色、灰白色、杂色、彩色等。用手抓半把复混肥搓揉，手上留有一层灰白色粉末并有黏着感的为质量优良，若碾碎其颗粒，可见细小白色晶体的表明为质量优良。劣质复混肥多为灰黑色粉末，无黏着感，颗粒内无白色晶体。

（三）闻气味

复混肥料一般无异味，如有异味是伪劣复混肥。

（四）看溶解性

优质复混肥水溶性好，在水中大部分能溶解，即使有少量沉淀物，也较细小。而劣质复混肥难溶于水，沉淀粗糙坚硬。

（五）看燃烧情况

取少量复混肥置于铁皮上，放在火上烧灼，有氨味说明含有氮，出现黄色火焰说明含有钾，且氨味越浓，黄色火焰越黄，表明氮、钾含量越高，即为优质复混肥。反之则为劣质复混肥。

四、复混肥料的施用与贮存

（一）施用方式

复混肥料一般用做基肥和追肥，不能用做种肥和叶面追肥，以防止烧苗现象发生。

①复混肥料适宜做基肥，作基肥可以深施，有利于中后期作物根系对养分的吸收。复混肥料含有氮、磷、钾 3 种营养元素，做基肥可满足作物中后期对磷、钾养分的最大需要。做基肥还可以克服中后期追施磷、钾肥的困难。

②原则上不提倡用三元复混肥料做追肥，做追肥会导致磷、钾资源的浪费，因为磷、钾肥施在土壤表面很难发挥作用，当季利用率不高。如果基肥中没有施用复混肥料，在出苗后也可适当追施，但最好要开沟施用，并且施后要覆土。

③原则上高浓度复混肥料不能做种肥，因为高浓度肥料与种子混在一起容易烧苗。如果一定要做种肥，必须做到肥料与种子分开，以免烧苗。

④复混肥料作冲施肥，对于多次采收的蔬菜，每次采收后冲施复混肥料可以补充适当的养分，应选用氮钾含量高、全水溶性的复混肥，一般大棚的土壤速效磷含量极高，没有必要用三元复混肥料做冲施肥。

（二）肥料品种

不同复混肥料养分含量和配比不同，不同作物需肥规律也不相同，要根据作物种类选择适当的复混肥料。

（三）施肥量

由于复混肥料含有相当数量的磷、钾及副成分，施肥量较单一氮肥大，一般大田作物施用每亩 50kg 左右，经济作物施用每亩 100kg 左右。

（四）施肥时期

为使复混肥料中的磷、钾（尤其是磷）充分发挥作用，作基肥施用要尽早。一年生作物可结合耕耙施用，多年生作物（如果树）则较多集中在冬春施用。若将复混肥料作追肥，也要早期施用，或与单一氮肥一起施用。

（五）施肥深度

施肥深度对肥效的影响很大，应将肥料施于作物根系分布的土层，使耕作层下部土壤的养分得到较多补充，以促进平衡供肥。随着作物的生长，根系将不断向下部土壤伸展，早期作物以吸收上部耕层养分为主，中晚期从下层吸收较多。因此，对集中作基肥施用的复混肥分层施肥处理，较一层施用可提高肥效。

（六）施用注意事项

①包装上注明“含氯”或“含 Cl”字样的复混肥料，“忌氯”作物

和盐碱地应尽量少用。未注明“含氯”或“含 Cl”字样的复混肥料，产品中不含氯化铵和氯化钾，产品的售价较高，适合施用于经济效益较高或忌氯的作物上，盐碱地应用效果较好。

②包装上注明“枸溶性磷”，说明产品中水溶性磷的含量很低，适合施用在酸性土壤上。没有标明“枸溶性磷”，说明产品中水溶性磷的含量较高，适合施用于大多数土壤和作物。

③包装上注明“含硝态氮”的，不适合施用在水田土壤上。没有标明“含硝态氮”的适合施用于水田和旱地作物上。

（七）贮存

复混肥料应贮存于阴凉干燥处，贮存和运输过程中应防潮、防晒、防破裂。

第八节　水溶肥料

水溶肥料：经水溶解或稀释，用于灌溉施肥、叶面施肥、无土栽培、浸种蘸根等用途的液体或固体肥料。

水溶肥料是一种速效性化肥，它的基本特征是水溶性好，可以完全溶解于水中，能被作物的根系和叶面直接吸收利用。水溶肥料属于新型肥料，这类肥料的“新”不完全在于它的“水溶性好”和“全速效性”方面，而在于它的应用功能开发，包括应用途径、施用方法和纯度、剂型等方面。科学的开发和推广水溶肥是满足现代集约化农业种植生产标准化的需要，是保证农产品高产优质高效的需要，是精确化管理水资源和养分资源的需要。随着对粮食和农产品产量及品质的需求不断提高，水溶肥料作为新型环保肥料由于使用方便，可和喷灌、滴灌结合使用，并可喷施、冲施，在提高肥料利用率、节约农业用水、减少生态环境污染、改善作物品质以及减少劳动力等方面起着重要的作用。

一、水溶肥料的特点

（一）施肥效率高

采用水、肥同施，以水带肥，实现了水肥一体化，施肥效率高，可以减少施肥总量，肥水协同效应，使肥和水的利用率都明显提高。

（二）针对性强

水溶肥料可根据土壤养分丰缺状况、土壤供肥水平以及作物对营养元素的需求来确定肥料的种类，及时补充作物缺少的养分，减轻或消除作物的缺素症状。

（三）吸收快

由于水溶肥料直施用在作物叶面或根部，各种营养物质可直接进入植物体内，直接参与作物的新陈代谢和有机物质的合成，其速度和效果都比土壤施肥的作用来得快，可解决高产作物快速生长期的营养需求。

（四）营养全面

水溶肥料的成分特点是大量元素与微量元素相结合，所以，种植业生产中微量元素的供应可以通过水溶肥来实现的。

（五）效果好

形成作物产量的干物质主要来自光合作用的产物，作物进行叶面施肥后，叶片吸收了大量的养分，促进了作物体各种生理过程，显著提高光合作用强度，有效促进作物有机物质的积累，提高坐果率和结实率，增加产量，改善品质。

（六）用量省

叶面喷施由于喷施在叶面上，不直接与土壤接触，避免了养分在土壤中的固定、失效或淋溶损失。采用叶面喷施，通常用量极少，浓度很低，养分吸收后，直接被输送到作物生长最旺盛的部位，养分利用率高。

水溶肥料存在许多优点，但也存在缺点。水溶肥料价格普遍较高，不利于普及。速效性强，难以在土壤中长期保存，施肥量需要严格控制，使用稍多，容易发生烧苗，造成肥料流失，既降低施肥的经济效益，还会造成土壤盐分积累、水环境的污染。

二、水溶肥料主要类型

水溶肥料主要有大量元素水溶肥料，微量元素水溶肥料，含腐殖酸水溶肥料，含氨基酸水溶肥料等。

（一）大量元素水溶肥料

以大量元素氮、磷、钾为主要成分的，添加适量中量元素或微量元素的液体或固体水溶肥料。执行标准 NY 1107—2010。大量元素水溶肥料中汞、砷、镉、铅、铬限量指标应符合 NY 1110—2010 的要求（表2-28、表2-29、表2-30、表2-31）。

表 2-28 大量元素水溶肥料（中量元素型）固体产品技术指标

项目	指标
大量元素含量[a]，%	≥50.0
中量元素含量[b]，%	≥1.0
水不溶物含量，%	≤5.0
pH 值（1∶250 倍稀释）	3.0～9.0
水分（H_2O），%	≤3.0

[a] 大量元素含量指总 N、P_2O_5、K_2O 含量之和。产品至少包括两种大量元素。单一大量元素含量不低于 4.0%

[b] 中量元素含量指钙、镁元素含量之和。产品应至少包含一种中量元素。含量不低于 0.1%的单一中量元素均应计入中量元素含量中

表 2-29 大量元素水溶肥料（中量元素型）液体产品技术指标

项目	指标
大量元素含量[a]，g/L	≥500
中量元素含量[b]，g/L	≥10
水不溶物含量，g/L	≤50
pH 值（1∶250 倍稀释）	3.0～9.0

[a] 大量元素含量指总 N、P_2O_5、K_2O 含量之和。产品至少包括两种大量元素。单一大量元素含量不低于 40g/L

[b] 中量元素含量指钙、镁元素含量之和。产品应至少包含一种中量元素。含量不低于 1g/L 的单一中量元素均应计入中量元素含量中

表 2-30 大量元素水溶肥料（微量元素型）固体产品技术指标

项目	指标
大量元素含量[a]，%	≥50.0
微量元素含量[b]，%	0.2～3.0
水不溶物含量，%	≤5.0
pH 值（1∶250 倍稀释）	3.0～9.0
水分（H_2O），%	≤3.0

[a] 大量元素含量指总 N、P_2O_5、K_2O 含量之和。产品至少包括两种大量元素。单一大量元素含量不低于 4.0%

[b] 微量元素含量指铜、铁、锰、锌、硼、钼元素含量之和。产品应至少包含一种微量元素，含量不低于 0.05%的单一微量元素均应计入微量元素含量中。钼元素含量不高于 0.5%

表 2-31 大量元素水溶肥料（微量元素型）液体产品技术指标

项目	指标
大量元素含量[a]，g/L	≥500
微量元素含量[b]，g/L	2～30
水不溶物含量，g/L	≤50
pH值（1∶250倍稀释）	3.0～9.0

[a] 大量元素含量指总N、P_2O_5、K_2O含量之和。产品至少包括两种大量元素。单一大量元素含量不低于40g/L

[b] 微量元素含量指铜、铁、锰、锌、硼、钼元素含量之和。产品应至少包含一种微量元素，含量不低于0.5g/L的单一微量元素均应计入微量元素含量中。钼元素含量不高于5g/L

（二）微量元素水溶肥料

由铜、铁、锰、锌、硼、钼微量元素按所需比例制成的或单一微量元素制成的液体或固体水溶肥料。执行标准NY 1428—2010。微量元素水溶肥料中汞、砷、镉、铅、铬限量指标应符合NY 1110的要求（表2-32、表2-33）。

表 2-32 微量元素水溶肥料固体产品技术指标

项目	指标
微量元素含量[a]，%	≥10.0
水不溶物含量，%	≤5.0
pH值（1∶250倍稀释），%	3.0～10.0
水分（H_2O），%	≤6.0

[a] 微量元素含量指铜、铁、锰、锌、硼、钼元素含量之和。产品中应至少包含一种微量元素。含量不低于0.05%的单一微量元素均应计入微量元素含量中。钼元素含量不高于1.0%（单质含钼微量元素产品除外）

表 2-33 微量元素水溶肥料液体产品技术指标

项目	指标
微量元素含量[a]，g/L	≥100
水不溶物含量，g/L	≤50
pH值（1∶250倍稀释），g/L	3.0～10.0

[a] 微量元素含量指铜、铁、锰、锌、硼、钼元素含量之和。产品中应至少包含一种微量元素。含量不低于0.5g/L的单一微量元素均应计入微量元素含量中。钼元素含量不高于10g/L（单质含钼微量元素产品除外）

（三）含腐植酸水溶肥料

以适合植物生长所需比例的矿物源腐植酸、添加适量氮、磷、钾大量元素或铜、铁、锰、锌、硼、钼微量元素而制成的液体或固体水溶肥料。执行标准 NY 1106—2010。含腐植酸水溶肥料中汞、砷、镉、铅、铬限量指标应符合 NY 1110—2010 的要求（表 2-34、表 2-35、表 2-36）。

表 2-34 含腐植酸水溶肥料（大量元素型）固体产品技术指标

项目	指标
腐植酸含量，%	≥3.0
大量元素含量[a]，%	≥ 20.0
水不溶物含量，%	≤5.0
pH 值（1∶250 倍稀释）	4.0～10.0
水分（H_2O），%	≤5.0

[a] 大量元素含量指总 N、P_2O_5、K_2O 含量之和。产品应至少包含两种大量元素。单一大量元素含量不低于 2.0%

表 2-35 含腐植酸水溶肥料（大量元素型）液体产品技术指标

项目	指标
腐植酸含量，g/L	≥30
大量元素含量[a]，g/L	≥ 200
水不溶物含量，g/L	≤50
pH 值（1∶250 倍稀释）	4.0～10.0

[a] 大量元素含量指总 N、P_2O_5、K_2O 含量之和，产品应至少包含两种大量元素，单一大量元素含量不低于 20g/L。

表 2-36 含腐植酸水溶肥料（微量元素型）产品技术指标

项目	指标
腐植酸含量，%	≥3.0
微量元素含量[a]，%	≥6.0
水不溶物含量，%	≤5.0
pH 值（1∶250 倍稀释）	4.0～10.0
水分（H_2O），%	≤5.0

[a] 微量元素含量指铜、铁、锰、锌、硼、钼元素含量之和。产品应至少包含一种微量元素，含量不低于 0.05%的单一微量元素均应计入微量元素含量中。钼元素含量不高于 0.5%。

（四）含氨基酸水溶肥料

以游离氨基酸为主体的，按适合植物生长所需比例，添加以适量的钙、镁中量元素或铜、铁、锰、锌、硼、钼微量元素而制成的液体或固体水溶肥料。执行标准 NY 1429—2010。含氨基酸水溶肥料中汞、砷、镉、铅、铬限量指标应符合 NY 1110 的要求（表 2-37、表 2-38、表 2-39、表 2-40）。

表 2-37 含氨基酸水溶肥料（中量元素型）固体产品技术指标

项目	指标
游离氨基酸含量，%	≥10.0
中量元素含量[a]，%	≥3.0
水不溶物含量，%	≤5.0
pH 值（1∶250 倍稀释）	3.0～9.0
水分（H_2O），%	≤4.0

[a] 中量元素含量指钙、镁元素含量之和。产品中应至少包含一种中量元素。含量不低于 0.1%的单一中量元素均应计入中量元素含量中

表 2-38 含氨基酸水溶肥料（中量元素型）液体产品技术指标

项目	指标
游离氨基酸含量，g/L	≥100
中量元素含量[a]，g/L	≥30
水不溶物含量，g/L	≤50
pH 值（1∶250 倍稀释）	3.0～9.0

[a] 中量元素含量指钙、镁元素含量之和。产品中应至少包含一种中量元素。含量不低于 1g/L 的单一中量元素均应计入中量元素含量中

表 2-39 含氨基酸水溶肥料（微量元素型）固体产品技术指标

项目	指标
游离氨基酸含量，%	≥10.0
微量元素含量[a]，%	≥2.0
水不溶物含量，%	≤5.0
pH 值（1∶250 倍稀释）	3.0～9.0
水分（H_2O），%	≤4.0

[a] 微量元素含量指铜、铁、锰、锌、硼、钼元素含量之和。产品中应至少包含一种微量元素。含量不低于 0.05%的单一微量元素均应计入微量元素含量中。钼元素含量不高于 0.5%

表 2-40　含氨基酸水溶肥料（微量元素型）液体产品技术指标

项目	指标
游离氨基酸含量，g/L	≥100
微量元素含量[a]，g/L	≥20
水不溶物含量，g/L	≤50
pH 值（1∶250 倍稀释）	3.0～9.0

[a] 微量元素含量指铜、铁、锰、锌、硼、钼元素含量之和。产品中应至少包含一种微量元素。含量不低于 0.5g/L 的单一微量元素均应计入微量元素含量中。钼元素含量不高于 5g/L

（五）农林保水剂

用于改善植物根系或种子周围土壤水分性状的土壤调理剂。执行标准 NY 886—2010。农林保水剂中汞、砷、镉、铅、铬限量指标应符合 NY 1110 的要求（表 2-41）。

表 2-41　农林保水剂技术指标

项目	指标
吸水倍数，g/g	100～700
吸盐水（0.9%NaCl）倍数，g/g	≥30
水分含量（H_2O）含量，%	≤8
pH 值（1∶1 000 倍稀释）	6.0～8.0
粒度（≤18mm 或 0.18～2.00mm 或 2.00～4.75mm），%	≥90

（六）水溶肥料汞、砷、镉、铅、铬的限量要求

水溶肥料汞、砷、镉、铅、铬元素限量指标，执行标准 NY 1110—2010（表 2-42）。

表 2-42　水溶肥料汞、砷、镉、铅、铬的限量要求（单位：mg/kg）

项目	指标
汞（Hg）（以元素计）	≤5
砷（As）（以元素计）	≤10
镉（Cd）（以元素计）	≤10
铅（Pb）（以元素计）	≤50
铬（Cr）（以元素计）	≤50

三、水溶肥料的鉴别

（一）看外包装标志

看是否规范标志了产品名称、有效成分名称和含量、生产企业和生产地址、肥料的登记证号、执行标准号、净重、生产日期、适用作物、使用方法等，首先从外观上进行简易识别。

（二）看溶解情况

把一小袋水溶性肥料和 1kg 左右水混合，看溶解情况。若全部溶解没有沉淀，说明产品质量较好，有效养分高，养分易于被作物吸收。若不能完全溶解有沉淀，说明该产品水不溶物含量高，在喷施时易堵塞喷雾器喷头，并且还会造成作物对养分的利用率不高。

（三）看剂型和干燥度

水溶肥料有固体和液体水溶肥两种类型，一般固体优于液体。固体又分颗粒状和粉状两种，颗粒状的要优于粉状的。因为颗粒状经过特殊工艺加工而成，具有施用方便、干燥程度高以及易于保存等优点。

（四）看是否有沉淀物

不要选择液体肥料中有太多沉淀的产品，这样的肥料产品一般存放时间较长，在喷施时易堵喷嘴，并且养分利用率降低。

四、水溶肥料的施用与贮存

（一）肥料品种

应根据土壤状况、作物需肥规律选择肥料类型。一般在基肥不足的情况下，可以选用大量元素水溶肥料或含腐植酸水溶肥料（大量元素型）；在基肥施用充足、微量元素不足的情况下，可以选用微量元素水溶肥料、含氨基酸水溶肥料、含腐植酸的水溶肥料（微量元素型）。

（二）施用方法

水溶肥的施用方法与一般化肥不尽相同，一般都是与灌水相结合，通过不同灌溉方式将肥料和灌溉水一体化施到根周围土壤或作物叶面。根据灌水方式的不同，施肥又可分为喷施、冲施、滴灌、喷灌、无土栽培等。固态水溶肥的施用，需先溶解并配成混合溶液，再进行灌施或喷施。液体水溶肥需装备管道、贮罐、施肥机等配套设备，肥料很易溶入灌溉水中，既可喷灌和滴灌，也可对水稀释后直接作叶面肥喷施。

①叶面喷施 ：叶面喷施是指把水溶肥料先行稀释溶解于水中喷施

于作物叶面，通过叶面气孔进入植株内部，可以极大地提高肥料吸收利用效率。水溶肥料多用于叶面喷施，为提高喷肥的效果，选择合适的喷施时间和部位非常重要。一般选择在 9：00～11：00 时和 15：00～17：00时喷施。喷施部位应选择幼嫩叶片和叶片背面，一般 7～10 天一次，连续3 次。此外，喷施应避免阴雨、低温或高温暴晒，喷后遇雨要重新喷施。要随配随用，不能久存，长时间存放产生沉淀，会降低肥料有效性。

②灌溉施肥：通过土壤浇水或者在灌溉的时候，先行将水溶肥料混合在灌溉水中，这样可以让植物根部全面地接触到肥料，通过根的呼吸作物把化学营养元素运输到植株的各个组织中。

（三）施用浓度

要掌握好施用浓度，浓度过低施用效果不明显，浓度过高会对作物产生危害，并且造成浪费。应根据产品使用说明书、肥料类型、作物种类、作物生长发育情况确定施用浓度。一般情况下喷施浓度可选择稀释800～1 000 倍液。

（四）施用时期

根据不同作物，选择关键的生长时期施用，以达到最佳效果。

（五）水溶肥料的贮存

产品应贮存于阴凉干燥处，运输过程中应防压、防晒、防渗、防破裂。

第九节　微生物肥料

微生物肥料指含有特定微生物活体的制品，应用于农业生产，通过其中所含微生物的生命活动，增加植物养分的供应量或促进植物生长，提高产量，改善农产品品质及农业生态环境。

一、微生物肥料的特点

（一）增加土壤肥力

这是微生物肥料的主要功效。如各种自生、联合、共生的固氮微生物肥料，可以增加土壤中的氮素来源，多种解磷、解钾微生物的应用，可以将土壤中难溶的磷、钾分解出来为作物吸收利用，从而改善作物生长的土壤环境中营养元素的供应状况，同时增加土壤中有机质含量，提高土壤肥力。

（二）制造和协助农作物吸收营养

微生物肥料中最重要的品种之一是根瘤菌肥，通过生物固氮作用，将空气中氮气转化成氨，进而转化成植物能吸收利用的氮素化合物。VA 菌根是一种土壤真菌，可以与多种植物根共生，其菌丝伸长可以吸收更多的营养（如磷、锌、铜、钙等）供给植物吸收利用。许多用作微生物肥料的微生物还可以产生大量的植物生长激素，能够刺激和调节作物生长，改善营养状况。

（三）增强作物抗病和抗旱能力

有些微生物肥料的菌种接种后，在作物根部大量生长繁殖，成为作物根际的优势菌。抑制或减少病原菌微生物的作用，减轻作物病害，VA 菌根真菌的菌丝还能增加水分吸收，提高作物的抗旱能力。

（四）适量减少化肥用量

施用微生物肥料，能够适量减少化肥用量。另外与化学肥料相比，微生物肥料生产所消耗的能源要少，生产成本降低，且微生物肥料用量相对减少，有利于生态环境造保护。

二、微生物肥料的主要类别

微生物肥料的主要类别有农用微生物菌剂，复合微生物肥料，生物有机肥。

（一）农用微生物菌剂

农用微生物菌剂是指目标微生物（有效菌）经过工业化生产扩繁后加工制成的活菌制剂。它具有直接或间接改良土壤、恢复地力、维持根际微生物区系平衡，降解有毒有害物质等作用；应用于农业生产，通过其中所含微生物的生命活动，增加植物养分的供应量或促进植物生长、改善农产品品质及农业生态环境。执行标准 GB 20287—2006（表 2-43、表 2-44、表 2-45）。

产品按剂型可分为液体、粉剂、颗粒型；按内含的微生物种类或功能特性可分为根瘤菌菌剂、固氮菌菌剂、解磷类微生物菌剂、硅酸盐微生物菌剂、光合细菌菌剂、有机物料腐熟剂、促生菌剂、菌根菌剂、生物修复菌剂等。

表 2-43 农用微生物菌剂产品的技术指标

项目		剂型		
		液体	粉剂	颗粒
有效活菌数（cfu）[a]，亿/g（mL）	≥	2.0	2.0	1.0
真菌杂菌数，个/g（mL）	≤	3.0×10^6	3.0×10^6	3.0×10^6
杂菌率,%	≤	10.0	20.0	30.0
水分,%	≤	—	35.0	20.0
细度,%	≥	—	80	80
pH 值		5.0～8.0	5.5～8.5	5.5～8.5
保质期[b]，月	≥	3	6	

[a] 复合菌剂，每种有效菌的数量不得少于 0.01 亿/g 或 0.01 亿/mL；以单一的胶质芽孢杆菌制成的粉剂产品中有效活菌数不少于 1.2 亿/g

[b] 此项仅在监督部门或双方认为有必要时检测

表 2-44 有机物料腐熟剂产品的技术指标

项目		剂型		
		液体	粉剂	颗粒
有效活菌数（cfu），亿/g（mL）	≥	1.0	0.50	0.50
纤维素酶活[a]，U/g（mL）	≥	30.0	30.0	30.0
蛋白酶活[b]，U/g（mL）	≥	15.0	15.0	15.0
水分,%	≤	—	35.0	20.0
细度,%	≥	—	70	70
pH 值		5.0～8.5	5.5～8.5	5.5～8.5
保质期[c]，月	≥	3	6	

[a] 以农作物秸秆类为腐熟对象测定纤维素酶活性

[b] 以畜禽粪便类为腐熟对象测定蛋白酶活性

[c] 此项仅在监督部门或仲裁双方认为有必要时检测

表 2-45　农用微生物菌剂产品的无害化技术指标

参数		标准极限
粪大肠菌群数，个/g（mL）	≤	100
蛔虫卵死亡率，%	≥	95
砷及其化合物（以 As 计），mg/kg	≤	75
镉及其化合物（以 Cd 计），mg/kg	≤	10
铅及其化合物（以 Pb 计），mg/kg	≤	100
铬及其化合物（以 Cr 计），mg/kg	≤	150
汞及其化合物（以 Hg 计），mg/kg	≤	5

（二）复合微生物肥料

复合微生物肥料是指特定微生物与营养物质复合而成，能提供、保持或改善植物营养，提高农产品产量或改善农产品品质的活体微生物制品。执行标准 NY/T 798—2004（表 2-46、表 2-47）。

表 2-46　复合微生物肥料产品技术指标

项目		剂型		
		液体	粉剂	颗粒
有效活菌数（cfu）[a]，亿/g（mL）	≥	0.50	0.20	0.20
总养分（$N+P_2O_5+K_2O$），%	≥	4.0	6.0	6.0
杂菌率，%	≤	15.0	30.0	30.0
水分，%	≤	—	35.0	20.0
pH 值		3.0～8.0	5.0～8.0	5.0～8.0
细度，%	≥	—	80.0	80.0
有效期[b]，月	≥	3	6	

[a] 含两种以上微生物的复合微生物肥料，每一种有效菌的数量不得少于 0.01 亿/g（mL）

[b] 此项仅在监督部门或仲裁双方认为有必要时才检测

表 2-47　复合微生物肥料产品无害化指标

参数		标准极限
粪大肠菌群数，个/g（mL）	≤	100
蛔虫卵死亡率，%	≥	95
砷及其化合物（以 As 计），mg/kg	≤	75
镉及其化合物（以 Cd 计），mg/kg	≤	10
铅及其化合物（以 Pb 计），mg/kg	≤	100
铬及其化合物（以 Cr 计），mg/kg	≤	150
汞及其化合物（以 Hg 计），mg/kg	≤	5

（三）生物有机肥

生物有机肥指特定功能微生物与主要以动植物残体（如畜禽粪便、农作物秸秆等）为来源并经无害化处理、腐熟的有机物料复合而成的一类兼具微生物肥料和有机肥效应的肥料。执行标准 NY 884—2004。生物有机肥产品中 As、Cd、Pb、Cr、Hg 含量指标应符合 NY/T 798—2004 中 4.2.3 的规定。若产品中加入无机养分，应明示产品中总养分含量，以（$N+P_2O_5+K_2O$）总量表示（表 2-48）。

表 2-48　生物有机肥主要技术指标

项目		剂型	
		粉剂	颗粒
有效活菌数（cfu），亿/g	≥	0.20	0.20
有机质（以干基计），%	≥	25.0	25.0
水分，%	≤	30.0	15.0
pH 值		5.5～8.5	5.5～8.5
粪大肠菌群数，个/g（mL）	≤	100	
蛔虫卵死亡率，%	≥	95	
有效期，月	≥	6	

三、微生物肥料的鉴别

（一）外包装标识鉴别

看是否规范标识以下内容：肥料名称、有效菌种类、含量、养分含量、执行标准、肥料登记证号、生产厂家、生产地址、生产日期、有效期、适用作物、使用方法，净重等。

（二）外观鉴别

微生物肥料一般分为液体、粉剂和颗粒，粉剂产品应松散，颗粒产品应无明显机械杂质、大小均匀，具有稀释性。

（三）生物有机肥和一般有机肥的简易区别

生物有机肥和一般有机肥可以根据包装不同，色泽不同，气味不同加以简单区别。生物有机肥外包装比其他有机肥要精致，外包装标注有效成分、含有效活菌数等指标。生物有机肥在有益微生物作用下，发酵腐熟充分，外观呈褐色或黑褐色，色泽比较单一，而一般有机肥因生产操作不同，产品颜色各异。生物有机肥没有异味，一般有机肥可能由于发酵不彻底，带有臭味。

四、微生物肥料的施用与贮存

微生物肥料可用作基肥、追肥，沟施或穴施，还可拌种、浸种、蘸根。生物有机肥一般作基肥、追肥。农用微生物菌剂除做基肥、种肥、追肥外，还可叶面喷施等。一般情况下微生物肥料作基肥、种肥效果优于茎叶喷施。

（一）农用微生物菌剂的施用方法

1. 基肥、追肥和育苗肥

固态菌剂每亩 2kg 左右与 40～60kg 有机肥混合均匀后使用，可做基肥、追肥和育苗肥用。

2. 拌土

在作物育苗时，将固态菌剂掺入营养土中充分混匀制作营养钵，也可在果树等苗木移栽前，混入稀泥浆中蘸根。

3. 拌种

播种前将种子浸入 10～20 倍菌剂稀释液或用稀释液喷湿，使种子与液态生物菌剂充分接触后再播种。或将种子用清水或小米汤喷湿，拌入固态菌剂充分混匀，使所有种子外覆有一层固态生物肥料时便可播种。

4. 浸种

菌剂加适量水浸泡种子，捞出晾干，种子露白时播种。或将固态菌剂浸泡 1～2 小时后，用浸出液浸种。

5. 蘸根、喷根

①蘸根：液态菌剂稀释 10～20 倍，幼苗移栽前把根部浸入液体沾湿后立即取出即可。②喷根：当幼苗很多时，可将10～20倍稀释液喷湿

幼苗根部即可。

6. 灌根、冲施

按 1∶100 的比例将菌剂稀释，搅拌均匀后灌根或冲施。

7. 叶面喷施

在作物生长期内可以进行叶面追肥，把菌剂稀释 500 倍左右或按说明书要求的倍数稀释后，均匀喷施在叶子的背面和正面。

（二）复合微生物肥料的施用方法

①作基肥：固态复合微生物肥料一般每亩施用 10～20kg 左右，和农家肥一起施入。

②作追肥：固态复合微生物肥料一般每亩施用 10～20kg 左右，在作物生长期间追施。

③叶面喷施：在作物生长期内进行叶面追肥，稀释 500 倍左右或按说明书要求的倍数稀释后，进行叶面喷施。

（三）生物有机肥的施用方法

①作基肥：一般每亩施用 100kg 左右，和农家肥一起施入，经济作物和设施栽培作物根据当地种植习惯可酌情增加用量。

②作追肥：与化肥相比，生物有机肥的营养全、肥效长，但生物有机肥的肥效比化肥要慢一点。因此，使用生物有机肥做追肥时应比化肥提前 7～10 天，用量可按化肥做追肥的等量投入。

（四）微生物肥料施用注意事项

微生物肥料是生物活性肥料，施用方法比化肥、有机肥严格，有特定的施用要求，使用时要注意施用条件，严格按照产品使用说明书操作，否则难以获得良好的使用效果。施用中应注意以下几点。

①微生物肥料对土壤条件要求相对比较严格。微生物肥料施入到土壤后，需要一个适应、生长、供养、繁殖的过程，一般 15 天后可以发挥作用，见到效果，而且长期均衡的供给作物营养。

②微生物肥料适宜施用时间是清晨和傍晚或无雨阴天，以避免阳光中的紫外线将微生物杀死。

③微生物肥料应避免高温干旱条件下使用。施用微生物肥料时要注意温湿度的变化，在高温干旱条件下，微生物生存和繁殖会受到影响，不能充分发挥其作用。要结合盖土浇水等措施，避免微生物肥料受阳光直射或因水分不足而难以发挥作用。

④微生物肥料不能长期泡在水中。在水田里施用应干湿灌溉，促进生物菌活动，由好气性微生物为主的产品，则尽量不要用在水田。严重

干旱的土壤会影响微生物的生长繁殖，微生物肥料适合的土壤含水量为50%～70%。

⑤微生物肥料可以单独施用，也可以与其他肥料混合施用。但微生物肥料应避免与未腐熟的农家肥混用，与未腐熟的有机肥混用，会因高温杀死微生物，影响肥效。同时，也要注意避免与过酸过碱的肥料混合使用。

⑥微生物肥料应避免与农药同时使用。化学农药都会不同程度地抑制微生物的生长和繁殖，甚至杀死微生物。不能用拌过杀虫剂、杀菌剂的工具装微生物肥料。

⑦微生物肥料不宜久放。拆包后要及时施用，包装袋打开后，其他菌就可能侵入，使微生物菌群发生改变，影响其使用效果。

（五）微生物肥料的贮存

微生物肥料应贮存在阴凉、干燥、通风的库房内，不得露天堆放，以防日晒雨淋，避免不良条件的影响。运输过程中有遮盖物，防止雨淋、日晒及高温。气温低于0℃时采取适当措施，以保证产品质量。轻装轻卸，避免包装破损。严禁与对微生物肥料有毒、有害的其他物品混装、混运。

第十节 有机肥料

以畜禽粪便、动植物残体和以动植物产品为原料加工的下脚料为原料，并经发酵腐熟后制成的有机肥料。执行标准：NY 525—2011（表2-49、表2-50）。有机肥料中蛔虫卵死亡率和粪大肠菌群数指标应符合NY 884的要求。本标准不适用于绿肥、农家肥和其它由农民自积自造的有机粪肥。

表2-49 有机肥料的技术指标

项目	指标
有机质的质量分数（以烘干基计），%	≥45
总养分（氮＋五氧化二磷＋氧化钾）的质量分数（以烘干基计），%	≥5.0
水分（鲜样）的质量分数，%	≤30
酸碱度，pH	5.5～8.5

表 2-50　有机肥料中重金属的限量指标　单位为毫克每千克

项目	限量指标
总砷（As）（以烘干基计）	≤15
总汞（Hg）（以烘干基计）	≤2
总铅（Pb）（以烘干基计）	≤50
总镉（Cd）（以烘干基计）	≤3
总铬（Cr）（以烘干基计）	≤150

一、有机肥料的特点

有机肥料是富含有机物质，能够提供作物生长所需养分，又能培肥改良土壤的一类肥料。过去有机肥料主要是农民就地取材、就地积造的自然肥料，所以也叫农家肥。近年来工厂化加工的有机肥料大量涌现，有机肥料已经走出农家肥的局限，形成商品有机肥料。有机肥的作用主要有以下几个方面：

（一）提供作物所需养分

有机肥料富含作物生长所需养分，能源源不断供给作物生长。提供养分是有机肥料的最基本特征，也是其最主要的作用。同化肥比较，有机肥料显著特点是：

①养分全面，不仅含有作物所需要的 16 种营养元素，还含有其他有益于作物生长的元素，可全面促进作物生长。

②养分释放均匀长久，有机肥所含的养分多以有机态形式存在，通过微生物分解转变为作物可利用的形态，可缓慢释放，长久供应作物养分，比较而言化肥所含养分多为速效养分，施入土壤后肥效快但有效供应时间短。

③养分含量低，使用时应配合化肥，以满足作物旺盛生长期对养分的大量需求。

（二）改良土壤结构，增强土壤肥力

①提高土壤有机质含量，更新土壤腐殖质组成，培肥土壤。施入土壤的有机肥料，在微生物作用下，分解转化成简单的化合物，同时经过生物化学的作用又重新组合成新的、更为复杂的、比较稳定的土壤特有大分子高聚有机化合物，即腐殖质，腐殖质是土壤中稳定的有机质，对土壤肥力有重要作用。

②改善土壤物理性状：施用有机肥能够降低土壤的容重，改善土壤通气状况，使耕性变好，有机质保水能力强，比热容较大，导热性小，较易吸热，调温性好。

③增加土壤保水保肥能力，为植物生长创造良好的土壤环境。

（三）提高土壤的生物活性，刺激作物生长

有机肥料是微生物取得能量和养分的主要来源，施用有机肥料，有利于土壤微生物活动，促进作物生长发育。微生物的代谢产物不仅是氮、磷、钾等无机养分，还含有多种氨基酸、维生素、激素等物质，可为植物生长发育带来巨大的影响。

（四）提高解毒作用，净化土壤环境

有机肥料能够提高土壤阳离子的代换量，增加对重金属的吸附，有效地减轻重金属离子对作物的毒害，并阻止其进入植株中。

二、有机肥料的鉴别

（一）看包装标识

看是否规范标识了肥料产品名称、氮磷钾总养分含量、有机质含量、执行标准号、肥料登记证号、生产厂家、生产地址、联系电话、使用方法、生产日期、净重等。可首先通过外包装标注的以上几项是否齐全来辨别该肥料产品是否为规范、合法的肥料产品。

（二）看外观

有机肥料一般为褐色或灰褐色，粒状或粉状，无木棍、砖石瓦块等机械杂质，质量较好的有机肥颗粒均匀，粉末疏松。

（三）闻味道

开袋后有明显恶臭且带酸味的，说明发酵不充分，产品不合格。合格的产品应发酵充分、无臭味和酸味。

（四）看水分

用手抓一把肥料握紧后松开，肥料应该不结块，有明显膨胀弹性，如果松开后肥料成团，说明水分含量明显超标。还要观察是否发霉，有机肥料的水分含量一般比其他肥料要高，但一些劣质的有机肥料由于水分太高而使得产品发霉，因此，在选购有机肥产品时不要选购已发霉的产品。

（五）注意事项

有机肥料是一种比较易于加工、制作的肥料，因此，有一部分规模较小的企业进行手工作坊式生产，这样的有机肥料产品质量难以得到保证。应尽量选择规模比较大、信誉比较好的生产厂家的产品。

三、有机肥料的施用与贮存

（一）施用方法

有机肥料可以作基肥也可以作追肥。由于有机肥肥效长，养分释放缓慢，一般应做基肥施用，结合深耕施入土层中，有利于改良和培肥土壤。

（二）施用量

有机肥施用要适量，应根据土壤肥力、作物类型和目标产量确定合理的用量，一般用量为每亩 300～500kg。有机肥养分含量低，在含有多种营养元素的同时还含有多种重金属元素，过量施用也会产生危害，主要表现为烧苗、土壤养分不平衡、重金属等有害物质积累污染土壤和地下水等，也会影响农产品品质。

（三）有机无机合理搭配

有机肥与化肥之间以及有机肥料品种之间应合理搭配，才能充分发挥肥料的缓效与速效结合的优点。有机肥料中虽然养分含量较全，但含量低，而且肥效慢，与速效性的化肥配合施用，可以互为补充，使作物整个生育期有足够的养分供应，而不会产生前期营养供应不足或后期脱肥现象。

（四）有机肥料的贮存

有机肥料应贮存于场地平整、阴凉、通风、干燥的仓库内，防止霉变受潮。在运输过程中应防潮、防晒、防破裂。

第十一节　有机-无机复混肥料

有机-无机复混肥料：以畜禽粪便、动植物残体等富含有机质的副产品资源为主要原料，经发酵腐熟后，添加无机肥料制成的肥料。执行标准 GB 18877—2002（表 2-51）。

表 2-51　有机-无机复混肥料的技术指标

项目		指标
总养分（$N+P_2O_5+K_2O$）的质量分数[a]/%	≥	15.0
水分（H_2O）的质量分数/%	≤	10.0
有机质的质量分数/%	≥	20
粒度（1.00～4.75mm 或 3.35～5.60mm）/%	≥	70
酸碱度 pH		5.5～8.0
蛔虫卵死亡率/%	≥	95
大肠菌值	≥	10^{-1}
含氯离子（Cl^-）的质量分数[b]/%	≤	3.0
砷及其化合物（以 As 计）的质量分数/%	≤	0.0050
镉及其化合物（以 Cd 计）的质量分数/%	≤	0.0010
铅及其化合物（以 Pb 计）的质量分数/%	≤	0.0150
铬及其化合物（以 Cr 计）的质量分数/%	≤	0.0500
汞及其化合物（以 Hg 计）的质量分数/%	≤	0.0005

[a] 标明的单一养分的质量分数不得低于 2.0%，且单一养分测定值与标明值负偏差的绝对值不得大于 1.0%

[b] 如产品氯离子的质量分数大于 3.0%，并在包装容器上标明"含氯"，该项目可不做要求

一、有机-无机复混肥料的特点

（一）养分供应平衡，肥料利用率高

有机-无机复混肥既含有化肥成分又含有有机质，具有比无机肥和有机肥更全面的性能。既能实现一般无机肥的氮磷钾养分平衡，还能实现有机无机平衡。

（二）改土培肥

一般无机复混肥用地而难养地，一般有机肥养地作用大而当季供肥不足。有机-无机复混肥料则兼有用地养地功能。

（三）活化土壤养分

通过有机无机复混肥的化学和生物化学作用，可活化土壤中氮磷钾及中微量养分等。

（四）具有生理调节作用

由于有机-无机复混肥中有机成分含有相当数量的生理活性物质，因此除具有一般的营养作用外，还具有独特的生理调节作用。

二、有机-无机复混肥料的鉴别

（一）包装标识

看外包装标识是否规范标识了肥料产品名称、氮磷钾总养分含量及配比、有机质含量、执行标准、生产许可证号、肥料登记证号、生产厂家、生产地址、联系电话、使用方法、生产日期、净重等。一般可通过外包装上以上各项是否齐全来鉴别肥料是否为正规产品。

（二）产品外观

有机-无机复混肥料一般为均匀的颗粒状或条状，无机械杂质，颗粒的色泽一般较深，没有明显的氨味或其他异味。如果有恶臭，则产品在生产工艺及除臭水平上没有达到有关质量标准的要求。有机-无机复混肥料比重比复混肥料小，松散，与等量复混肥料相比所占的体积要大。

（三）价格因素

有机-无机复混肥料质量和价格是成正比例关系的，氮磷钾总养分含量和有机质含量均高的产品一般价格也较高，所以，在选择购买此类肥料时不能仅考虑价格便宜。

三、有机-无机复混肥料的施用与贮存

（一）施用方法

一般可做基肥，也可做追肥和种肥。但做种肥，特别是在条施、点施和穴施时要避免与种子的直接接触，避免有机物的降解作用以及化肥对种子发芽产生不良影响。

（二）施用量

在施用有机-无机复混肥料时必须同时考虑土壤、作物等因素。虽然有机-无机复混肥料含有一定数量有机质和氮磷钾养分，具有一定的改土培肥作用和养分释放作用，但其作用有限，因此，要注意有机肥的投入和化肥补充。要根据肥料中的有效成分含量和比例，根据土壤养分、作物种类和作物生长发育情况，确定合理用量。

（三）施用注意事项

有机-无机复混肥不同于纯有机肥，它在制造的过程中添加了一些化肥，化肥中的氯离子对有些作物是有害的，在选择肥料时要注意其外包装上是否标注含氯，以免含氯肥料造成作物的减产或绝收。

（四）有机-无机复混肥料的贮存

有机-无机复混肥料应贮存于阴凉干燥处，运输过程中应防潮、防晒、防破裂。

第十二节　农家肥和绿肥

一、人粪尿

（一）人粪尿的性质与成分

人粪尿在有机肥料中具有养分含量高、氮多磷钾少、易腐熟、肥效快等特点。含氮 1.0%、含磷 0.5%、含钾 0.37%左右，含有机物质 20%左右，主要有纤维素、半纤维素、蛋白质及分解产物等，含灰分 5%左右，主要是硅酸盐、磷酸盐、氯化物及钙、镁、钾、钠等盐类，含水分 70%～80%。

（二）人粪尿的施用

人粪尿适用于多种土壤与作物，特别是对叶菜类作物和纤维类作物增产效果尤为显著。人粪尿可作基肥和追肥，作基肥用量一般为每亩 500～1 000kg，因磷、钾含量较低，施用时应注意配合磷钾肥或其他有机肥。作追肥时，因含有无机盐较多，施用前必须加水稀释，尤其在幼苗期施用应增加稀释倍数。

人粪尿中含有病源菌和寄生虫卵，施用前必须进行无害化处理，必须经过充分腐熟后才可施用，以免污染环境和产品。人粪尿中含有较多的氯离子，不适于盐碱地、不适于在马铃薯、甘薯、甜菜、烟草、瓜果等忌氯作物上施用，以免降低产品品质。人粪尿不能与碱性肥料混施。人粪尿每次用量不宜过多，旱地应加水稀释，施后覆土，水田应结合耕田，浅水匀泼，以免挥发和流失。

二、畜禽粪尿

（一）畜禽粪尿的性质与成分

各种畜禽粪尿的成分和性质各异。

家畜粪成分复杂，主要有纤维素，半纤维素，木质素，蛋白质，氨基酸，脂肪类，有机酸，酶和无机盐类。有机质含量高，为 15%～30%。其中，氮素大部分呈有机态，须经缓慢分解后才能被作物吸收，属于迟效性肥料，但腐熟后，形成的腐殖质多，阳离子交换量大，改土效果好。家畜粪中的磷素，一部分呈有机态，另一部分是无机硝酸盐，两者与其他物质共同存在，可以减少被土壤所固定，肥效较高。家畜粪中的钾素，大部分是水溶性的，肥效也较高。

家畜尿成分简单，主要有尿素、尿酸、马尿酸、钾、纳、钙、镁等无机盐类。含有较多的水溶性氮，主要形态为尿素、马尿酸及尿素态氮。家畜尿含钾量比畜粪高，钾的形态为碳酸钾和有机酸钾，呈碱性反应，能溶于水，易被作物吸收利用。

家禽粪和各种羊粪的养分含量均比家畜粪尿高，其中，氮素主要为尿素盐，分解快，发热量高，属于热性肥料，但必须经过腐熟后才能使用。

（二）畜禽粪尿的施用

畜禽粪尿的施用方法与人粪尿相似，必须经过腐熟后才可施用。畜禽粪宜作基肥，撒施和集中施用均可，用量一般为每亩 1 000～1 500kg。畜尿宜做追肥。

在施用时应根据土壤质地和作物类型选择施用，对于黏重土壤和生育期较短的作物，应选择腐熟度较高的粪肥，对于砂质土壤和生育期较长的作物，可以施用腐熟度较低的粪肥。猪粪和猪圈肥为中性肥料，适于各种土壤和作物。牛粪和牛厩肥属冷性肥料，有利于改良有机质低的轻质土壤。马粪和马厩肥属热性肥料，可用来改良质地黏重的土壤。羊粪和羊厩肥属于热性肥料，是优质有机肥，适用于各种土壤和作物。

三、厩肥

（一）厩肥的成分与性质

厩肥是家畜粪尿和各种垫圈材料、饲料残渣混合堆积并经微生物作用而成的肥料，富含有机质和各种营养元素，其成分因家畜种类、饲料种类、垫料的种类和数量而不同。各种畜粪中，以羊粪的氮、磷、钾含量最高，猪、马粪次之，牛粪最低。一般来说，新鲜厩肥平均含有有机质25%、氮（N）0.5%，磷（P_2O_5）0.25%，钾（K_2O）0.6%，此外，还含有钙、镁、硫等养分。新鲜厩肥中的养分呈有机态，含有较多的纤维素，半纤维素，碳氮比高，直接施用会与作物争氮，应经堆制腐熟后才可施用。厩肥施入土壤后氮素利用率为10%～20%，磷素利用率为30%～40%，钾素利用率为60%～70%，其肥效比化肥肥效长。

（二）厩肥的施用

厩肥必须经过腐熟后才可施用，腐熟的厩肥或家畜肥可以作基肥，也可以作种肥或追肥，厩肥作基肥一般为每亩 4 000～5 000kg，撒施或集中施用均可，并应与化肥配合一起施用。另外，应根据土壤和作物选择厩肥的腐熟度，质地黏重的土壤种植蔬菜作物，应选用腐熟度高的厩肥，质地轻松的砂质土壤，可选用腐熟度低的厩肥，生育期较长的作物，可施用腐熟度低的厩肥，生育期短的作物，应选用腐熟度较高的厩肥。

四、堆肥

（一）堆肥的成分与性质

堆肥是利用各种植物残体（作物秸秆、杂草、树叶、泥炭、垃圾以及其他废弃物等）为主要原料，混合人畜粪尿经堆制腐解而成的有机肥料。堆肥所含营养物质比较丰富，有机质含量高，并且肥效长而稳定，同时有利于促进土壤团粒结构的形成，能增强土壤保水、保温、透气、保肥的能力。而且与化肥混合使用可以弥补化肥所含养分单一及长期单一使用化肥使土壤板结、保水保肥性能减退的缺陷。

（二）堆肥的施用

堆肥是一种含有有机质和各种营养物质的完全肥料，长期施用能够起到培肥改土的作用。堆肥必须经过腐熟后才可施用，适用于各种土壤和作物。一般用作基肥，可以结合翻地时使用，与土壤充分混匀，做到土肥融合。堆肥的用量一般为每亩 1 500～2 500kg。在不同土壤上施用堆肥的方法不同，生育期长的作物、砂性土壤以及温暖多雨的季节和地区可施用腐熟度低的堆肥，生育期短、黏性重的土壤、雨少的季节和地区，应施用充分腐熟的堆肥。施用堆肥还应配合施用化肥。

五、沤肥

（一）沤肥的成分和性质

沤肥是以作物秸秆、绿肥、青草为主要原料，掺入河泥、人畜粪尿在厌气条件下沤制、腐熟而成的肥料。沤肥的材料与堆肥差异不大，与堆肥不同的是沤肥是在淹水条件下，由微生物进行厌气分解，所以，堆制场地、技术条件、分解和腐熟过程有所不同。沤肥的养分含量因材料种类和配比不同，变幅很大，用绿肥沤制的比草皮沤制的养分含量高。

（二）沤肥的施用

沤肥一般用作基肥，大多用于水田作基肥，用量为每亩 2 500～4 000kg，也可同速效肥料混合，作追肥施用。

六、饼肥

（一）饼肥的成分和性质

饼肥是油料作物的种子经炸油后剩下的残渣。主要有大豆饼、菜籽饼、花生饼、棉籽饼、麻籽饼、桐籽饼、茶籽饼等。饼肥富含氮、磷、钾，含氮较多，含磷、钾较少。不同饼肥的养分含量不尽相同，饼肥中的氮、磷多呈有机态，氮以蛋白质形态为主，磷以植素、卵磷脂为主，钾大都是水溶性的。此外，饼肥含有一定的油脂和脂肪酸化合物，吸水缓慢。所以，饼肥是一种迟效性有机肥，必须经过微生物发酵分解后才能更好地发挥肥效。

（二）饼肥的施用

饼肥是一种养分丰富的有机肥料，肥效高并且持久，适用于各种土壤和作物，一般多用在蔬菜、花卉、果树等附加值高的园艺作物上。饼肥必须经过腐熟后才可施用，可作基肥和追肥。饼肥做基肥可与堆肥、厩肥混合施用，应在播种前7～10天施入土壤，旱地条施或穴施，施后与土壤混匀，不要靠近种子，以免影响种子发芽。作追肥时，要经过发酵腐熟，否则施入土壤后继续发酵产生高温易使作物根部烧伤，可在行间开沟或穴施，施后盖土。饼肥的施用量应根据土壤肥力高低和作物类型而定，土壤肥力低的和耐肥作物可适当多施，反之应适当减少用量。一般中等肥力的土壤，果菜类蔬菜用量为每亩100kg左右，大田作物为每亩50kg左右。由于饼肥为迟效性肥料，应注意配合施用适量速效性氮、磷、钾肥。

七、沼气肥

（一）沼气肥的成分和性质

沼气肥是在密封的沼气池中，有机物腐解产生沼气后的副产品。包括沼气液和残渣。沼气肥的养分含量受原料种类、材料比例和水量大小的影响变异很大。沼气肥除了含有丰富的氮、磷、钾元素外，还含有硼、铜、铁、锰、锌、钙等元素，以及大量的有机质、多种氨基酸和维生素等。沼气肥具有来源广、成本低、养分全、肥效长等特点，在农业生产中广泛应用。

沼气肥结构分上、中、底三层，上层水肥是沼气肥中数量最多、含有大量速效氮的高效能液体肥料，它具有见效快的优点，适用于粮食作物和蔬菜作早期追肥。施用前应先贮存于密封坑内数日。中层糊状肥的浓度高，肥力强，铵态氮的含量比较丰富，适用于粮食作物和蔬菜作中期追肥。其优点是肥分不易挥发，能较长久地释放肥力，充分供给农作物在快速生长阶段所需要的多种养分。底层沼渣肥含有大量腐殖质，适用于农作物底肥，可提高土壤保肥、蓄水能力。

（二）沼气肥的施用

沼气发酵液和残渣可分别施用也可混合施用，可作基肥、追肥。一般残渣作基肥，发酵液做追肥，渣液混合物作基肥也可作追肥。渣液混合物做基肥用量为每亩 1 600kg 左右，作追肥用量为每亩 1 200kg 左右，发酵液作追肥用量为每亩 2 000kg 左右。沼气肥应深施覆土，不要浅施更不要施于地表，深施 6～10cm 效果最好。

沼气肥在施用中要注意以下几点：一是出池后不要立即施用。沼气肥的还原性强，出池后若立即施用，会与作物争夺土壤中的氧气，影响种子发芽和根系发育，导致作物叶片发黄、凋萎。因此，沼气肥出池后，一般先在储粪池中存放 5～7 天后施用，若与磷肥按 10∶1 的比例混合堆沤 5～7 天后施用，效果更佳。二是沼液不能直接追施。沼液不对水直接施在作物上，尤其是用来追施幼苗，会使作物出现灼伤现象。作追肥时，要先对水，一般对水量为沼液的一半。三是不要表土撒施。宜采用穴施、沟施，然后盖土。四是不要过量施用。施用沼肥的量不能太多，一般要少于普通猪粪肥。若盲目大量施用，会导致作物徒长，行间荫蔽，造成减产。五是不能与草木灰、钙镁磷肥、石灰等碱性肥料混施，否则会造成氮肥的损失，降低肥效。

八、绿肥

（一）绿肥的成分与性质

栽培或野生的绿色植物体作肥料用的均称作绿肥。绿肥按照来源分可分为栽培绿肥和野生绿肥，按照植物学科分可分为豆科绿肥、非豆科绿肥，按照生长季节分可分为冬季绿肥、夏季绿肥，按照生长期长短可分为一年生或越年生和多年生绿肥，按照生长环境分可分为水生绿肥、旱生绿肥和稻底绿肥。主要的绿肥种类有：紫云英、苕子、紫花苜蓿、草木樨等。

绿肥的作用主要是：一是绿肥是解决肥源的重要途径。二是绿肥是培肥土壤、改良土壤、改良生态环境的有效措施，绿肥能够增加耕层土壤养分，能够改良土壤理化性状、改良低产田，能够覆盖地面、防止水土流失、改善生态环境，还能够绿化环境、净化空气、净化污水等。

（二）绿肥的施用

1. 绿肥的施用方式

一是直接翻耕，直接翻耕以作基肥为主，翻耕前最好将绿肥切短，稍加暴晒，随后翻耕入土壤中。二是堆沤，把绿肥作为堆沤肥原料，堆沤可增加绿肥分解，提高肥效。三是作饲料，先作饲料，然后利用畜禽粪便作肥料，这种绿肥过腹还田的方式，是提高绿肥经济效益的有效途径。绿肥还可用于青饲料贮存或制成干草或干草粉。

2. 绿肥的收割与翻耕时期

多年生绿肥作物一年可以刈割几次，翻耕适期应掌握在鲜草产量最高和养分含量最高时进行翻耕。一般豆科绿肥适宜翻压时间为盛花期至谢花期，禾本科绿肥最好在抽穗期翻压，十字花科绿肥最好在上花下荚期翻压，间套种绿肥作物的翻压时期应与后茬作物需肥规律相吻合。

3. 绿肥的翻埋深度

一般是先将绿肥茎叶切成 10～20cm，撒在地面或施在沟里，随后翻耕入土壤中，一般以耕翻入土 10～20cm 较好，旱地 15cm，水田 10～15cm，砂质土壤可深些，黏质土壤可浅些，盖土要严，翻后耙匀，并在后茬作物播种前 15～30 天进行。还应考虑气候、土壤、绿肥品种及其组织老嫩程度等因素。土壤水分较少、质地较轻、气温较低、植株较嫩时，耕翻易深，反之则易浅些。

4. 绿肥的施用量

施用量要根据作物产量、作物种类、土壤肥力、绿肥的养分含量等确定。一般为每亩 1 000～1 500kg 基本能够满足作物的需要。

5. 绿肥与无机肥料配合施用

绿肥肥效长，但单一施用的情况下，往往不能及时满足全生育期对养分的需求。绿肥所提供的养分虽然比较全面，但要满足作物的全部需求也是不够的。并且大多数绿肥作物提供的养分以氮为主，因此，绿肥与化肥配合施用是必需的。

蔬菜需肥特点与施肥技术

第一节　黄瓜需肥特点与施肥技术

一、需肥特点

黄瓜为一年生攀缘性草本植物。黄瓜适宜在疏松、肥沃、透气性好、排灌条件好的土壤上栽培，砂壤土，黏重土壤不利于黄瓜根系发育，有机质含量高的土壤能平衡黄瓜根系喜湿而不耐涝、喜肥而不耐肥的矛盾。黄瓜的生育周期大致分为发芽期、幼苗期、抽蔓期、开花结瓜期。

一般认为，每 1 000kg 黄瓜需氮（N）2.8～3.2kg、磷（P_2O_5）0.8～1.3kg、钾（K_2O）3.6～4.4kg、钙 2.3～3.8kg、镁 0.6～0.7kg。黄瓜生育前期养分需求量较小，随生育期的推进，养分吸收量显著增加，到结瓜期时达到吸收高峰，到结瓜后期，生长速度减慢，养分吸收量减少。在全生育期内，氮素养分吸收量持续增加，进入果实采收期急剧增加，黄瓜是喜硝态氮作物，在只供给铵态氮时，叶片变小，生长缓慢，钙、镁吸收量降低，且常发生缺钙的生理障碍，使产量降低。黄瓜对磷的吸收量初期较少，到果实膨大期和采收期增加。黄瓜对钾的吸收量最多，其次才是氮，钾对黄瓜全生育期的正常生长十分重要，吸钾量从生育初期到采收末期一直直线增加。黄瓜的营养生长与生殖生长并进时间长，产量高，需肥量大，但黄瓜喜肥不耐肥，需要根据黄瓜的需肥特点合理施肥。

二、施肥技术

黄瓜全生育期每亩施肥量为商品有机肥 400～450kg，氮肥（N）14～18kg、磷肥（P_2O_5）6～8kg、钾肥（K_2O）9～11kg。有机肥做基肥，氮、钾肥分基肥和追肥，每次追肥量平均分配，磷肥全部作基肥，化肥和有机肥混合施用（表 3-1、表 3-2）。

1．基肥

基肥每亩施用商品有机肥 400～450kg，尿素 4～5kg，磷酸二铵 13～17kg、硫酸钾 3～4kg。

2．追肥

初瓜期追肥：初瓜期每亩施尿素 7～8kg，硫酸钾 5～6kg。

盛瓜期追肥：黄瓜结瓜期较长，随着黄瓜的收获，养分不断消耗，需要不断的追肥以保证养分供应，否则黄瓜会因缺肥而早衰，有效采收期缩短，产量下降。可每 10 天左右追肥 1 次，或根据采收情况每采收 2 次，追肥 1 次。以促进瓜果膨大，提高产量和品质。每次可亩施尿素 7～8kg，硫酸钾 5～6kg。

3．根外追肥

结瓜盛期可以叶面喷施 1％的尿素水溶液，为了补充磷、钾元素的不足，可叶面喷施 0.5％的磷酸二氢钾，土壤微量元素不足时应及时补充微量元素，叶面喷施 0.1％的硼砂或多元素微肥 2～3 次。设施栽培可增施二氧化碳气肥。

表 3-1　黄瓜推荐施肥量　（单位：kg/亩）

肥力等级	推荐施肥量		
	纯　氮	五氧化二磷	氧化钾
低肥力	16～20	8～10	11～13
中肥力	14～18	6～ 8	9～11
高肥力	13～16	5～6	7～9

表 3-2　黄瓜测土配方施肥推荐卡　（单位：kg/亩）

基肥推荐方案				
肥力水平		低肥力	中肥力	高肥力
有机肥	商品有机肥	450～500	400～450	350～400
	或农家肥	3 500～4 000	3 000～3 500	2 500～3 000
氮肥	尿素	5～6	4～5	4～5
	或硫铵	12～14	9～12	9～12
	或碳铵	14～16	11～14	11～14

（续表）

基肥推荐方案				
肥力水平		低肥力	中肥力	高肥力
磷肥	磷酸二铵	17～22	13～17	11～13
钾肥	硫酸钾	4	3～4	2～3
	或氯化钾	3	3	2～3

追肥推荐方案						
施肥时期	低肥力		中肥力		高肥力	
	尿素	硫酸钾	尿素	硫酸钾	尿素	硫酸钾
初瓜期	8～9	7～8	7～8	5～6	7～8	3～5
盛瓜期（每次追肥量）	8～9	7～8	7～8	5～6	7～8	3～5

第二节　番茄需肥特点与施肥技术

一、需肥特点

番茄为一年生草本植物，属于茄果类蔬菜。番茄对土壤要求不太严格，但适宜土层深厚，排水良好，富含有机质的肥沃土壤。番茄的生育周期大致分为发芽期、幼苗期、开花坐果期和结果期。

番茄产量高，需肥量大，耐肥能力强，番茄生长发育不仅需要氮、磷、钾大量元素，还需要钙、镁等中微量元素，番茄对钾、钙、镁的需要量较大。一般认为，每 1 000kg 番茄需氮（N）2.1～3.4kg、磷（P_2O_5）0.64～1.0kg、钾（K_2O）3.7～5.3kg、钙（CaO）2.5～4.2kg、镁（MgO）0.43～0.90kg。番茄在不同生育时期对养分的吸收量不同，其吸收量随着植株的生长发育而增加，在幼苗期以氮素营养为主，在第一穗果开始结果时，对氮、磷、钾的吸收量迅速增加，氮在三要素中占 50%，钾只占 32%，到结果盛期和开始收获期，氮只占 36%，而钾已占 50%。氮素可促进番茄茎叶生长，叶色增绿，有利于蛋白质的合成。磷能够促进幼苗根系生长发育，花芽分化，提早开花结果，改善品质，番茄对磷的吸收不多，但对磷敏感。钾可增强番茄的抗性，促进果实发育，提高品质。番茄缺钙果实易发生脐腐病、心腐病及空洞果。番茄对缺铁、缺锰和缺锌都比较敏感。番茄生长量大、产量高，需肥量大，并且番茄采收期较长，必须有充足的营养才能满足其茎叶生长和陆续开花结果的需要，所以，番茄施肥应施足基肥，及时追肥，并且需要边采收边供给养分。

二、施肥技术

番茄全生育期每亩施肥量为商品有机肥400～450kg，氮肥（N）17～20kg、磷肥（P_2O_5）6～8kg、钾肥（K_2O）11～14kg。有机肥做基肥，氮、钾肥分基肥和追肥施用，磷肥全部作基肥，化肥和有机肥混合施用（表3-3、表3-4）。

1. 基肥

基肥不仅能改善土壤结构，为番茄生长创造良好的生长环境，最为重要的是缓慢有效地补充土壤中氮、磷、钾和微量元素，提供前期生长发育所需的营养元素。基肥每亩施用商品有机肥400～450kg，尿素5～6kg、磷酸二铵13～17kg、硫酸钾7～8kg。

2. 追肥

第一穗果膨大期追肥：第一穗果开始膨大时，根系吸收养分能力旺盛，此时养分供应十分重要，追肥可以供给果实迅速膨大所需要的养分，是番茄一生中重点追肥期。一般亩施尿素8～9kg、硫酸钾5～6kg。

第二穗果膨大期追肥：进入果实旺长期后，需肥量较多，如果供肥不足，会造成植株早衰，果实发育不饱满，果肉薄，品质差，追肥可以达到壮秧、防早衰、促进果实膨大和提高果实品质的目的。一般亩施尿素11～13kg、硫酸钾6～8kg。

第三穗果膨大期追肥：一般可亩施尿素8～9kg、硫酸钾5～6kg。

3. 根外追肥

为提高产量和品质，延长结果期，防止早衰，结果期应进行根外追肥，第一穗果至第三穗果膨大期，叶面喷施0.3%～0.5%的尿素和磷酸二氢钾溶液。缺钙时可叶面喷施0.5%的硝酸钙水溶液。土壤微量元素供应不足时，可以叶面喷施微量元素水溶肥料2～3次。设施栽培增施二氧化碳气肥，是增加光合强度、提高产量的有效措施。

表3-3 番茄推荐施肥量 （单位：kg/亩）

肥力等级	推荐施肥量		
	纯 氮	五氧化二磷	氧化钾
低肥力	19～22	7～10	12～15
中肥力	17～20	6～8	11～14
高肥力	15～18	5～7	10～12

表 3-4　番茄测土配方施肥推荐卡　（单位：kg/亩）

基肥推荐方案				
肥力水平		低肥力	中肥力	高肥力
有机肥	商品有机肥	450～500	400～450	350～400
	或农家肥	3 500～4 000	3 000～3 500	2 500～3 000
氮肥	尿素	5～6	5～6	4～5
	或硫铵	12～14	12～14	9～12
	或碳铵	14～16	14～16	11～14
磷肥	磷酸二铵	15～22	13～17	11～15
钾肥	硫酸钾	7～9	7～8	6～7
	或氯化钾	6～8	6～7	5～6

追肥推荐方案						
施肥时期	低肥力		中肥力		高肥力	
	尿素	硫酸钾	尿素	硫酸钾	尿素	硫酸钾
第一穗果膨大期	9～10	5～6	8～9	5～6	7～8	4～5
第二穗果膨大期	12～14	7～8	11～13	6～8	10～12	6～7
第三穗果膨大期	9～10	5～6	8～9	5～6	7～8	4～5

第三节　茄子需肥特点与施肥技术

一、需肥特点

茄子是茄科茄属植物。茄子生育期长，采摘期长，产量高，养分吸收量大，适于富含有机质，土层深厚，保水保肥能力强，通气排水良好的土壤。茄子的生育周期大致分为发芽期、幼苗期和结果期。

一般来说，每 1 000kg 茄子需氮（N）3.2kg、五氧化二磷（P_2O_5）0.94kg、氧化钾（K_2O）4.5kg。茄子不同生育期对养分吸收量不同，对氮、磷、钾的吸收量，随着生育期的延长而增加。幼苗期对养分的吸收量不大，但对养分的丰缺非常敏感，养分供应状况影响幼苗的生长和花芽分化。从幼苗期到开花结果期对养分的吸收量逐渐增加，开始采收果实后茄子进入需要养分量最大的时期，此时，对氮、钾的吸收量急剧增加，对磷、钙、镁的吸收量也有所增加，但不如钾和氮明显。茄子对各种养分的吸收特性也不同，氮素对茄子各生育期都是重要的，在生长的任何时期缺氮，都会对开花结实产生极其不良的影响。从定植到采收结束，茄子对氮的吸收量呈直线增加趋势，在生育盛期氮的吸收量最高，充足的氮素供应可以保证足够的叶面积，促进果实的发育。磷影响茄子的花芽分化，所以，前期要注意满足磷的供应。随着果实的膨大和进入生育盛期，茄子对磷素的吸收量增加，但茄子对磷的吸收量较少。茄子对钾的吸收量到生育中期都与氮相当，以后显著增高。在盛果期，氮和钾的吸收增多，如果肥料不足，植株生长不好。氮、磷、钾配合使用，可以相互促进。

二、施肥技术

茄子全生育期每亩施肥量为商品有机肥 400～450kg，氮肥（N）14～17kg、磷肥（P_2O_5）4～6kg、钾肥（K_2O）10～13kg，有机肥做基肥，氮、钾肥分基肥和追肥，磷肥全部作基肥，化肥和有机肥混合施用（表 3-5、表 3-6）。

1. 基肥

茄子生育期长，尤其是需肥量大的结果期很长，是需肥多而又耐肥的蔬菜作物，为保证全生育期的养分供应，防止后期脱肥，必须施充足的肥料做基肥，施足基肥是获得高产的基础。基肥以有机肥为主，配合速效氮、磷、钾肥。一般每亩施用商品有机肥 400～450kg，尿素 4～5kg、磷酸二铵 9～13kg、硫酸钾 6～8kg。

2. 追肥

门茄膨大期追肥：这一时期果实开始迅速生长，整个植株进入果实生长为主的时期。茎叶也开始旺盛生长，需肥量增加。此时进行第一次追肥，称为催果肥，是关键施肥时期。一般可亩施尿素 7～9kg、硫酸钾 4～6kg。

对茄膨大期追肥：这段时期是茄子需肥高峰期，这时进行第二次追肥，即盛果肥。亩施尿素 8～10kg、硫酸钾 6～7kg。

四门斗膨大期追肥：一般亩追尿素 7～9kg、硫酸钾 4～5kg。

3. 根外追肥

从成果期开始可根据长势喷施 0.2%～0.3%的尿素、0.2%～0.3%磷酸二氢钾等肥料，一般 7～10 天一次，连喷 2～3 次。还可根据土壤测试结果及缺素情况叶面喷施微量元素水溶肥料。设施栽培可增施二氧化碳气肥。

表 3-5　茄子推荐施肥量　（单位：kg/亩）

肥力等级	推荐施肥量		
	纯　氮	五氧化二磷	氧化钾
低肥力	16～19	5～7	12～15
中肥力	14～17	4～6	10～13
高肥力	13～16	4～5	9～11

表 3-6　茄子测土配方施肥推荐卡　（单位：kg/亩）

基肥推荐方案				
肥力水平		低肥力	中肥力	高肥力
有机肥	商品有机肥	450～500	400～450	350～400
	或农家肥	3 500～4 000	3 000～3 500	2 500～3 000
氮肥	尿素	5	5	4～5
	或硫铵	12	12	9～12
	或碳铵	14	14	11～14
磷肥	磷酸二铵	11～15	9～13	9～11
钾肥	硫酸钾	7～9	6～8	5～7
	或氯化钾	6～8	5～7	4～6

追肥推荐方案						
施肥时期	低肥力		中肥力		高肥力	
	尿素	硫酸钾	尿素	硫酸钾	尿素	硫酸钾
门茄膨大期	8～9	5～6	7～9	4～6	6～9	4～5
对茄膨大期	10～12	7～8	8～10	6～7	8～10	4～6
四门斗膨大期	8～9	5～6	7～9	4～5	6～9	4～5

第四节　甜椒需肥特点与施肥技术

一、需肥特点

甜（辣）椒是一年生草本植物。甜椒对土壤有较强的适应性，以疏松、保水、保肥、肥沃、中性至微酸性土壤为宜。甜椒生育周期包括发芽期、幼苗期、开花结果期。

甜椒养分含量高，生长期长，需肥量大，一般认为，每 1 000kg 甜椒需氮（N）3.5～5.5kg、五氧化二磷（P_2O_5）0.7～1.4kg、氧化钾（K_2O）5.5～7.2kg、钙（Ca）2～5kg、镁（MgO）0.7～3.2kg。甜椒幼苗期对养分的吸收量少，养分吸收主要集中在结果期，此时吸收养分量最多。甜椒在各生育时期吸收营养元素的数量不同，对氮的吸收随生育进展稳步增加，果实产量增加，吸收量增加，对磷的吸收虽然随生育进展而增加，但吸收量变化的幅度较小，对钾的吸收在生育初期较少，从果实采收初期开始，吸收量明显增加，一直持续到结束。钙的吸收也随生育期的进展而增加，若在果实发育期供钙不足，易出现脐腐病。镁的吸收峰值出现在采果盛期，生育初期吸收较少。甜椒植株吸收的养分在各器官中的分配也随生育期不同而变化，氮素在结果期以前，主要分布在茎叶中，约占氮素吸收总量的 80%以上，随着果实的形成膨大，果实中分配的养分数量逐步增加，从开花至采收期果实中吸收量仅占17.2%，采收盛期为 24.4%，收获结束前高达 33.6%。吸收的钙、镁主要分配在叶，其次是茎与果实，根中较少。

二、施肥技术

甜椒全生育期每亩施肥量为商品有机肥 400～450kg，氮肥（N）18～22kg、磷肥（P_2O_5）6～8kg、钾肥（K_2O）12～15kg，有机肥做基肥，氮、钾肥分基肥和追肥，磷肥全部作基肥，化肥和有机肥混合施用（表 3-7、表 3-8）。

1. 基肥

基肥每亩施用商品有机肥 400～450kg、尿素 5～6kg、磷酸二铵 13～17kg、硫酸钾 7～9kg。

2. 追肥

门椒膨大期追肥：每亩追施尿素 9～10kg、硫酸钾 5～6kg。

对椒膨大期追肥：这段时期植株大量开花坐果，果实膨大及植株继续分枝均需较多养分，是需肥高峰期，所以，此期需重施花果肥。每亩追施尿素 12～14kg、硫酸钾 7～8kg。

四门斗膨大期追肥：每亩追施尿素 9～10kg、硫酸钾 5～6kg。

3. 根外追肥

在甜椒开花结果期，可根据长势喷施 0.3%～0.5%的尿素、0.2%～0.3%磷酸二氢钾等肥料，可提高结果数和果实产量及品质，一般 7～10 天一次，连喷 2～3 次。出现缺钙、缺镁或缺硼症状时，可叶面喷施 0.3%的氯化钙、1%的硫酸镁或 0.1%～0.2%的硼砂水溶液 2～3 次。

设施栽培可增施二氧化碳气肥。

表 3-7　甜椒推荐施肥量　（单位：kg/亩）

肥力等级	推荐施肥量		
	纯　氮	五氧化二磷	氧化钾
低肥力	21～24	7～9	14～16
中肥力	18～22	6～8	12～15
高肥力	17～20	5～7	10～13

表 3-8　甜椒测土配方施肥推荐卡　（单位：kg/亩）

基肥推荐方案				
肥力水平		低肥力	中肥力	高肥力
有机肥	商品有机肥	450～500	400～450	350～400
	或农家肥	3 500～4 000	3 000～3 500	2 500～3 000
氮肥	尿素	6～7	5～6	5～6
	或硫铵	14～16	12～14	12～14
	或碳铵	16～19	14～16	14～16
磷肥	磷酸二铵	15～20	13～17	11～15
钾肥	硫酸钾	8～10	7～9	6～8
	或氯化钾	7～9	6～8	5～7

追肥推荐方案						
施肥时期	低肥力		中肥力		高肥力	
	尿素	硫酸钾	尿素	硫酸钾	尿素	硫酸钾
门椒膨大期	10～11	6～7	9～10	5～6	8～10	4～5
对椒膨大期	14～15	8～9	12～14	7～8	12～13	6～7
四门斗膨大期	10～11	6～7	9～10	5～6	8～10	4～5

第五节　大白菜需肥特点与施肥技术

一、需肥特点

大白菜是十字花科芸薹属植物。适宜土层较深厚、供肥能力高的砂质壤土。大白菜的生长周期包括发芽期、幼苗期、莲座期、结球期。

大白菜生育期长，产量高，养分需求量极大，对钾的吸收量最多，其次是氮、钙、磷、镁。每1 000kg大白菜约需要吸收氮（N）2.2kg、磷（P_2O_5）0.94kg、钾（K_2O）2.5kg。由于大白菜不同生育时期的生长量和生长速度不同，对营养条件的需求也不相同。总的需肥特点是：苗期吸收养分较少，氮、磷、钾的吸收量不足总吸收量的1%；莲座期明显增多，约占总量的30%；包心期吸收养分最多，约占总量的70%。各个时期吸收三要素的比例也不相同，发芽期至莲座期吸收的氮最多，钾次之，磷最少，结球期吸收钾最多，氮次之，磷最少，因为结球期需要较多的钾促进外叶中光合产物的制造，同时，还需要大量的钾促进光合产物由外叶向叶球运输并贮藏。充足的氮素营养对促进形成肥大的绿叶和提高光合效率具有特别重要的意义，如果氮素供应不足，则会植株矮小，组织粗硬，严重减产；如果氮肥过多，叶大而薄，包心不实，品质差，不耐储存。磷肥充足有利于叶球形成，钾能增加大白菜含糖量，加快结球速度，如果后期磷钾供应不足，往往不易结球。大白菜是喜钙作物，在不良的环境条件下发生生理缺钙时，往往会出现干烧心病，严重影响大白菜的产量和品质。

二、施肥技术

大白菜全生育期每亩施肥量为商品有机肥350～400kg，氮肥（N）13～16kg、磷肥（P_2O_5）5～8kg、钾肥（K_2O）10～12kg，有机肥做基肥，氮、钾肥分基肥和追肥，磷肥全部作基肥，化肥和有机肥混合施用（表3-9、表3-10）。

1. 基肥

施足基肥是大白菜获得高产的基础。基肥每亩施用商品有机肥350～400kg，尿素4～5kg、磷酸二铵11～17kg、硫酸钾6～7kg。

2. 追肥

莲座期追肥：大白菜莲座期生长速度和生长量都较大，是产量形成的重要时期，是为结球打基础的时期，对养分的吸收量增加，充足的肥水供应保证莲座叶旺盛生长是丰产的关键。一般莲座期可以亩施尿素6～7kg，硫酸钾4～5kg。

结球期追肥：结球期是同化作用最强、大量积累养分而形成产品的时期，是需肥量最大时期，因此，结球期必须供给充足的肥料。结球初期叶环外层叶迅速生长而形成结球轮廓，生长量最大，对氮素养分的需要量特别高，应重施一次追肥。结球中期，叶球内叶子迅速生长而充实内部，生长量也很大，为了延长外叶的功能、延缓叶片衰老，应根据土壤肥力状况进行追肥。一般结球初期可以亩施尿素 8～10kg、硫酸钾 6～7kg，结球中期可以亩施尿素 6～7kg、硫酸钾 4～5kg。

3. 根外追肥

在土壤缺钙的情况下，喷施 0.3%的氯化钙溶液或 0.25%～0.50%的硝酸钙溶液，可降低干烧心发病率。在结球初期喷施 0.5%～1.0%的尿素或 0.2%的磷酸二氢钾溶液，可提高大白菜的净菜率，提高商品价值。土壤微量元素供应不足的情况下可叶面喷施微量元素水溶肥料。

表 3-9 大白菜推荐施肥量 （单位：kg/亩）

肥力等级	推荐施肥量		
	纯 氮	五氧化二磷	氧化钾
低肥力	15～18	7～9	12～14
中肥力	13～16	5～8	10～12
高肥力	12～15	4～7	8～10

表 3-10 大白菜测土配方施肥推荐卡 （单位：kg/亩）

基肥推荐方案

肥力水平		低肥力	中肥力	高肥力
有机肥	商品有机肥	400～450	350～400	300～350
	或农家肥	3 000～3 500	2 500～3 000	2 000～2 500
氮肥	尿素	4～5	4～5	3～4
	或硫铵	9～12	9～12	7～9
	或碳铵	11～14	11～14	8～11
磷肥	磷酸二铵	15～20	11～17	9～15
钾肥	硫酸钾	7～8	6～7	5～6
	或氯化钾	6～7	5～6	4～5

追肥推荐方案

施肥时期	低肥力		中肥力		高肥力	
	尿素	硫酸钾	尿素	硫酸钾	尿素	硫酸钾
莲座期	7～8	5～6	6～7	4～5	6～7	3～5
结球初期	9～12	7～8	8～10	6～7	8～9	4～5
结球中期	7～8	5～6	6～7	4～5	6～7	3～5

第六节　结球甘蓝需肥特点与施肥技术

一、需肥特点

结球甘蓝为十字花科芸薹属草本植物。结球甘蓝对土壤适应性较强，喜疏松的中性或微酸性壤土或砂壤土。结球甘蓝的生长周期包括发芽期、幼苗期、莲座期、结球期。

结球甘蓝产量高，喜肥耐肥，一般认为，每1 000kg产量需吸收氮（N）4.1～6.5kg、磷（P_2O_5）1.2～1.9kg、钾（K_2O）4.9～6.8kg。结球甘蓝的生育期不同，对氮、磷、钾等养分的吸收量不同。从播种到开始结球，生长量逐渐增大，氮、磷、钾的吸收量也逐渐增加，前期氮、磷的吸收量为总吸收量的15%～20%，而钾的吸收量较少，为6%～10%，开始结球后，养分吸收量迅速增加，在结球的30～40天内氮、磷的吸收量占总吸收量的80%～85%，而钾的吸收量最多，占总吸收量的90%。结球甘蓝对钙和硼敏感，缺钙容易发生心叶尖端枯死或叶球内部腐烂等症状，降低其商品品质，土壤干燥、氮肥过量、土壤含盐量过高等都会抑制甘蓝对钙的吸收，缺硼生长点黄化或枯死，嫩叶的叶柄上产生龟裂，茎上也会产生开裂，在生长期内应适量补充钙和硼。

二、施肥技术

结球甘蓝全生育期每亩施肥量为商品有机肥350～400kg，氮肥（N）15～18kg、磷肥（P_2O_5）6～7kg、钾肥（K_2O）8～11kg。有机肥做基肥，氮、钾肥分基肥和追肥，磷肥全部作基肥，化肥和有机肥混合施用（表3-11、表3-12）。

1. 基肥

基肥每亩施用商品有机肥350～400kg，尿素4～5kg、磷酸二铵13～15kg、硫酸钾5～7kg。

2. 追肥

莲座期追肥：莲座期是施肥的关键时期，一般可亩施尿素7～8kg、硫酸钾3～5kg。

结球初期追肥：结球初期追肥可以促进结球甘蓝保持不间断的旺盛生长，对增加产量和提高品质效果显著。一般可亩施尿素10～12kg、硫酸钾4～6kg。

结球中期追肥：结球中期追肥可以保证结球坚实，提高产量改进品质，一般可亩施尿素 7～8kg、硫酸钾 3～5kg。

3. 根外追肥

在结球初期可叶面喷施 0.2%的磷酸二氢钾溶液 2～3 次。土壤中、微量及供应不足情况下，可叶面喷施中、微量元素肥料，缺钙可在生长中期叶面喷施 0.3%～0.5%的氯化钙或硝酸钙溶液，缺硼可以喷施 0.1%～0.2%的硼砂溶液。设施栽培可增施二氧化碳气肥。

表 3-11　结球甘蓝推荐施肥量　（单位：kg/亩）

肥力等级	推荐施肥量		
	纯　氮	五氧化二磷	氧化钾
低肥力	17～20	7～8	10～13
中肥力	15～18	6～7	8～11
高肥力	13～16	5～6	7～9

表 3-12　结球甘蓝测土配方施肥推荐卡　（单位：kg/亩）

基肥推荐方案				
肥力水平		低肥力	中肥力	高肥力
有机肥	商品有机肥	400～450	350～400	300～350
	或农家肥	3 000～3 500	2 500～3 000	2 000～2 500
氮肥	尿素	5～6	4～5	4～5
	或硫铵	12～14	9～12	9～12
	或碳铵	14～16	11～14	11～14
磷肥	磷酸二铵	15～17	13～15	11～13
钾肥	硫酸钾	6～8	5～7	4～5
	或氯化钾	5～7	4～6	3～4

追肥推荐方案						
施肥时期	低肥力		中肥力		高肥力	
	尿素	硫酸钾	尿素	硫酸钾	尿素	硫酸钾
莲座期	8～9	4～5	7～8	3～5	6～8	3～4
结球初期	11～13	6～7	10～12	4～6	8～11	4～5
结球中期	8～9	4～5	7～8	3～5	6～8	3～4

第七节　芹菜需肥特点与施肥技术

一、需肥特点

芹菜为伞形花科芹菜属草本植物。芹菜是蔬菜中要求土壤肥力较高的种类之一，适宜有机质丰富、保水保肥能力强的壤土或黏壤土。芹菜生长周期大致可分为苗期和旺盛生长期两个阶段。

一般来说，芹菜每 1 000kg 产量需吸收氮（N）2.55kg、磷（P_2O_5）1.36kg、钾（K_2O）3.67kg，吸收比例为 1∶0.5∶1.4。芹菜属于绿叶菜类速生蔬菜，在生长过程中对养分的吸收量与生长量的增长是一致的，不同养分的吸收量虽然不同，但吸收动态是一样的，既随着生长量的增加，养分吸收量增加。芹菜生长发育还需要钙、硼等中微量元素，芹菜对硼的需要量很大，在缺硼的土壤或由于干旱低温抑制吸收时，叶柄易横裂，即“茎折病”，严重影响产量和品质，因此，生产上应注意补施硼肥。

二、施肥技术

芹菜全生育期每亩施肥量为商品有机肥 350～400kg，氮肥（N）13～16kg、磷肥（P_2O_5）5～6kg、钾肥（K_2O）6～9kg，有机肥做基肥，氮、钾肥分基肥和追肥，磷肥全部做基肥，化肥和有机肥混合施用（表 3-13、表 3-14）。

1. 基肥

基肥每亩施用商品有机肥 350～400kg，尿素 4～5kg、磷酸二铵 11～13kg、硫酸钾 4～5kg。

2. 追肥

心叶生长期追肥：在缓苗后心叶生长期亩施尿素 6～8kg、硫酸钾 3～4kg。

旺盛生长期追肥：植株进入叶丛生长盛期时，叶面积迅速扩大，叶柄迅速伸长，这时要多次追肥。旺盛生长前期，可亩施尿素 8～11kg、硫酸钾 3～5kg。旺盛生长中期，可亩施尿素 6～8kg、硫酸钾 3～4kg。

3. 根外追肥

芹菜定植后30～60天期间是产品器官形成期，也是养分吸收高峰期，可叶面喷施0.5%尿素或磷酸二氢钾水溶液2～3次。如果土壤中钙、硼养分不足，可用0.3%～0.5%硝酸钙或氯化钙进行叶面喷施，叶面喷施硼肥可在一定程度上避免茎裂的发生，可以叶面喷施0.2%硼砂或硼酸溶液。设施栽培可增施二氧化碳气肥。

表3-13 芹菜推荐施肥量 （单位：kg/亩）

肥力等级	推荐施肥量		
	纯 氮	五氧化二磷	氧化钾
低肥力	15～18	6～7	8～11
中肥力	13～16	5～6	6～9
高肥力	11～14	4～5	5～8

表3-14 芹菜测土配方施肥推荐卡 （单位：kg/亩）

基肥推荐方案

肥力水平		低肥力	中肥力	高肥力
有机肥	商品有机肥	400～450	350～400	300～350
	或农家肥	3 000～3 500	2 500～3 000	2 000～2 500
氮肥	尿素	4～5	4～5	3～4
	或硫铵	9～12	9～12	7～9
	或碳铵	11～14	11～14	8～11
磷肥	磷酸二铵	13～15	11～13	9～11
钾肥	硫酸钾	5～7	4～5	3～5
	或氯化钾	4～6	3～4	2～4

追肥推荐方案

施肥时期	低肥力		中肥力		高肥力	
	尿素	硫酸钾	尿素	硫酸钾	尿素	硫酸钾
心叶生长期	7～8	3～5	6～8	3～4	5～7	2～3
旺盛生长前期	10～12	4～6	8～11	3～5	7～9	3～4
旺盛生长中期	7～8	3～5	6～8	3～4	5～7	2～3

第八节　结球生菜需肥特点与施肥技术

一、需肥特点

结球生菜是菊科莴苣属草本植物。适宜有机质丰富、保水保肥能力强的微酸性黏壤或壤土。结球生菜的生育周期可分为发芽期、幼苗期、莲座期和结球期。

一般认为，每 1 000kg 结球生菜需要吸收氮（N）3.7kg、磷（P_2O_5）1.45kg、钾（K_2O）3.28kg。结球生菜生长迅速，喜氮肥，生长初期吸肥量较小，在播后 70～80 天进入结球期，养分吸收量急剧增加，在结球期的一个月里，氮的吸收量可以占到全生育期的 80%以上。磷、钾的吸收与氮相似，尤其是钾的吸收，不仅吸收量大，而且一直持续到收获。幼苗期缺磷对生长影响最大，结球期缺磷会影响生菜结球。结球期缺钾，严重影响叶片重量。

二、施肥技术

结球生菜全生育期每亩施肥量为商品有机肥 350～400kg，氮肥（N）14～17kg、磷肥（P_2O_5）6～8kg、钾肥（K_2O）11～13kg。有机肥做基肥，氮、钾肥分基肥和追肥，磷肥全部作基肥。化肥和有机肥混合施用（表 3-15、表 3-16）。

1. 基肥

基肥每亩施用商品有机肥 350～400kg，尿素 4～5kg、磷酸二铵 13～17kg、硫酸钾 7～8kg。

2. 追肥

莲座期追肥：亩施尿素 6～8kg、硫酸钾 5～6kg。

结球初期追肥：亩施尿素 9～12kg、硫酸钾 6～7kg。

结球中期追肥：亩施尿素 6～8kg、硫酸钾 5～6kg。

3. 根外追肥

在结球期可叶面喷施 0.2%的磷酸二氢钾溶液 2～3 次。土壤缺钙情况下，可在莲座期叶面喷施 0.5%～1%硝酸钙溶液，连续喷施 3 次，每隔 7 天喷施 1 次。设施栽培可增施二氧化碳气肥。

表 3-15　结球生菜推荐施肥量　（单位：kg/亩）

肥力等级	推荐施肥量		
	纯　氮	五氧化二磷	氧化钾
低肥力	16～19	7～9	12～14
中肥力	14～17	6--8	11～13
高肥力	12～15	5～7	10～12

表 3-16　结球生菜测土配方施肥推荐卡　（单位：kg/亩）

基肥推荐方案

肥力水平		低肥力	中肥力	高肥力
有机肥	商品有机肥	400～450	350～400	300～350
	或农家肥	3 000～3 500	2 500～3 000	2 000～2 500
氮肥	尿素	4～5	4～5	3～4
	或硫铵	9～12	9～12	7～9
	或碳铵	11～14	11～14	8～11
磷肥	磷酸二铵	15～20	13～17	11～15
钾肥	硫酸钾	7～8	7～8	6～7
	或氯化钾	6～7	6～7	5～6

追肥推荐方案

施肥时期	低肥力		中肥力		高肥力	
	尿素	硫酸钾	尿素	硫酸钾	尿素	硫酸钾
莲座期	7～8	5～6	6～8	5～6	6～7	4～5
结球初期	10～12	7～8	9～12	6～7	8～9	6～7
结球中期	7～8	5～6	6～8	5～6	6～7	4～5

第九节　菜薹需肥特点与施肥技术

一、需肥特点

菜薹为十字花科芸薹属草本植物，别名菜心。菜薹对土壤的适应性强，但在有机质含量高、地力肥沃的壤土或砂壤土上栽培，有利于获得优质高产。

菜薹生长期短，生长量大，对肥水要求高。生长全期要求土壤有充足的养分和水分供应。菜心对氮、磷、钾三大要素的吸收量，以氮最多，钾次之，磷最少。一般来说，每生产 1 000kg 菜薹，需吸收氮（N）2.2～3.6kg、磷（P_2O_5）0.60～1.0kg、钾（K_2O）1.1～3.8kg。菜心的生长发育过程分为发芽期、幼苗期、叶片生长期、菜薹形成期。各生育期对氮、磷、钾的吸收量占全生育期吸收总量的大致比例是：幼苗期占 25%，叶片生长期占 20%，菜薹形成期占 50%～55%。菜心缓苗快，生长迅速，需肥量大，应及时追肥，要在充分施足有机肥的基础上及时追施速效肥。

二、施肥技术

菜薹全生育期每亩施肥量为商品有机肥 350～400kg，氮肥（N）6～8kg、磷肥（P_2O_5）3～5kg、钾肥（K_2O）4～6kg。有机肥做基肥，氮、钾肥分基肥和追肥，磷肥全部作基肥，化肥和有机肥混合施用（表 3-17、表 3-18）。

1. 基肥

基肥每亩施用商品有机肥 350～400kg，尿素 4～5kg、磷酸二铵 7～11kg、硫酸钾 4～6kg。

2. 追肥

苗期追肥：一般可亩施尿素 3～4kg、硫酸钾 2～3kg，以促进根系发育和叶片生长。

抽薹期追肥：一般可亩施尿素 3～4kg、硫酸钾 2～3kg，以提高产量和改进品质。

3. 根外追肥

菜薹旺盛生长期可叶面喷施 0.3%～0.5%磷酸二氢钾水溶液，有利于提高产量和品质。

表 3-17　菜薹推荐施肥量　　（单位：kg/亩）

肥力等级	推荐施肥量		
	纯　氮	五氧化二磷	氧化钾
低肥力	7～9	4～6	5～7
中肥力	6～8	3～5	4～6
高肥力	5～7	3～5	3～5

表 3-18　菜薹测土配方施肥推荐卡　（单位：kg/亩）

基肥推荐方案				
肥力水平		低肥力	中肥力	高肥力
有机肥	商品有机肥	400～450	350～400	300～350
	或农家肥	3 000～3 500	2 500～3 000	2 000～2 500
氮肥	尿素	5～6	4～5	3～4
	或硫铵	12～14	9～12	7～9
	或碳铵	14～16	11～14	8～11
磷肥	磷酸二铵	9～13	7～11	7～11
钾肥	硫酸钾	5～7	4～6	3～5
	或氯化钾	4～6	3～5	2～4

追肥推荐方案						
施肥时期	低肥力		中肥力		高肥力	
	尿素	硫酸钾	尿素	硫酸钾	尿素	硫酸钾
苗期	4～5	3～4	3～4	2～3	3～4	2～3
抽薹期	4～5	3～4	3～4	2～3	3～4	2～3

第十节　胡萝卜需肥特点与施肥技术

一、需肥特点

胡萝卜为伞形科草本植物。适宜在土层深厚，保水和排水良好肥沃的砂质壤土中种植。过于黏重的土壤或施用未腐熟的基肥，都会妨碍肉质根的正常生长，产生畸形根。胡萝卜生育期分为发芽期、幼苗期、叶片生长盛期和肉质根生长盛期。

一般认为每 1 000kg 胡萝卜需要吸收氮（N）2.4～4.3kg、磷（P_2O_5）0.7～1.7kg、钾（K_2O）5.7～11.7kg。胡萝卜生育初期生长迟缓，中后期根系开始膨大时生长急速增加，养分吸收也随着生长量的加大而增加。在播种后的 2 个月内，氮、磷、钾的吸收量不大，随着根部的膨大，吸收量显著增加，吸收量以钾最多，其次是氮、钙、磷和镁，依次减少。在收获时叶片中的钾最多，其次是氮、钙、镁，磷很少。而在根部中钾和氮最多，其次是磷、钙和镁。胡萝卜对氮的要求以前期为主，在播种后30～50天，适量追施氮肥很有必要，如在此期缺氮，根的直径明显减小，肉质根膨大不良。胡萝卜对磷的吸收较少，约为吸氮量的1/3。当土壤中有效磷含量少时，增施磷肥的效果明显，随着施用量增加，产量亦有增加的趋势。施用磷肥作基肥，有益于植株早期生长和后期根系的膨大。钾对胡萝卜的影响主要是使肉质根膨大。当土壤缺钾时，应该加强钾肥的施用，特别是在肉质根膨大期，需追施钾肥。胡萝卜对钙的吸收较多，缺钙时易引起空心病，但钙含量过多时会使胡萝卜糖分和胡萝卜素含量下降。胡萝卜对镁元素的吸收量不多，但镁含量越多，其含糖量和胡萝卜素含量也越多，品质越好，基肥中施用钙镁磷肥，可增加土壤中的钙镁含量。胡萝卜生长还需要钼和硼，缺钼植株生长不良，植株矮小，缺硼根系不发达，生长点死亡，外部变黑。

二、施肥技术

胡萝卜全生育期每亩施肥量为商品有机肥300～350kg，氮肥（N）8～11kg、磷肥（P_2O_5）5～6kg、钾肥（K_2O）10～12kg，有机肥做基肥，氮、钾肥分基肥和追肥，磷肥全部作基肥，化肥和有机肥混合施用（表3-19、表3-20）。

1. 基肥

基肥每亩施用商品有机肥300～350kg，尿素3～4kg、磷酸二铵11～13kg、硫酸钾7～9kg。

2. 追肥

胡萝卜除施用基肥外，还要追肥2～3次。肉质根膨大盛期是养分吸收高峰期，保证这一时期的营养充足供应是胡萝卜优质高产的关键。

肉质根膨大初期追肥：亩施尿素6～9kg、硫酸钾5～7kg。

肉质根膨大盛期追肥：亩施尿素5～7kg、硫酸钾5～7kg。

3. 根外追肥

胡萝卜对硼吸收较多。可分别在幼苗期、叶片生长盛期各喷施1次、在肉质根膨大期喷施2次0.1%～0.5%的硼酸溶液或硼砂溶液。还可在肉质根膨大期叶面喷施0.3%～0.5%磷酸二氢钾溶液。设施栽培可补充二氧化碳气肥。

表 3-19　胡萝卜推荐施肥量　（单位：kg/亩）

肥力等级	推荐施肥量		
	纯　氮	五氧化二磷	氧化钾
低肥力	10～12	6～7	11～13
中肥力	8～11	5～6	10～12
高肥力	7～10	4～5	9～11

表 3-20　胡萝卜测土配方施肥推荐卡　（单位：kg/亩）

基肥推荐方案				
肥力水平		低肥力	中肥力	高肥力
有机肥	商品有机肥	350～400	300～350	250～300
	或农家肥	2 500～3 000	2 000～2 500	1 500～2 000
氮肥	尿素	3～4	3～4	2～3
	或硫铵	7～9	7～9	5～7
	或碳铵	8～11	8～11	5～8
磷肥	磷酸二铵	13～15	11～13	9～11
钾肥	硫酸钾	8～10	7～9	6～8
	或氯化钾	7～9	6～8	5～7

追肥推荐方案						
施肥时期	低肥力		中肥力		高肥力	
	尿素	硫酸钾	尿素	硫酸钾	尿素	硫酸钾
肉质根膨大初期	8～9	6～7	6～ 9	5～7	5～ 8	5～6
肉质根膨大盛期	6～7	6～7	5～ 7	5～7	4～ 6	5～6

第十一节　花椰菜需肥特点与施肥技术

一、需肥特点

花椰菜是十字花科芸薹属甘蓝种草本植物。花椰菜对土壤的适应性较强，适宜有机质丰富、保水保肥能力强的砂壤上和壤土。花椰菜的生育周期包括发芽期、幼苗期、莲座期、花球形成期。

花椰菜由于生长期长，对养分需求量大，需要量最多的是氮和钾，花椰菜在整个生长过程中对氮肥的需要量较大，特别是叶簇生长旺盛时期需氮肥更多，而对磷和钾的吸收则集中于花球生长阶段。另外，对硼、镁、钙、钼的需要量也比较大。一般来说，每生产花椰菜 1 000kg 产品约需氮（N） 13.4kg、五氧化二磷（P_2O_5） 3.93kg、氧化钾（K_2O） 9.59kg，吸收比例为 1∶0.3∶0.7。花椰菜的生育期不同，对养分的需求量不同，在未出现花蕾前，吸收养分少，随着花蕾的出现和膨大，植株对营养的吸收急速增加，花球膨大盛期是花椰菜吸收养分最多、速度最快的时期，因此，花球的膨大期要施足肥料。花椰菜需钙量较高，是典型的喜钙作物。土壤缺钙或由于其他环境因素造成生理缺钙时，往往会出现叶缘干枯的症状，影响蔬菜的产量和品质。花椰菜需硼也比较多，对硼反应很敏感，缺硼易引起叶柄发生龟裂或发生小叶，花茎中心开裂，花球出现褐色斑点并略带苦味，影响产量和质量。花椰菜对钼有特殊要求，缺钼的典型症状是“鞭尾病”。

二、施肥技术

花椰菜全生育期每亩施肥量为商品有机肥 350～400kg，氮肥（N） 20～23kg、磷肥（P_2O_5） 6～8kg、钾肥（K_2O） 11～14kg，有机肥做基肥，氮、钾肥分基肥和追肥，磷肥全部作基肥，化肥和有机肥混合施用（表 3-21、表 3-22）。

1. 基肥

基肥每亩施用商品有机肥 350～400kg，尿素 6kg、磷酸二铵 13～17kg、硫酸钾 7～8kg、土壤缺硼可每亩基施硼砂 0.5kg。

2. 追肥

莲座期追肥：亩施尿素 10～11kg、硫酸钾 5～6kg，以促进花芽、花蕾分化和花球形成。

花球形成初期追肥：亩施尿素 13～15kg、硫酸钾 6～8kg，以促进花球的快速膨大，防止花茎空心。

花球形成中期追肥：亩施尿素 10～11kg、硫酸钾 5～6kg，以提高花球产量和花球质量。

3. 根外追肥

土壤缺钙可在莲座期～结球期叶面喷施 0.3%～0.5%氯化钙或硝酸钙水溶液。缺硼可在花球形成初期和中期叶面喷施 0.1%～0.2%的硼砂溶液。缺镁可叶面喷施 0.2%～0.4%的硫酸镁溶液 1～2 次。花椰菜对钼的需要量很少，但十分敏感，花球形成期可叶面喷施浓度为0.01%的钼酸铵溶液。设施栽培可补充二氧化碳气肥。

表 3-21　花椰菜推荐施肥量　（单位：kg/亩）

肥力等级	推荐施肥量		
	纯　氮	五氧化二磷	氧化钾
低肥力	22～25	7～10	13～16
中肥力	20～23	6～8	11～14
高肥力	18～21	5～7	10～12

表 3-22　花椰菜测土配方施肥推荐卡　（单位：kg/亩）

基肥推荐方案				
肥力水平		低肥力	中肥力	高肥力
有机肥	商品有机肥	400～450	350～400	300～350
	或农家肥	3 000～3 500	2 500～3 000	2 000～2 500
氮肥	尿素	6～7	6	5～6
	或硫铵	14～16	14	12～14
	或碳铵	16～19	16～16	14～16
磷肥	磷酸二铵	15～22	13～17	11～15
钾肥	硫酸钾	8～10	7～8	6～7
	或氯化钾	7～8	6～7	5～6

追肥推荐方案						
施肥时期	低肥力		中肥力		高肥力	
	尿素	硫酸钾	尿素	硫酸钾	尿素	硫酸钾
莲座期	11～12	5～7	10～11	5～6	9～10	4～5
花球初期	15～16	7～9	13～15	6～8	12～14	6～7
花球中期	11～12	5～7	10～11	5～6	9～10	4～5

第十二节　菠菜需肥特点与施肥技术

一、需肥特点

菠菜为藜科菠菜属草本植物。适宜在肥沃的中性或微碱性的砂壤土上栽培。

菠菜为速生蔬菜，生长期短，生长速度快，产量高，需肥量大。每1 000kg 菠菜需要吸收氮（N）2.48kg、磷（P_2O_5）0.86kg、钾（K_2O）5.29kg。氮肥充足可使叶部生长旺盛，不仅提高产量，增进品质，而且可以延长供应期，由于菠菜根群小且分布于浅土层中，因此，在施基肥的基础上，要追施充足的速效性肥料。肥料以氮肥为主，兼施磷、钾肥。肥水不足时，菠菜植株营养器官不发达易早抽薹，从而影响商品产量。

二、施肥技术

菠菜全生育期每亩施肥量为商品有机肥 200～250kg，氮肥（N）8～11kg、磷肥（P_2O_5）3～4kg、钾肥（K_2O）5～7kg，有机肥做基肥，氮、钾肥分基肥和追肥，磷肥全部作基肥，化肥和有机肥混合施用（表3-23、表3-24）。

1. 基肥

基肥每亩施用商品有机肥 200～250kg，尿素 3～4kg、磷酸二铵 7～9kg、硫酸钾 5～7kg。

2. 追肥

苗期追肥：亩施尿素 5～6kg、硫酸钾 3～4kg。

生长旺盛期追肥：亩施尿素 8～10kg、硫酸钾 3～4kg。

3. 根外追肥

菠菜旺盛生长期可叶面喷施 0.3%～0.5%磷酸二氢钾水溶液，有利于提高产量和品质。

表 3-23　菠菜推荐施肥量　（单位：kg/亩）

肥力等级	推荐施肥量		
	纯　氮	五氧化二磷	氧化钾
低肥力	9～12	4～5	6～8
中肥力	8～11	3～4	5～7
高肥力	7～10	3～4	4～6

表 3-24　菠菜测土配方施肥推荐卡　（单位：kg/亩）

基肥推荐方案				
肥力水平		低肥力	中肥力	高肥力
有机肥	商品有机肥	150～200	200～250	250～300
	或农家肥	2 500～3 000	2 000～2 500	1 500～2 000
氮肥	尿素	3～4	3～4	2～4
	或硫铵	7～9	7～9	5～7
	或碳铵	8～11	8～11	5～8
磷肥	磷酸二铵	9～11	7～9	7～9
钾肥	硫酸钾	6～8	5～7	4～6
	或氯化钾	5～7	4～6	3～5

追肥推荐方案						
施肥时期	低肥力		中肥力		高肥力	
	尿素	硫酸钾	尿素	硫酸钾	尿素	硫酸钾
苗期	5～7	3～4	5～6	3～4	4～5	2～3
生长旺盛期	8～11	3～4	8～10	3～4	6～9	2～3

第十三节　芥蓝需肥特点与施肥技术

一、需肥特点

芥蓝是十字花科芸薹属中以花薹为产品的草本植物。栽培芥蓝应选择排灌方便，土层深厚，富含有机质的中性或微酸性砂壤土或壤土。芥蓝的生育期可分为发芽期、幼苗期、叶丛生期、菜薹形成期。

芥蓝对氮、磷、钾三要素的吸收，以钾最多，氮次之，磷最少，每株芥蓝大约吸收氮 0.58～0.73g、磷 0.11～0.15g、钾 0.65～0.77g，氮、磷、钾的吸收比例为 5.2∶1∶5.4。芥蓝各时期对氮、磷、钾的吸收量不同，需肥量随着其生长发育进程而不断增加。氮肥在幼苗期以前的吸收量占2.5%，叶丛生期占10.3%，菜薹形成期占87.2%，对磷、钾及钙、镁的吸收动态与氮基本相同。芥蓝比较耐肥，吸收养分较多，又因根系浅，栽培时必须选择肥沃而富有有机质的壤土种植。芥蓝对有机肥料和无机肥料都能很好地利用，施肥应有机无机结合，施足基肥，适时追肥，追肥时以氮肥为主，适当增施其他肥料。

二、施肥技术

芥蓝全生育期每亩施肥量为商品有机肥350～400kg，氮肥（N）7～9kg、磷肥（P_2O_5）3～5kg、钾肥（K_2O）5～7kg，有机肥做基肥，氮、钾肥分基肥和追肥，磷肥全部作基肥，化肥和有机肥混合施用（表3-25、表3-26）。

1. 基肥

基肥每亩施用商品有机肥350～400kg，尿素5～6kg、磷酸二铵7～11kg、硫酸钾5～7kg。

2. 追肥

苗期追肥：亩施尿素4～5kg、硫酸钾3～4kg。

菜薹形成期追肥：亩施尿素4～5kg、硫酸钾3～4kg。

3. 根外追肥

在芥蓝现蕾至菜薹形成期间，可用0.3%～0.4%的磷酸二氢钾进行叶面喷施，对提高产量有一定作用。设施栽培可补充二氧化碳气肥。

表3-25　芥蓝推荐施肥量　（单位：kg/亩）

肥力等级	推荐施肥量		
	纯　氮	五氧化二磷	氧化钾
低肥力	8～10	4～6	6～8
中肥力	7～9	3～5	5～7
高肥力	6～8	3～5	4～6

表 3-26　芥蓝测土配方施肥推荐卡　（单位：kg/亩）

基肥推荐方案				
肥力水平		低肥力	中肥力	高肥力
有机肥	商品有机肥	400～450	350～400	300～350
	或农家肥	3 000～3 500	2 500～3 000	2 000～2 500
氮肥	尿素	6～7	5～6	4～5
	或硫铵	14～16	12～14	9～12
	或碳铵	16～19	14～16	11～14
磷肥	磷酸二铵	9～13	7～11	7～11
钾肥	硫酸钾	6～8	5～7	4～6
	或氯化钾	5～7	4～6	3～5

追肥推荐方案						
施肥时期	低肥力		中肥力		高肥力	
	尿素	硫酸钾	尿素	硫酸钾	尿素	硫酸钾
苗期	4～5	3～4	4～5	3～4	3～4	2～3
菜薹形成期	4～5	3～4	4～5	3～4	3～4	2～3

第十四节　白萝卜需肥特点与施肥技术

一、需肥特点

白萝卜是十字花科白萝卜属草本植物。白萝卜对土壤的适应性比较广，为了获得高产优质的产品，以土层深厚、疏松、排水良好、比较肥沃的砂壤土为佳。白萝卜的生育期分为发芽期、幼苗期、叶片生长盛期和肉质根生长盛期。

白萝卜对氮、磷、钾的吸收量很大，是一种需肥量较高的高产作物，每生产 1 000kg 白萝卜，需要从土壤中吸收氮（N）2.1～3.1kg、磷（P_2O_5）0.8～1.9kg、钾（K_2O）3.5～5.6kg，其比例大致是 1∶0.5∶1.8。白萝卜在不同生育期对养分的吸收量不同，养分吸收量随生长发育进行逐渐增加。生长初期对氮、磷、钾吸收较慢，随着生长吸收量加快，到肉质根生长盛期，对氮、磷、钾的吸收量最多。白萝卜在不同生育期中对氮、磷、钾吸收量的差别很大，一般幼苗期吸氮量较多，磷、钾的吸收量较少，进入肉质根膨大前期，植株对钾的吸收量显著增加，其次为氮和磷，到了肉质根膨大盛期是养分吸收高峰期，因此，保证这一时期的营养充足是白萝卜丰产的关键。白萝卜对氮敏感，缺氮会降低萝卜的产量，而且愈在生育初期缺氮，对产量的影响愈大，但氮素过剩，磷、钾不足，则会造成地上部分贪青徒长。白萝卜与其他十字花科蔬菜一样，由于土壤干旱等原因容易导致出现缺钙或缺硼症状，缺钙时距离生长点近的叶片尖端枯死，缺硼时根的心部变成褐色，即所谓的褐色烂心病。

二、施肥技术

白萝卜全生育期每亩施肥量为商品有机肥 350～400kg，氮肥（N）14～16kg、磷肥（P_2O_5）6～8kg、钾肥（K_2O）9～11kg，有机肥做基肥，氮、钾肥分基肥和追肥，磷肥全部作基肥，化肥和有机肥混合施用（表 3-27、表 3-28）。

1. 基肥

基肥每亩施用商品有机肥 350～400kg，尿素 5～6kg、磷酸二铵 13～17kg、硫酸钾 5～7kg。

2. 追肥

肉质根膨大期是养分吸收高峰期，在这一时期合理追肥，满足白萝卜营养需求，是高产优质的重要保证。

肉质根膨大初期追肥：亩施尿素 11～13kg、硫酸钾 8～9kg，

肉质根膨大盛期追肥：亩施尿素 9～10kg、硫酸钾 5～6kg。

3. 根外追肥

在生长中后期，可用 0.3％的硝酸钙和 0.2％硼酸叶面喷施 2～3 次，以防缺钙、缺硼。同时，可叶面喷施 0.2％的磷酸二氢钾以提高产量和品质。设施栽培可补充二氧化碳气肥。

表 3-27　白萝卜推荐施肥量　（单位：kg/亩）

肥力等级	推荐施肥量		
	纯　氮	五氧化二磷	氧化钾
低肥力	15～18	7～9	10～12
中肥力	14～16	6～8	9～11
高肥力	13～15	5～7	8～10

表 3-28　白萝卜测土配方施肥推荐卡　（单位：kg/亩）

基肥推荐方案				
肥力水平		低肥力	中肥力	高肥力
有机肥	商品有机肥	400～450	350～400	300～350
	或农家肥	3 500～4 000	3 000～3 500	2 500～3 000
氮肥	尿素	5～6	5～6	5
	或硫铵	12～14	12～14	12
	或碳铵	14～16	14～16	14
磷肥	磷酸二铵	15～20	13～17	11～15
钾肥	硫酸钾	6～7	5～7	5～6
	或氯化钾	5～6	4～6	4～5

追肥推荐方案						
施肥时期	低肥力		中肥力		高肥力	
	尿素	硫酸钾	尿素	硫酸钾	尿素	硫酸钾
肉质根膨大初期	12～14	8～10	11～13	8～9	11～12	7～8
肉质根膨大盛期	9～11	6～ 7	9～10	5～6	8～ 9	4～6

第十五节　菜豆需肥特点与施肥技术

一、需肥特点

菜豆是豆科一年生缠绕性草本植物。菜豆对土壤条件的要求比其他豆类高，适宜土层深厚肥沃、排水良好和透气性良好的土壤。菜豆的生育周期主要分为发芽期、幼苗期、抽蔓期、开花结荚期。

菜豆生育期中吸收氮钾较多，每生产 1 000kg 菜豆需要氮（N）3.37kg、磷（P_2O_5）2.26kg、钾（K_2O）5.93kg。菜豆根瘤菌不甚发达，固氮能力较差，合理施氮有利增产和改进品质，但氮过多会引起落花和延迟成熟。对磷肥的需求虽不多，但缺磷使植株和根瘤菌生育不良，开花结荚减少，荚内子粒少，产量低，因此，应适当补充磷肥。钾能明显影响菜豆的生长和产量，土壤中钾肥不足，影响产量。微量元素硼和钼对菜豆的生长发育和根瘤菌的活动有良好的作用，缺乏这些元素就会影响植株的生长发育，适量施用钼酸铵可以提高菜豆的产量和品质。矮生菜豆生育期短，发育早，从开花盛期起就进入旺盛生长期，嫩荚开始生长时，茎叶中的无机养分转向嫩荚，荚果成熟期，磷的吸收量逐渐增加而吸氮量逐渐减少。蔓性种生长发育比较缓慢，大量吸收养分的时间开始也迟，从嫩荚伸长起才旺盛吸收，但其吸收量大，生育后期仍需吸收较多的氮肥，荚果伸长期，茎叶中无机养分向荚果的转移量比矮生菜豆少。所以，矮生菜豆宜早期追肥，促发育早，开花结果多，蔓性菜豆更应后期追肥，防止早衰，延长结果期，增加产量。菜豆喜硝态氮，铵态氮多时影响生育，植株中上部叶子会褪绿，且叶面稍有凹凸，根发黑，根瘤少而小，甚至看不到根瘤。

二、施肥技术

菜豆全生育期每亩施肥量为商品有机肥 350～400kg，氮肥（N）8～10kg、磷肥（P_2O_5）5～6kg、钾肥（K_2O）9～11kg，有机肥做基肥，氮、钾肥分基肥和追肥，磷肥全部作基肥。化肥和有机肥混合施用（表 3-29、表 3-30）。

1. 基肥

基肥每亩施用商品有机肥 350～400kg，尿素 3～4kg、磷酸二铵 11～13kg、硫酸钾 6～8kg。

2. 追肥

苗期追肥：播种后 20～25 天，在菜豆开始花芽分化时，如果没有施足基肥，菜豆表现出缺肥症状，应及时进行追肥，但苗期施过多氮肥，会使菜豆徒长，因此，是否追肥应根据植株长势而定。

抽蔓期追肥：抽蔓期仍以营养生长为主，追肥可促进茎叶生长，为开花结荚奠定基础。一般可亩施尿素 6～9kg、硫酸钾 4～6kg，

开花结荚期追肥：开花结荚期是肥水管理的关键时期，对氮、磷、钾等养分的吸收量随植株生长速度加快而增加，呈需肥高峰，适时追肥，可促进果荚迅速生长。开花结荚期需肥量大，一般可亩施尿素 5～7kg、硫酸钾 4～6kg。

3. 根外追肥

结荚盛期，可用 0.3%～0.4%的磷酸二氢钾叶面喷施 3～4 次，每隔 7～10 天 1 次。设施栽培可补充二氧化碳气肥。

表 3-29　菜豆推荐施肥量　（单位：kg/亩）

肥力等级	推荐施肥量		
	纯　氮	五氧化二磷	氧化钾
低肥力	10～12	6～7	10～12
中肥力	8～10	5～6	9～11
高肥力	6～8	4～5	8～10

表 3-30　菜豆测土配方施肥推荐卡　（单位：kg/亩）

基肥推荐方案				
肥力水平		低肥力	中肥力	高肥力
有机肥	商品有机肥	400～450	350～400	300～350
	或农家肥	3 000～3 500	2 500～3 000	2 000～2 500
氮肥	尿素	3～4	3～4	2～3
	或硫铵	7～9	7～9	5～7
	或碳铵	8～11	8～11	5～8
磷肥	磷酸二铵	13～15	11～13	9～11
钾肥	硫酸钾	7～9	6～8	5～7
	或氯化钾	6～8	5～7	4～6

追肥推荐方案						
施肥时期	低肥力		中肥力		高肥力	
	尿素	硫酸钾	尿素	硫酸钾	尿素	硫酸钾
抽蔓期	8～9	5～6	6～9	4～6	5～8	4～6
开花结荚期	6～7	5～6	5～7	4～6	4～8	4～6

第十六节　西瓜需肥特点与施肥技术

一、需肥特点

西瓜是葫芦科西瓜属一年生蔓性草本植物。西瓜一生按生长发育特点不同可划分为发芽期、幼苗期、抽蔓期、结瓜期 4 个时期。西瓜对土壤适应性较广，适宜在土层深厚、排水良好、肥沃的砂壤土和壤土上栽培。但砂土地一般比较瘠薄，肥料分解和养分消耗流失比较快，植株生长后期容易发生脱肥现象，易于早衰，因此，合理施肥是砂土地西瓜优质高产的重要措施。

一般认为，每 1 000kg 商品瓜需氮（N）5.08kg、磷（P_2O_5）1.56kg、钾（K_2O）6.4kg。氮能促进植株正常生长发育，叶片葱绿，瓜蔓健壮；磷能促进碳水化合物的运输，有利于果实糖分的积累，改善果实的风味，同时，对根系生长、种子发育和果实成熟有促进作用；钾能促进茎蔓生长健壮和提高茎蔓的韧性，增强抗寒、抗病及防风的能力。西瓜整个生育期对氮、磷、钾三要素的吸收中，以钾最多，氮次之，磷最少。西瓜不同生育阶段对氮、磷、钾的吸收量和吸收比例不同。发芽期吸收量极少，仅占全生育期吸收量的 0.01%，幼苗期吸收量也较少，仅占全生育期的 0.54%，伸蔓期吸收量增加，约占全生育期的 14.67%，以上 3 个时期以营养生长为主，吸收氮肥所占比例都较大。结果期吸肥量最多，约占整个生育期的 84.78%，其中，吸收钾的量最多，特别是在果实膨大期，吸收量最多，与改善西瓜品质密切相关，由此可见西瓜后期营养的重要。

二、施肥技术

西瓜全生育期每亩施肥量为商品有机肥 400～450kg，氮肥（N）20～23kg、磷肥（P_2O_5）7～9kg、钾肥（K_2O）8～11kg，可根据不同品种、产量和土壤肥力调整施肥量。有机肥做基肥，氮肥、钾肥分基肥和追肥，磷肥全部作基肥，化肥和有机肥混合施用（表 3-31、表 3-32）。

1. 基肥

基肥每亩施用商品有机肥 400～450kg，尿素 6kg、磷酸二铵 15～20kg、硫酸钾 5～7kg。

2. 追肥

伸蔓期追肥：进入伸蔓期，肥水需求量逐渐增加，此时追肥应以促进蔓叶生长、扩大叶面积为目标，但要防止发生徒长。一般可亩施尿素 10～11kg、硫酸钾 3～5kg。

果实膨大初期追肥：果实开始迅速膨大，植株需肥量逐渐达到全生育期最高峰。此时应重施膨瓜肥，以促进果实膨大和果实内糖分的积累，并防止早衰。一般可亩施尿素 13～15kg、硫酸钾 4～6kg。

果实膨大中期追肥：亩施尿素 10～11kg、硫酸钾 3～5kg。

3. 根外追肥

在西瓜果实膨大初期和中期，可叶面喷施 0.3%～0.5%的磷酸二氢钾加 0.1%的硼砂和 0.5%硫酸亚铁等微量元素水溶液，即可防早衰，增加抗病能力，又能提高西瓜品质。设施栽培条件下，在西瓜旺盛生长时可增施二氧化碳气肥。

表 3-31　西瓜推荐施肥量　（单位：kg/亩）

肥力等级	推荐施肥量		
	纯　氮	五氧化二磷	氧化钾
低肥力	22～24	8～10	10～12
中肥力	20～23	7～9	8～11
高肥力	18～21	6～8	7～9

表 3-32　西瓜测土配方施肥推荐卡　（单位：kg/亩）

基肥推荐方案				
肥力水平		低肥力	中肥力	高肥力
有机肥	商品有机肥	450～500	400～450	350～400
	或农家肥	3 500～4 000	3 000～3 500	2 500～3 000
氮肥	尿素	6～7	6	5～6
	或硫铵	14～16	14～14	12～14
	或碳铵	16～19	16～16	14～16
磷肥	磷酸二铵	17～22	15～20	13～17
钾肥	硫酸钾	6～7	5～7	4～6

追肥推荐方案						
施肥时期	低肥力		中肥力		高肥力	
	尿素	硫酸钾	尿素	硫酸钾	尿素	硫酸钾
伸蔓期	10～11	4～5	10～11	3～5	9～10	3～4
果实膨大初期	14～15	6～7	13～15	4～6	12～14	4～6
果实膨大中期	10～11	4～5	10～11	3～5	9～10	3～4

第十七节　甜瓜需肥特点与施肥技术

一、需肥特点

甜瓜又名香瓜，是葫芦科甜瓜属蔓性植物。甜瓜一生按生长发育特点不同可划分为发芽期、幼苗期、抽蔓期、结瓜期 4 个时期。甜瓜对土壤条件要求不高，在砂土、砂壤土、黏土上均可种植，以疏松、土层厚、土质肥沃、通气良好的砂壤土为最好，但砂壤土保水、保肥能力差，有机质含量少，肥力差，植株生育后期容易早衰，影响果实的品质和产量，所以砂质土壤种植甜瓜，在生长发育中后期要加强肥水管理，增施有机肥，改善土壤的保水、保肥能力。

甜瓜需肥量大，形成1 000kg产品需吸收氮（N）2.5～3.5kg、磷（P_2O_5）1.3～1.7kg、钾（K_2O）4.4～6.8kg、钙（CaO）5.0kg、镁（MgO）1.1kg、硅（Si）1.5kg。营养元素在甜瓜的产量形成、品质提高中起着重要的作用，供氮充足时，叶色浓绿，生长旺盛，氮不足时则叶片发黄，植株瘦小。但生长前期若氮素过多，易导致植株疯长，结果后期植株吸收氮素过多，会延迟果实成熟，且果实含糖量低。磷能促进蔗糖和淀粉的合成，提高甜瓜果实的含糖量，缺磷会使植株叶片老化，植株早衰。钾有利于植株进行光合作用及原生质的生命活动，促进糖的合成，施钾能促进光合产物的合成和运输，提高产量，并能减轻枯萎病的危害。钙和硼不仅影响果实糖分含量，而且影响果实外观，钙不足时，果实表面网纹粗糙，泛白，缺硼时果肉易出现褐色斑点。甜瓜对养分吸收以幼苗期吸肥最少，开花后氮、磷、钾吸收量逐渐增加，氮、钾吸收高峰约在坐果后16～17天，坐果后26～27天就急剧下降，磷、钙吸收高峰在坐果后26～27天，并延续至果实成熟。开花到果实膨大末期的1个月左右时间内，是甜瓜吸收养分最多的时期，也是肥料的最大效率期。在甜瓜栽培中，铵态氮肥比硝态氮肥肥效差，且铵态氮会影响含糖量，因此，应尽量选用硝态氮肥。甜瓜为忌氯作物，不宜施用氯化铵、氯化钾等肥料。

二、施肥技术

甜瓜全生育周期亩施肥量为商品有机肥400～450kg，氮肥（N）18～21kg、磷肥（P_2O_5）6～8kg、钾肥（K_2O）8～10kg。有机肥做基肥，氮、钾肥分基肥和追施，磷肥全部基施，化肥和有机肥混合施用（表3-33、表3-34）。

1. 基肥

基肥以有机肥为主，配合适量化肥。一般每亩施用商品有机肥400～450kg，尿素5～6kg、磷酸二铵13～17kg、硫酸钾5～6kg。

2. 追肥

伸蔓期追肥：甜瓜抽蔓至开花坐果期，这一时期瓜秧生长快，吸收养分速度也快，需有充足的养分，使植株形成很大的营养面积，为丰产打下基础。一般可亩施尿素 9～10kg、硫酸钾 3～4kg。

果实膨大初期追肥：开花坐果后果实开始膨大，果实膨大期是甜瓜一生吸收养分量最多时期，也是肥料的最大效率期，要及时追肥浇水，促进果实迅速膨大。一般可亩施尿素 12～14kg、硫酸钾 4～6kg。

果实膨大中期追肥：一般可亩施尿素 9～10kg、硫酸钾 3～4kg。

3. 根外追肥

甜瓜坐果后可每隔 7 天左右喷一次 0.3%磷酸二氢钾溶液、0.5%尿素，连喷 2～3 次。土壤微量元素供应不足可以叶面喷施微量元素水溶肥料。冬春季大棚栽培早熟甜瓜，可人工补充二氧化碳气肥。

表 3-33　甜瓜推荐施肥量　（单位：kg/亩）

肥力等级	推荐施肥量		
	纯　氮	五氧化二磷	氧化钾
低肥力	21～22	7～9	9～12
中肥力	18～21	6～8	8～10
高肥力	17～20	6～7	7～9

表 3-34　甜瓜测土配方施肥推荐卡　（单位：kg/亩）

基肥推荐方案

肥力水平		低肥力	中肥力	高肥力
有机肥	商品有机肥	450～500	400～450	350～400
	或农家肥	3 500 ～4 000	3 000～3 500	2 500～3 000
氮肥	尿素	6	5～6	5～6
	或硫铵	14	12～14	12～14
	或碳铵	16	14～16	14～16
磷肥	磷酸二铵	15～20	13～17	11～15
钾肥	硫酸钾	5～7	5～6	4～5

追肥推荐方案

施肥时期	低肥力		中肥力		高肥力	
	尿素	硫酸钾	尿素	硫酸钾	尿素	硫酸钾
伸蔓期	10	4～5	9～10	3～4	8～10	3～4
果实膨大初期	13～14	5～6	12～14	4～6	12～13	4～5
果实膨大中期	10	4～5	9～10	3～4	8～10	3～4

第十八节　草莓需肥特点与施肥技术

一、需肥特点

草莓属于多年生宿根性草本植物。草莓对土壤条件的选择并不十分严格，在各种类型的土壤上均能生长，但要达到高产优质应选择栽培在疏松、肥沃、透气性好的土壤上。

草莓生长需要氮、磷、钾及硼、镁、锌、铁、钙等多种中、微量元素。一般认为，每生产1 000kg草莓需要吸收氮（N）3.1～6.2kg、磷（P_2O_5）1.4～2.1kg、钾（K_2O）4～8.3kg。草莓对肥料的吸收量，随生长发育进程而逐渐增加，尤其在果实膨大期、采收始期和采收旺期吸肥能力特别强。草莓一生中对钾和氮的吸收特别强，在采收旺期对钾的吸收量，要超过对氮的吸收量。对磷的吸收，整个生长过程均较弱，磷的作用是促进根系发育，从而提高草莓产量。磷过量，会降低草莓的光泽度。在提高草莓品质方面，追施钾肥和氮肥比追施磷肥效果好。草莓一旦某种元素缺乏，植株就会表现出相应的缺素症状，应及时采取补救措施。一般开始缺氮时特别是生长盛期，叶子逐渐由绿色向淡绿色转变，随着缺氮的加重叶片变成黄色，局部枯焦而且比正常叶略小。幼叶随着缺氮程度的加剧，叶片反而更绿。老叶的叶柄和花萼呈微红色，叶色较淡或呈现锯齿状亮红色。缺磷植株生长弱、发育缓慢、叶色带青铜暗绿色，缺磷加重时，上部叶片外观呈现紫红的斑点，较老叶片也有这种特征。缺磷植株上的花和果比正常植株小。含钙较多或酸度高的土壤以及疏松的砂土或有机质多的土壤易发生缺磷现象。缺钾的症状常发生于新成熟的上部叶片，叶片边缘常出现黑色、褐色和干枯继而为灼伤，还在大多数叶片的叶脉之间向中心发展，老叶片受害严重，缺钾草莓的果实颜色浅、味道差。出现缺素症状时应及时进行营养调控。

二、施肥技术

草莓全生育期亩施肥量为商品有机肥450～500kg，氮肥（N）14～16kg、磷肥（P_2O_5）6～8kg、钾肥（K_2O）8～10kg。有机肥做基肥，氮、钾分基肥和追施，磷肥全部基施，化肥和有机肥混合施用（表3-35、表3-36）。

1. 基肥

基肥以有机肥为主，配合适量化肥。一般每亩施用商品有机肥450～500kg，尿素5～6kg、磷酸二铵13～17kg、硫酸钾5～6kg。

2. 追肥

开花期追肥：一般亩施尿素 9～10kg、硫酸钾 4～6kg。以满足植株加速生长和开花结果对肥料的需求。

浆果膨大期追肥：一般亩施尿素 11～13kg、硫酸钾 7～8kg，以促进果实生长，提高草莓的产量和品质。

3. 根外追肥

花期前后叶面喷施 0.3%尿素、0.3%磷酸二氢钾、0.3%硼砂 3～4 次，可提高坐果率，并可改善果实品质，增加单果重量。初花期和盛花期喷施 0.2%硫酸钙加 0.05%硫酸锰（体积 1∶1），可提高产量及果实储藏性能。

表 3-35　草莓推荐施肥量　（单位：kg/亩）

肥力等级	推荐施肥量		
	纯　氮	五氧化二磷	氧化钾
低肥力	15～17	7～9	9～11
中肥力	14～16	6～8	8～10
高肥力	13～15	6～7	7～ 9

表 3-36　草莓测土配方施肥推荐卡　（单位：kg/亩）

基肥推荐方案

肥力水平		低肥力	中肥力	高肥力
有机肥	商品有机肥	450～500	400～450	350～400
	或农家肥	3 500～4 000	3 000～3 500	2 500～3 000
氮肥	尿素	5～6	5～6	5
	或硫铵	12～14	12～14	12
	或碳铵	14～16	14～16	14
磷肥	磷酸二铵	15～20	13～17	13～15
钾肥	硫酸钾	5～7	5～6	4～5
	或氯化钾	4～6	4～5	3～4

追肥推荐方案

施肥时期	低肥力		中肥力		高肥力	
	尿素	硫酸钾	尿素	硫酸钾	尿素	硫酸钾
开花期	9～10	5～6	9～10	4～6	8～ 9	4～5
浆果膨大期	12～13	8～9	11～13	7～8	10～12	6～8

第四章

蔬菜缺素症及其防治方法

农作物正常生长发育需要吸收16种必要的营养元素，碳、氢、氧、氮、磷、钾、钙、镁、硫、铁、硼、锰、铜、锌、钼、氯。其中碳、氢、氧从空气中吸收，其他营养元素都从土壤中吸收，这16种营养元素有同等重要的作用。如果缺乏任何一种营养元素，作物生理代谢就会发生障碍，不能正常生长发育，使根、茎、叶、花或果实在外形上表现出一定的症状，将会引起农作物减产，通常称为农作物的缺素症。作物缺素症是作物体内营养不良的外部表现，作物的反应是进行田间判断的依据。因此，通过对作物进行形态诊断，了解作物的营养状况是科学施肥的重要依据。生产上如能及时施用含所缺元素的肥料，一般症状即可减轻或消失，产量损失也可大大减轻。缺素症的诊断步骤是：

第一步：看作物发生变化的部位。一般来说，作物缺乏大量营养元素时，往往从下部的老叶先表现出缺素症，而缺乏微量营养元素时，则症状最早出现在作物上部新生叶片上，症状出现的部位是识别缺素症的主要依据。

作物在缺乏大量营养元素氮磷钾时，由于它们在作物体内流动性大，可从植株下部的老叶向新叶中转移，以保证新叶的正常生长，因而缺素症状首先从植株下部的老叶上表现出来，这种养分能从衰老器官向新生器官转移的现象称为养分的再利用。然而，微量元素则不同，微量元素在植物体内不易移动。在作物缺乏微量营养元素时，由于它们不能从老叶向新叶转移，因而缺素症大多发生在新叶上。这是作物缺乏大量营养元素与缺乏微量营养元素在形态上有重要区别的原因。确定了缺乏大量营养元素或微量营养元素以后，就需要进一步诊断具体缺乏什么营养元素。

应该指出：天旱无雨时，植株的叶片也会发黄，干枯，但它不仅仅是下部叶片发黄，而且是植株的所有叶片都会有变化，只是下部叶片更严重一些，出现这种情况不要误诊为缺氮，遭受病虫害时也会在叶子上留下一些斑点，但不会是从下部叶片开始，这些要与营养缺乏症区别开。最重要的是，观察要仔细，严格区分生理性病害和病原性病害。

第二步：看作物变化后的特征。包括叶片大小、叶色以及是否出现畸形等，例如，小麦缺氮的叶片普遍出现黄化，叶片变小，叶肉薄，植株矮小；小麦缺磷时幼苗的叶片常出现紫红色，尤其是叶片的背面紫红色明显；玉米缺钾叶片边缘呈枯黄色。如果缺乏某种微量元素，不同作物也会有不同的表现，例如，玉米缺锌，幼苗呈现白苗。经常熟悉作物缺素症图谱对确定作物的缺素症是有帮助的。

当诊断出作物所缺元素以后，就应该加以补充。正确的做法就是对症施肥，缺氮时应及时追施氮肥，缺磷时应及时喷施磷肥，缺锌时及时喷施锌肥，这样做缺素症就可以逐渐消失，大大减轻产量损失，所以说，形态诊断是科学施肥的重要依据之一。

第一节　黄瓜缺素症及防治方法

一、缺氮

症状：黄瓜缺氮时，叶片小，上位叶更小；叶片从下向上顺序变黄，叶脉间黄化，叶脉突出，后扩展至全叶；植株瘦弱，坐果少，果实生长发育不良，果实表现为“尖嘴瓜”且颜色变淡；缺氮严重时，整个植株黄化，不能坐果。

防治方法：基施有机物，增加有机肥用量，增加氮肥的用量。植株出现缺氮时，可每亩追施 10kg 尿素等速效氮肥；也可叶面喷施 0.2%～0.5%的尿素溶液 2～3 次。

二、缺磷

症状：缺磷多发生于多年连作的酸性土壤中，叶片小，硬化，叶色浓绿，叶背面略带紫色；植株茎秆纤细、木质化、生长缓慢；须根不发达，坐果期及收获期推迟；果实生长缓慢，成熟晚；后期老叶上出现油浸状斑，坏死或脱落。

防治方法：土壤缺磷时，除施用磷肥外，要培肥土壤，施用充足的有机质肥料；在生长过程中缺磷时，可叶面喷施 0.2%～0.3%的磷酸二氢钾溶液，每隔两周喷施 1 次，连续喷施 2～3 次。

三、缺钾

症状：黄瓜缺钾多发生在黄瓜生长早期，叶片小，叶片青铜色而叶缘出现轻微的黄化，在次序上先是叶缘，然后是叶脉间黄化，顺序非常明显；在生育的中、后期，中部叶片出现和上述相同的症状，叶片稍有硬化，叶缘枯死，随着叶片不断生长，叶向外侧卷曲，严重时叶缘呈烧焦状干枯；瓜膨大伸长受阻，出现畸形果多，容易形成尖嘴瓜或大肚瓜。

防治方法：基施充足的钾肥和有机肥料；在生长期钾肥不足时，可每亩追施硫酸钾 15～20kg；也可叶面喷施 0.2％～0.3％的磷酸二氢钾溶液 2～3 次。

四、缺钙

症状：黄瓜缺钙一般发生于盐分高或长期使用含钙较低的复合肥的田块。因为钙不容易被转移，幼嫩部位容易受害，造成顶端龙头、卷须等黄化、腐烂，距生长点附近的叶片小，叶缘枯死，叶形呈蘑菇状或降落伞状，叶脉间黄化，叶片变小。

防治方法：增施有机肥，增加土壤有机质含量。平衡施肥，避免一次施用大量的钾肥和氮肥。如果土壤钙不足，可施用含钙肥料，如硅钙肥；在生长过程中植株缺钙时，可叶面喷施浓度为 0.3％氯化钙水溶液 2～3 次。

五、缺镁

症状：黄瓜缺镁主要发生于上部叶片及新叶。病部叶片叶脉间产生褐色小斑点，下位叶叶脉间逐渐黄化，严重时出现叶枯，除叶缘残存绿色外，叶片黄白色，叶缘上卷，叶片枯死。

防治方法：土壤缺镁，要施用含镁肥料，避免一次施用过量的阻碍对镁吸收的钾、氮等肥料。在生长过程中植株缺镁时，可用 1％～2％硫酸镁水溶液，进行叶面喷施，每隔 10 天喷 1 次，连续喷施 2 次。

六、缺锌

症状：黄瓜缺锌时从中部叶片开始褪色，叶面上出现黄色小斑点，叶缘从黄化到变成褐色，叶缘枯死，叶片向外侧稍微卷曲；果实短粗，果皮形成粗绿细白相间的条纹，绿色较浅；缺锌严重时，生长点附近的节间缩短，植株叶片硬化。

防治方法：可以施用硫酸锌，每亩1.5～2kg；严重缺锌时，可用0.1%～0.3%硫酸锌水溶液进行叶面喷施，每隔10天喷1次，连续喷施2～3次。

七、缺铁

症状：黄瓜缺铁时，新叶的叶脉间先黄化，逐渐全叶黄化，但叶脉间不出现坏死症状。开花结果后，果实生长慢，表皮浅灰绿色，质地硬，不可食。

防治方法：尽量少用碱性肥料，防止土壤呈碱性，并注意土壤水分管理，防止土壤过干、过湿。缺铁的土壤，每亩可基施2～3kg硫酸亚铁；在严重缺铁时，用0.1%～0.5%硫酸亚铁水溶液进行叶面喷施2～3次。

八、缺硼

症状：黄瓜缺硼主要发生于幼嫩部位，生长点附近的节间明显缩短，上位叶外卷，叶缘呈褐色，叶脉萎缩而使叶片皱缩；果实表皮出现木质化，根系不发达。

防治方法：增施有机肥，提高土壤肥力，要适时浇水，防止土壤干燥，并增施磷肥，可促进对硼的吸收。预先增施硼肥，定植前每亩施用硼砂0.5～1kg，在严重缺硼时可用0.1%～0.2%的硼砂或硼酸水溶液，进行叶面喷施，连续喷施2～3次。

九、缺钼

症状：植株中钼的含量与土壤pH有关，通常在砂质土，酸性土及连作严重的土壤中发生较重。黄瓜缺钼的早期症状与缺氮相似，叶脉间轻微变黄，后期叶面凹凸不平，浓淡相间，且有枯死斑出现，叶缘卷曲或叶片枯萎，新叶扭曲。

防治方法：叶面喷施0.02%～0.05%的钼酸铵水溶液2～3次或在灌溉水中施用钼酸钠，也可以在土壤中施用生石灰，以改善土壤pH值。

十、缺硫

症状：黄瓜缺硫时，叶片黄化，黄化叶与缺氮症状相似，但发生症状的部位不同，上位叶黄化为缺硫，下位叶黄化为缺氮；上位叶黄化症状与缺铁症状相似，但缺铁时叶脉有明显的绿色，叶脉间逐渐黄化，缺硫时，叶脉失绿，叶片出现卷缩，叶缘枯死，植株矮小等症状。

防治方法：叶面喷施 0.2%的硫酸亚铁溶液，每 7～10 天一次，连续喷施 2～3 次。

第二节 番茄缺素症及防治方法

一、缺氮

症状：番茄缺氮时，植株生长缓慢，呈纺锤形，初期老叶呈黄绿色，后期全株呈浅绿色，叶片狭小而薄，花序外露，俗称“露花”；叶脉由黄绿色变为深紫色；茎秆变硬，呈深紫色，富含纤维；花芽黄色，易脱落，果实变小，富含木质。

防治方法：及时施用尿素等速效氮肥每亩 10kg 左右，或者用 0.3%～0.5%尿素溶液叶面喷施 2～3 次。

二、缺磷

症状：番茄缺磷时，早期叶背呈紫红色，叶肉组织开始呈斑点状，随后则扩展到整个叶片上，叶脉逐渐变为紫红色，叶簇最后也呈紫红色，茎细长且富含纤维，叶片很小，结果延迟。由于缺磷时影响氮素吸收，植株后期呈现卷叶。

防治方法：可将过磷酸钙与有机肥按 1∶1 的比例混匀后在根部附近开沟追施，也可用 0.2%～0.3%磷酸二氢钾溶液或 0.5%过磷酸钙浸出液叶面喷施 2～3 次。

三、缺钾

症状：番茄缺钾时，老叶的小叶呈灼烧状，叶缘卷曲，叶脉失绿，有的品种在失绿区出现边缘为褐色的小枯斑，以后老叶脱落，茎木质化，不再增粗；根系发育不良，较细弱，常变成褐色；果实发育明显受阻，果形不正，成熟不一，能着色，但不均匀；植株易感灰霉病。

防治方法：增施钾肥和有机肥，一般每亩可用硫酸钾或氯化钾 10～15kg，在植株两侧开沟追施；也可用 0.2%～0.3%磷酸二氢钾溶液叶面喷施 2～3 次。

四、缺钙

症状：番茄缺钙时，幼叶顶端发黄，植株瘦弱、萎蔫，顶芽死亡，顶芽周围出现坏死组织，根系不发达，根短，分枝多，褐色。果实易发生脐腐病、心腐病及空洞果。

防治方法：在番茄生长期发现植株缺钙时，可用0.3%～0.5%氯化钙或硝酸钙溶液叶面喷施2～3次。

五、缺镁

症状：番茄缺镁时，老叶叶脉组织失绿，并向叶缘发展；轻度缺镁时茎叶生长正常，严重时扩展到小叶脉，仅主茎仍为绿色，最后全株变黄。

防治方法：增施含镁肥料，如硫酸镁、氯化镁、硝酸镁、氧化镁、钾镁肥等，这些肥料均易溶于水，易被吸收利用；在番茄生长期发现植株缺镁时，可用1%～2%硫酸镁或1%硝酸镁溶液叶面喷施2～3次。

六、缺锌

症状：番茄缺锌时，植株顶部叶片细小，小叶叶脉间轻微失绿，植株矮化；老叶比正常小，不失绿，但有不规则的皱缩褐色斑点，尤以叶柄较明显，叶柄向后弯曲呈一圆圈状，受害叶片迅速坏死，几天内即可完全枯萎脱落。

防治方法：在番茄苗期、花期和采收初期或发现植株缺锌时，均可用0.1%硫酸锌溶液叶面喷施2～3次。

七、缺铁

症状：番茄缺铁时，顶端叶片失绿，从顶叶向下部老叶发展，并有轻度组织坏死。

防治方法：在番茄生长期发现植株缺铁时，可用0.5%～1%硫酸亚铁溶液叶面喷施2～3次。

八、缺硼

症状：番茄缺硼时，最显著的症状是小叶失绿呈黄色或橘红色，生长点变黑。严重缺硼时，生长点凋萎死亡，幼叶的小叶叶脉间失绿，有小斑纹，叶片细小，向内卷曲。茎及叶柄脆弱，易使叶片脱落。根生长不良，褐色。果实畸形，果皮有褐色侵蚀斑。

防治方法：在番茄苗期、花期、采收期发现植株缺硼时，可用0.05%～0.2%硼砂或硼酸溶液叶面喷施2～3次。

九、缺锰

症状：番茄缺锰时，叶片主脉间叶肉变黄，呈黄斑状，叶脉仍保持绿色，新生小叶呈坏死状，由于叶绿素合成受阻，严重影响植株的生长发育，缺锰严重时，不能开花、结实。

防治方法：在番茄生长期发现植株缺锰时，可用1%硫酸锰溶液叶面喷施2～3次。

十、缺硫

症状：番茄缺硫时，叶脉间黄化，叶柄和茎变红，节间缩短，叶片变小。植株呈浅绿色或黄绿色。

防治方法：增施硫酸铵、过磷酸钙等含硫肥料；在番茄生长期发现植株缺硫时，可用0.1%硫酸钾溶液叶面喷施2～3次。

十一、缺钼

症状：番茄缺钼时，老叶先褪绿，叶缘和叶脉间的叶肉呈黄色斑状，叶边向上卷，叶尖萎焦，渐向内移，轻者影响开花结实，重者死亡。

防治方法：在番茄生长期或发现植株缺钼时，可用0.01%～0.1%钼酸铵溶液叶面喷施2～3次。

第三节　茄子缺素症及防治方法

一、缺氮

症状：茄子缺氮时，叶色变淡，老叶黄化，重时干枯脱落，花蕾停止发育并变黄，心叶变小。

防治方法：施足基肥，尤其要多施有机肥和氮肥；茄子生长期避免田间积水；发现缺氮时，及时追施尿素、碳铵等速效氮肥，或者用0.3%～0.5%尿素溶液叶面喷施2～3次。

二、缺磷

症状：茄子缺磷时，茎秆细长，纤维发达，花芽分化和结果期延长，叶片变小，颜色变深，叶脉发红。

防治方法：施用过磷酸钙或磷酸二铵作基肥；生长期发现缺磷时，用0.2%磷酸二氢钾溶液或0.5%过磷酸钙浸出液叶面喷施2～3次。

三、缺钾

症状：茄子缺钾时，初期心叶变小，生长慢，叶色变淡；后期叶脉间失绿，出现黄白色斑块，叶尖叶缘渐干枯。

防治方法：增施钾肥和有机肥，一般每亩可用硫酸钾或氯化钾10～15kg，在植株两侧开沟追施；也可用0.2%～0.3%磷酸二氢钾溶液叶面喷施2～3次。

四、缺钙

症状：茄子缺钙时，植株生长缓慢，生长点畸形，幼叶叶缘失绿，叶片的网状叶脉变褐，呈铁锈状叶。

防治方法：及时补施钙肥，可用0.2%氯化钙溶液叶面喷施，每隔5～7天喷1次，连续喷施2～3次。

五、缺镁

症状：茄子缺镁时，叶脉附近，特别是主叶脉附近变黄，叶片失绿，果实变小，发育不良。

防治方法：增施含镁肥料和有机肥；在茄子生长期发现植株缺镁时，用1%硫酸镁或硝酸镁溶液叶面喷施2～3次。

六、缺锌

症状：茄子缺锌时，叶小呈丛生状，新叶上发生黄斑，逐渐向叶缘发展，致全叶黄化。

防治方法：在茄子生长期发现植株缺锌时，可用0.1%硫酸锌溶液叶面喷施2～3次。

七、缺铁

症状：茄子缺铁时，幼叶和新叶呈黄白色，叶脉残留绿色。在土壤呈酸性、多肥、多湿的条件下常会发生缺铁症。

防治方法：在茄子生长期发现植株缺铁时，用0.5%～1%硫酸亚铁溶液叶面喷施2～3次。

八、缺硼

症状：茄子缺硼时，自顶叶黄化、凋萎，顶端茎及叶柄折断，内部变黑，茎上有木栓状龟裂。

防治方法：在茄子生长期发现缺硼时，及时用0.05%～0.2%硼砂或硼酸溶液叶面喷施2～3次。

九、缺锰

症状：茄子缺锰时，新叶脉间呈黄绿色，不久变褐色，叶脉仍为绿色。

防治方法：在茄子生长期发现植株缺锰，可用1%硫酸锰溶液叶面喷施2～3次。

十、缺钼

症状：茄子缺钼时，从果实膨大时开始，叶脉间发生黄斑，叶缘向内侧卷曲。

防治方法：在茄子生长期发现植株缺钼时，可用0.01%～0.1%钼酸铵溶液叶面喷施2～3次。

第四节　甜椒缺素症及防治方法

一、缺氮

症状：分枝直立性差，植株开张度加大，叶片黄化并变小。

防治方法：在植株出现缺氮症状时，追施硝酸铵、尿素等氮肥，在低温季节追施硝酸铵比追施尿素和碳酸氢铵肥效发挥得更快，同时，叶面喷施300～500倍液的尿素溶液2～3次。

二、缺磷

症状：苗期缺磷时，植株矮小，叶色深绿，由下而上落叶，叶尖变黑枯死，生长停滞，早期缺磷一般很少表现症状。成株期缺磷时，植株矮小，叶背多呈紫红色，茎细，直立，分枝少，延迟结果和成熟。

防治方法：在植株发生缺磷时，除在根部追施速效磷肥外，还可以叶面喷施500倍的磷酸二氢钾水溶液，或者过磷酸钙200倍浸提液，连续喷施2～3次。

三、缺钾

症状：缺钾多在开花以后，果实膨大时开始在成熟叶上出现症状。发病初期，下部叶尖开始发黄，然后沿叶缘在叶脉间形成黄色斑点，叶缘渐渐干枯，并向内扩展至全叶呈灼伤状或坏死状，果实变小。叶片症状是从老叶向新叶，从叶尖向叶柄发展的，最后下部叶片脱落。

防治方法：在植株发生缺钾症状时，及时追施硫酸钾或氯化钾每亩10kg，也可叶面喷施500倍液的磷酸二氢钾2～3次来补充钾肥。

四、缺钙

症状：叶尖以及叶缘部分黄化，部分叶片的中脉突起；结果期缺钙时，果实会发生脐腐病或者“僵果”。

防治方法：在植株发生缺钙症状时，可叶面喷施300倍的过磷酸钙溶液或含钙水溶性肥料，连续喷施2～3次。

五、缺镁

症状：生长初期多不发生症状，直到果实膨大时症状方才出现，靠近果实叶片的叶脉间开始发黄，后期除叶脉残留绿色外，叶脉间均变为黄色，严重时黄化部分变褐、叶片脱落，植株矮小，果实稀疏，发育不良。一般酸性土壤容易发生缺镁。

防治方法：在植株发生缺镁症状时，追施钙镁磷肥，同时叶面喷施1%～2%的硫酸镁水溶液补充镁肥，每周1次，连续喷施2～3次。

六、缺锌

症状：幼叶变小，叶小丛生，形成簇叶，出现小叶病。新叶上发生黄斑，逐渐向叶缘发展，至全叶黄化。

防治方法：在植株发生缺锌症状时，用0.1%～0.2%硫酸锌溶液叶面喷施2～3次，每7～10天喷施1次。

七、缺铁

症状：先从顶端新叶上表现症状，幼叶呈黄白色，叶脉残留绿色，以后整叶完全失绿。

防治方法：在植株发生缺铁症状时，用0.02%～0.1%硫酸亚铁溶液叶面喷施2～3次，每次间隔7～10天。

八、缺硼

症状：根系不发达，生长点死亡，花发育不全，果实畸形。果面有分散的暗色或干枯斑，果肉出现褐色下陷和木栓化。

防治方法：在植株发生缺硼症状时，叶面喷施400～800倍的硼砂或者硼酸溶液2～3次以补充硼肥，每7～10天喷施1次。

九、缺锰

症状：先从新叶开始出现症状，逐渐向较大叶片扩张，新叶的叶脉间变黄绿色，叶脉仍为绿色，变黄部分不久变为褐色。

防治方法：在植株发生缺锰症状时，用0.05%～0.1%的硫酸锰溶液进行叶面喷施2～3次，每次间隔7～10天。

十、缺钼

症状：多发生在开花以后，果实膨大时开始出现症状。首先出现在老叶上，新叶出现症状较迟。缺钼时叶片叶脉间失绿、变黄，易出现斑点，叶缘向上卷曲呈杯状，叶肉脱落残缺或发育不全。缺钼症状很像缺氮症状，但缺钼出现斑点。

防治方法：在植株发生缺钼症状时，可叶面喷施0.01%～0.1%的钼酸铵溶液2～3次，每次间隔7～10天。

第五节　大白菜缺素症及防治方法

一、缺氮

症状：大白菜早期缺氮，植株矮小，叶片小而薄，叶色发黄，茎部细长，生长缓慢；中后期缺氮，叶球不充实，包心期延迟，叶片纤维增加，品质降低。

防治方法：增施氮肥，多施有机肥或农家肥；缺氮时，及时追施尿素、碳铵等速效氮肥，叶面喷施0.1%的尿素溶液2～3次。

二、缺磷

症状：大白菜缺磷时，生长不旺盛，植株矮化；叶小，呈暗绿色，茎细，根部发育细弱。

防治方法：基肥施用过磷酸钙或磷酸二铵。缺磷时，及时开沟追施速溶磷肥，或用0.2%磷酸二氢钾溶液或0.5%过磷酸钙浸出液叶面喷施2～3次。

三、缺钾

症状：大白菜缺钾初期下部叶缘出现黄白色斑点，迅速扩大成枯斑，叶缘呈干枯卷缩状，结球期发生结球困难或疏松。

防治方法：缺钾时，基施或追施硫酸钾或氯化钾每亩10～15kg，或用0.2%～0.3%磷酸二氢钾溶液叶面喷施2～3次。

四、缺钙

症状：大白菜缺钙时，叶缘腐烂，内叶边缘水浸状，进而褐变坏死，干燥时呈豆腐皮状，俗称“干烧心”。

防治方法：增施过磷酸钙、硝酸钙、氯化钙等含钙肥料。缺钙时，可用2%的氯化钙溶液叶面喷施，5～7天喷1次，连续喷施2～3次。

五、缺镁

症状：大白菜缺镁时，外叶的叶脉由淡绿色变成黄色。

防治方法：缺镁时，可用0.1%～0.2%硫酸镁或0.1%硝酸镁溶液叶面喷施，每隔5天喷1次，连喷2～3次；也可每亩基施或追施3～5kg的硫酸镁或硝酸镁。

六、缺锌

症状：大白菜缺锌时，叶呈丛生状，到收获期不包心。

防治方法：缺锌时，可用0.1%硫酸锌溶液叶面喷施，每周喷1次，连喷2～3次；或每亩基施或追施2～3kg硫酸锌。

七、缺铁

症状：大白菜缺铁时，心叶先出现症状，脉间失绿呈淡绿色至黄白色，严重缺铁时，叶脉也会黄化。

防治方法：缺铁时，可用0.5%～1%硫酸亚铁溶液叶面喷施，每

5～7天喷施一次，连喷3～4次；或每亩基施或追施2kg的硫酸亚铁。

八、缺硼

症状：大白菜缺硼时，叶僵硬，表面凹凸不平，畸形，心叶的叶柄内侧出现裂痕，变褐，影响包心。

防治方法：缺硼时，及时用0.05%～0.2%硼砂或硼酸溶液叶面喷施，每周喷施1次，连喷2次；或每亩基施或追施0.5～2kg的硼砂。

九、缺锰

症状：大白菜缺锰时，新叶的叶脉间淡绿色乃至白色。

防治方法：缺锰时，可用1%硫酸锰溶液叶面喷施，每5～7天喷1次，连喷2～3次；或每亩基施或追施1～2kg的硫酸锰。

十、缺铜

症状：大白菜缺铜时，新叶的叶尖边缘变成淡绿至黄色，生长不良。

防治方法：缺铜时，用0.01%～0.1%硫酸铜溶液叶面喷施，每周喷1次，连喷2～3次；或每亩基施或追施1kg硫酸铜。

第六节　结球甘蓝缺素症及防治方法

一、缺氮

症状：结球甘蓝缺氮时，生长缓慢，外叶呈淡红色，无光泽，叶型狭小挺直，生长发育不良，结球不紧或难以包心。

防治方法：缺氮时，可用0.3%～0.5%尿素溶液叶面喷施2～3次；或及时追施尿素、碳铵等速效氮肥，在植株两侧开沟追施。

二、缺磷

症状：结球甘蓝缺磷时，生长不良，叶片僵小挺立，叶间和叶缘呈紫红色，常不能结球。

防治方法：缺磷时，可用0.2%～0.3%磷酸二氢钾溶液或0.2%～0.3%过磷酸钙浸出液叶面喷施2～3次；或及时追施磷酸二铵等速溶磷肥，在植株两侧开沟追施。

三、缺钾

症状：结球甘蓝缺钾时，叶球内叶减少，包心不紧，球小而松，严重时不能包心，叶片边缘发黄或发生黄白色斑，植株生长明显变差。

防治方法：缺钾时，可用 0.2%～0.3%磷酸二氢钾溶液叶面喷施2～3次；或每亩基施或追施硫酸钾或氯化钾 10～15kg。

四、缺钙

症状：结球甘蓝缺钙时，内叶边缘连同新叶一起褐变干枯，严重时，结球初期未结球的叶片叶缘皱缩褐腐。

防治方法：缺钙时，可用 2%氯化钙溶液叶面喷施，每隔 5～7 天喷 1 次，连喷 2～3 次；或基施、追施过磷酸钙等钙肥。

五、缺镁

症状：结球甘蓝缺镁时，外叶片叶脉间呈淡绿色和红紫色。

防治方法：缺镁时，可叶面喷施 0.1%～0.2%的硫酸镁溶液，每隔 5～7 天喷 1 次，连喷 3～5 次；或每亩基施或追施 3～5kg 硫酸镁。

六、缺锌

症状：结球甘蓝缺锌时，生长变差，叶柄及叶片呈紫红色。

防治方法：缺锌时，可用 0.1%硫酸锌溶液叶面喷施 2～3 次；或每亩基施或追施 2～3kg 硫酸锌。

七、缺铁

症状：结球甘蓝缺铁时，幼叶脉间失绿呈淡黄色至黄白色，细小的网状叶脉仍保持绿色；严重时，叶脉也会黄化。

防治方法：缺铁时，可用 0.2%～0.3%的硫酸亚铁溶液叶面喷施2～3次；或每亩基施或追施 2kg 硫酸亚铁。

八、缺硼

症状：结球甘蓝缺硼时，中心叶畸形，外叶向外卷，叶脉间变黄，茎叶发硬，叶柄外侧发生横向裂纹。

防治方法：缺硼时，及时用 0.05%～0.1%硼砂或硼酸溶液叶面喷施 2～3 次；或每亩基施或追施 1～2kg 硼砂。

九、缺锰

症状：结球甘蓝缺锰时，新叶片变为淡绿色乃至黄色，与缺铁症状相似。

防治方法：缺锰时，可用0.5%～1%硫酸锰溶液叶面喷施2～3次；或每亩基施或追施3kg硫酸锰。

第七节　芹菜缺素症及防治方法

一、缺氮

症状：芹菜缺氮时，植株生长势差，全株黄化，叶片呈淡绿，老叶变黄，干枯或脱落，新叶变小。

防治方法：增施有机肥或农家肥做基肥，生长中避免积水；植株缺氮时及时补充碳铵、尿素等速效氮肥，一次施肥量不宜过大，一般在芹菜生长期间追施氮肥2～3次，每次可每亩追施尿素5～10kg。

二、缺磷

症状：芹菜缺磷时，植株生长缓慢，叶片变小但不失绿，甚至叶色变深，叶脉发红，叶柄变细，纤维发达，下部叶片后期出现红色斑点或紫色斑点，甚至出现坏死斑点。

防治方法：每亩施过磷酸钙50～100kg做基肥；在芹菜生长期间缺磷时，叶面喷施0.3%～0.5%的磷酸二氢钾，每周喷1次，连喷2～3次。

三、缺钾

症状：芹菜缺钾时，叶片呈淡灰绿色，叶缘变黄、干枯。初期心叶变小，生长慢，叶色变淡，后期叶脉间失绿，出现黄白色斑块，叶尖叶缘渐干枯，老叶出现白色或黄色斑点，斑点后期坏死，叶柄细而硬。

防治方法：基肥多施有机肥，防止田间积水，及时中耕提高地温；芹菜在生长期缺钾时，立即追施速效钾肥，如硫酸钾等；在植株发生缺钾症状时，可叶面喷施0.3%～0.5%的磷酸二氢钾溶液，每周1次，连喷2～3次。

四、缺硼

症状：芹菜缺硼时，叶柄异常肥大、短缩，并向内侧弯曲，弯曲部分的内侧组织变褐色，叶柄表皮有龟裂横裂纹，叶柄扭曲以致劈裂，先由幼叶边缘向内逐渐褐变，新叶枯萎并陆续生长新芽，以后又逐渐枯萎，最后心叶坏死。

防治方法：增施有机肥，氮、磷、钾均衡施肥，避免因施氮肥过多抑制芹菜对硼的吸收。结合整地，每亩施硼砂 1kg，以补充土壤中的硼元素；在芹菜生长期间缺硼时，可用 0.1%～0.3%的硼砂水溶液进行叶面喷施，每隔 5～7 天 1 次，连喷 2～3 次。

五、缺钙

症状：芹菜植株缺钙时会出现以下 3 种病症：①心腐病：外叶深绿，心叶内部逐渐变成干黄，最后变褐形成心腐；②黑心病：心叶及叶柄的维管束组织变褐，病部腐烂；③烧心：心叶、叶脉间变褐，以后叶片外缘变为黑褐色，生长点干枯，一般在 11～12 片叶时发病。

防治方法：芹菜在生长期间缺钙时，可用 0.3%～0.5%的硝酸钙或 0.1%的氯化钙溶液或 1%的过磷酸钙溶液进行叶面喷施，每隔 5～7 天喷 1 次，连喷 2～3 次。

六、缺镁

症状：芹菜缺镁时，叶脉黄化，且从植株下部向上发展。

防治方法：增施有机肥和含镁的矿物质肥料，注意各种肥料的合理施用比例；芹菜在生长期间缺镁时，可追施钙镁磷肥或用 0.5%的硫酸镁溶液进行叶面喷施，每周喷施 1 次，连喷 2～3 次。

七、缺铜

症状：芹菜缺铜时，叶片尖端凋萎，叶片弯曲呈杯状，幼叶表现萎蔫，植株生长弱，叶色改变，叶尖变白。

防治方法：增施有机肥可预防缺铜症的发生。芹菜在生长期间缺铜时，可叶面喷施 0.05%的硫酸铜溶液，每周 1 次，连喷 2～3 次。

八、缺锰

症状：芹菜缺锰时，幼叶叶肉坏死，叶脉仍保持绿色，后期落叶。

防治方法：每亩基施硫酸锰 1～4kg；芹菜在生长期间缺硼时，可叶面喷施 0.2%的硫酸锰溶液，每周 1 次，连喷 2～3 次。

第八节 结球生菜缺素症及防治方法

一、缺氮

症状：结球生菜缺氮时，抑制叶片的分化，使叶片数减少，影响产量。

防治方法：增施氮肥，多施有机肥或农家肥。缺氮时，及时开沟追施尿素、碳铵等速效氮肥，或叶面喷施 0.1%的尿素溶液，连喷 2～3 次。

二、缺磷

症状：结球生菜缺磷时，叶色暗绿，叶数少，植株变小，降低产量。

防治方法：基肥增施过磷酸钙或磷酸二铵等磷肥。缺磷时，及时追施速效性磷肥，或用 0.2%磷酸二氢钾溶液或 0.5%过磷酸钙浸出液叶面喷施，连喷 2～3 次。

三、缺钾

症状：结球生菜缺钾时，影响叶球的形成和品质。

防治方法：缺钾时，每亩基施或追施硫酸钾或氯化钾 10～15kg，或用 0.2%～0.3%磷酸二氢钾溶液叶面喷施，连喷 2～3 次。

四、缺硼

症状：结球生菜缺硼时，新叶叶脉、叶缘生长缓慢，叶面起皱反卷，叶色浓淡不匀，像花叶病毒病症状，严重时叶尖、叶缘枯焦，顶芽生长受抑制或枯死。

防治方法：缺硼时，及时用 0.05%～0.2%硼砂或硼酸溶液叶面喷施，每周喷施 1 次，连喷 2～3 次，或每亩基施或追施用 3kg 的硼砂。

五、缺镁

症状：结球生菜缺镁时，叶片失绿，影响叶片的光合作用。

防治方法：缺镁时，可用0.1～0.2%硫酸镁或0.1%硝酸镁溶液叶面喷施，每隔5～7天喷1次，连喷2～3次；或每亩基施或追施3～5kg的硫酸镁或硝酸镁。

六、缺铜

症状：结球生菜缺铜时，嫩叶出现坏死，严重时造成叶片早落。

防治方法：缺铜时，用0.01%～0.1%硫酸铜溶液叶面喷施，每周喷1次，连喷2～3次；或每亩基施或追施1kg硫酸铜。

七、缺锰

症状：结球生菜缺锰时，叶脉缺绿，影响植物光合作用。

防治方法：缺锰时，可用1%硫酸锰溶液叶面喷施，每5～7天喷1次，连喷2～3次；或每亩基施或追施1～2kg的硫酸锰。

第九节　菜薹缺素症及防治方法

一、缺氮

症状：菜薹缺氮时，苗期生长受阻，叶小，老叶黄红，新叶淡绿，根系细长。

防治方法：基肥增施有机肥或农家肥；植株缺氮时及时补充碳铵、尿素等速效氮肥，注意一次施肥量不宜过大，生长期间追施氮肥2～3次，每次可追施尿素每亩5～10kg。

二、缺磷

症状：菜薹缺磷时，苗期基部叶片呈紫红色或暗紫色，上部叶片暗绿。

防治方法：土壤缺磷时，每亩施过磷酸钙50～80kg做基肥；生长期间缺磷时，叶面喷施0.3%～0.5%的磷酸二氢钾溶液2～3次。

三、缺钾

症状：菜薹缺钾时，老叶尖端和边缘失绿、发黄焦枯，叶缘卷曲或皱缩，植株矮小。

防治方法：基肥增施有机肥，增加土壤地力；生长期缺钾时，立即追施速效钾肥如氯化钾等，也可叶面喷施0.3%～0.5%的磷酸二氢钾溶液2～3次。

第十节　胡萝卜缺素症及防治方法

一、缺氮

症状：胡萝卜缺氮时，叶色淡绿，从老叶开始变黄，生长缓慢肉质根短细瘦弱，不膨大。

防治方法：基肥增施有机肥和氮肥，发现胡萝卜缺氮时，每亩可追施8～10kg的尿素等速效氮肥。

二、缺磷

症状：胡萝卜缺磷时，植株矮小，叶片小，呈现暗绿色，下部叶片变紫色或红褐色，侧根生长不良，肉质根不膨大。

防治方法：基肥增施有机肥和过磷酸钙、磷酸二铵等磷肥，发现胡萝卜缺磷时，应及时追施磷肥，也可用0.1～0.15kg的磷酸二氢钾对水50kg叶面喷施，连喷2～3次。

三、缺钾

症状：胡萝卜缺钾时，从老叶尖端和叶边变黄变褐，沿叶脉呈现组织坏死斑点，肉质根膨大时出现症状。

防治方法：发现胡萝卜缺钾时，可每亩追施氯化钾或硫酸钾5～8kg，也可叶面喷施1%的氯化钾溶液或2%～3%的硝酸钾溶液2～3次。

四、缺硼

症状：胡萝卜缺硼时，新叶呈淡绿色，叶顶向外卷，畸形，而后心叶枯死，根茎表面粗糙，不光滑。

防治方法：胡萝卜缺硼时，每亩可用0.05～0.1kg的硼砂用水融化后对水50kg叶面喷施，连喷2～3次，每7～10天喷1次。

五、缺钙

症状：胡萝卜缺钙时，新叶发育受阻，叶卷曲，变褐干枯。

防治方法：胡萝卜缺钙时，可用0.3%～0.5%的硝酸钙或0.1%的氯化钙溶液进行叶面喷施，每隔一周喷1次，连喷2～3次。

六、缺镁

症状：胡萝卜缺镁时，整个叶片色淡绿，叶片主脉间明显失绿，有多种色彩斑点，但不易出现组织坏死症。

防治方法：胡萝卜缺镁时，可叶面喷施0.1%的硫酸镁溶液，隔7～10天喷1次，连喷2～3次。

七、缺铜

症状：胡萝卜缺铜时，植株衰弱，叶柄软弱，柄细叶小，从老叶开始黄化枯死。

防治方法：胡萝卜缺铜时，可叶面喷施0.02%～0.04%硫酸铜溶液，连喷2～3次。

八、缺锰

症状：胡萝卜缺锰时，植株叶片失绿变为淡绿色，从老叶的叶缘开始黄化，甚至部分黄叶黄化枯死。一般在施用石灰的土壤中易发生缺锰现象。

防治方法：胡萝卜缺锰时，可叶面喷施0.05%～0.1%的硫酸锰溶液2～3次，每周喷1次。

九、缺铁

症状：胡萝卜缺铁时，易产生失绿症，顶芽和新叶黄白化，最初叶片间部分失绿，仅在叶脉残留网状绿色，最后全部变黄，但不产生坏死的褐斑。

防治方法：胡萝卜缺铁时，可叶面喷施0.2%～0.5%硫酸亚铁溶液，连喷2～3次，每隔7～10天喷1次。

十、缺锌

症状：胡萝卜缺锌时，生长差，新叶的叶缘和叶柄呈紫红色。

防治方法：胡萝卜缺锌时，可每亩追施硫酸锌1kg；也可连续喷0.1%～0.2%的硫酸锌溶液2～3次。喷施时在肥液中加入0.2%的熟石灰水，效果更好。

十一、缺钼

症状：胡萝卜缺钼时，症状从下部叶片出现，顺序扩展到嫩叶，老叶的叶脉较快黄化，新叶慢慢黄化，黄化部分逐渐扩大，叶缘向内翻卷成杯状，叶片瘦长，螺旋状扭曲。

防治方法：胡萝卜缺钼时，可叶面喷施0.02%～0.05%钼酸铵溶液2～3次。

第十一节 花椰菜缺素症及防治方法

一、缺氮

症状：花椰菜缺氮时，生长发育衰弱，下部叶片变为淡褐色。

防治方法：花椰菜缺氮时，每亩可追施5～8kg的尿素；也可叶面喷施0.3%的尿素溶液2～3次。

二、缺磷

症状：花椰菜缺磷时，红色花序，叶尖硬化，尖角，并有紫边。

防治方法：花椰菜缺磷时，结合浇水，追施磷酸钙或磷酸二铵等速溶磷肥；也可叶面喷施2%的磷酸钙浸出液2～3次。

三、缺钾

症状：花椰菜缺钾时，下部新叶的叶脉间发生不规则的淡绿色斑点，斑点相连而失绿，并逐渐向上部叶片发展。

防治方法：花椰菜缺钾时，可每亩追氯化钾或硫酸钾5～10kg或草木灰100kg；也可叶面喷施0.3%～0.5%的磷酸二氢钾溶液2～3次。

四、缺硼

症状：花椰菜缺硼时，茎叶僵硬易折，顶叶生长受阻，叶向外卷曲，畸形。下部叶片先开始变黄。

防治方法：花椰菜缺硼时，每亩可施用硼砂1kg，也可叶面喷施0.1%～0.25%的硼砂水溶液每周1次，连喷2～3次。

五、缺钙

症状：花椰菜缺钙时，顶端叶生长发育受阻，畸形，靠近顶端的叶片出现淡褐色斑点，叶脉间变黄，从上部叶片开始枯死。

防治方法：花椰菜缺钙时，可用0.3%的氯化钙溶液进行叶面喷施，每5--7天喷1次，连喷2～3次。

六、缺镁

症状：花椰菜缺镁时，上部叶片叶脉间出现许多白色乃至黄色的小斑点。

防治方法：花椰菜缺镁时，可叶面喷施0.1%的硫酸镁溶液，每周喷1次，连喷2～3次。

七、缺铜

症状：花椰菜缺铜时，叶萎蔫下垂，生长差。

防治方法：花椰菜缺铜时，可叶面喷施0.02%～0.04%硫酸铜溶液，连喷2～3次。

八、缺锰

症状：花椰菜缺锰时，下部叶片叶脉间呈淡绿色，后变为鲜黄色。

防治方法：花椰菜缺锰时，可叶面喷施0.1%的硫酸锰溶液2～3次，每周喷1次。

九、缺铁

症状：花椰菜缺铁时，上部叶片叶脉间变为淡绿色乃至黄色。

防治方法：花椰菜缺铁时，可叶面喷施0.1%～0.3%硫酸亚铁溶液，连喷2～3次，每隔5～7天喷1次。

十、缺锌

症状：花椰菜缺锌时，生长差，叶片和叶柄变为紫红色。

防治方法：花椰菜缺锌时，可叶面喷施0.1%的硫酸锌溶液2～3次，每周喷1次。

第十二节　菠菜缺素症及防治方法

一、缺氮

症状：菠菜缺氮时，下部叶片变黄，整株颜色淡绿，生长不良。

防治方法：基肥要增施氮肥或增施有机肥；发现菠菜缺氮时，可叶面喷施0.2%～0.5%尿素溶液2～3次。

二、缺磷

症状：菠菜缺磷时，下部叶片呈黄红色，生长差。

防治方法：基肥要增施有机肥料，增施磷肥用量；发现菠菜缺磷时，可叶面喷施0.3%～0.5%的磷酸二氢钾溶液2～3次。

三、缺钾

症状：菠菜缺钾时，下部叶片叶缘变黄，随后变褐，最后枯死。

防治方法：基肥要增施钾肥；发现菠菜缺钾时，应立即追施氯化钾等速效钾肥，也可叶面喷施0.3%～0.5%的磷酸二氢钾水溶液2～3次。

四、缺硼

症状：菠菜缺硼时，心叶扭曲畸形，侧根生长差，呈章鱼足状，易枯死。

防治方法：基肥增施有机肥，提高土壤肥力，土壤缺硼，预先施用硼肥；发现菠菜缺硼时，可用0.1%～0.2%的硼砂或硼酸水溶液叶面喷施2～3次。

五、缺钙

症状：菠菜缺钙时，自心叶的叶尖先变黄，向内侧卷曲。

防治方法：基肥增施含钙肥料，避免一次施用大量钾肥和氮肥，并要适时浇水，保证水分充足；发现菠菜缺钙时，可用0.3%的氯化钙水溶液叶面喷施2～3次。

六、缺镁

症状：菠菜缺镁时，下部叶片沿叶脉变白，接着叶缘间也变白，内叶色淡绿。

防治方法：基肥施用含镁肥料，避免一次施用过量的钾肥、氮肥，阻碍对镁的吸收；发现菠菜缺镁时，可叶面喷施1%～2%硫酸镁水溶液2～3次。

七、缺铜

症状：菠菜缺铜时，整株叶色变淡，生长不良。

防治方法：发现菠菜缺铜时，可叶面喷施0.05%硫酸铜溶液，连喷2～3次。

八、缺锰

症状：菠菜缺锰时，叶脉残留绿色，叶脉间发黄。

防治方法：菠菜缺锰时，可叶面喷施0.1%的硫酸锰溶液2～3次，每隔5～7天喷施1次。

九、缺铁

症状：菠菜缺铁时，心叶叶脉残留绿色，叶脉间发黄，最后整叶变黄，根易变黄，分泌核黄素。

防治方法：尽量少用碱性肥料，防止土壤呈碱性，发现菠菜缺铁时，可用0.1%～0.5%的硫酸亚铁水溶液叶面喷施2～3次。

十、缺锌

症状：菠菜缺锌时，叶脉间出现褐黄色斑点，失绿，生长弱。

防治方法：不要过量施用磷肥，阻碍锌的吸收；发现菠菜缺锌时，每亩可追施1～1.5kg的硫酸锌；也可用0.1%～0.2%硫酸锌水溶液叶面喷施2～3次。

十一、缺硫

症状：菠菜缺硫时，嫩叶淡绿色。

防治方法：基肥每亩可施用1kg的硫黄；发现菠菜缺硫时，可叶面喷施0.2%的硫酸亚铁溶液，每周喷1次，连喷2～3次。

第十三节　白萝卜缺素症及防治方法

一、缺氮

症状：白萝卜缺氮时，自老叶逐渐老化，叶片瘦小，基部变黄，生长缓慢，肉质根短细瘦弱，不膨大。

防治方法：基肥要增施氮肥或增施用有机肥；发现缺氮症状时，可每亩追 7.5～10kg 尿素；也可叶面喷施0.2%～0.5%尿素溶液 2～3 次。

二、缺磷

症状：白萝卜缺磷时，植株矮小，叶片小，呈现暗绿色，下部叶片变紫色或红褐色，侧根不良，肉质根不膨大。

防治方法：基肥增施有机肥料，增加磷肥用量；发现缺磷症状时，每亩可用 0.1～0.15kg 磷酸二氢钾对水 50kg 喷施 2～3 次。

三、缺钾

症状：白萝卜缺钾时，老叶尖端和叶边变黄变褐，沿叶脉呈现组织坏死斑点，肉质根膨大时出现症状。

防治方法：基肥增施钾肥；发现缺钾症状时，可每亩追氯化钾或硫酸钾 5～8kg；也可叶面喷施 1%的氯化钾溶液或 2%～3%的硝酸钾溶液 2～3 次。

四、缺硼

症状：白萝卜缺硼时，茎尖死亡，叶和叶柄脆弱易断，肉质根变色坏死，折断可见其中心变黑。

防治方法：基肥施用硼肥，发现缺硼症状时，可每亩用 0.05～0.1kg 硼砂，用水融化后对 50kg 水叶面喷施，连喷 2～ 3 次，每 7～10 天喷施 1 次。

五、缺钼

症状：白萝卜缺钼时，症状从下部叶片出现，顺序扩展到嫩叶，老叶的叶脉较快黄化，新叶慢慢黄化，黄化部分逐渐扩大，叶缘向内翻卷成杯状，叶片瘦长，螺旋状扭曲。

防治方法：发现缺钼时，及时叶面喷施 0.02%～0.05%钼酸铵溶液 2～3 次。

六、缺镁

症状：白萝卜缺镁时，叶片主脉间明显失绿，有多种色彩斑点，但不易出现组织坏死症状。

防治方法：发现缺镁时，及时喷施 0.1%的硫酸镁溶液 2～3 次。

七、缺铜

症状：白萝卜缺铜时，植株衰弱，叶柄软弱，柄细叶小，从老叶开始黄化枯死，叶色呈现水渍状。

防治方法：发现缺铜时，及时叶面喷施 0.02%～0.04%硫酸铜溶液 2～3 次。

八、缺锰

症状：白萝卜缺锰时，产生失绿症状，叶脉变成淡绿色，部分黄化枯死，一般在施用石灰的土质中易发生缺锰现象。

防治方法：发现缺锰时，及时叶面喷施 0.05%～0.1%的硫酸锰溶液 2～3 次，每周喷施 1 次。

九、缺铁

症状：白萝卜缺铁时，易产生失绿症，顶芽和新叶黄、白化，最初叶片间部分失绿，仅在叶脉残留网状绿色，最后全部变黄，但不产生坏死的褐斑。

防治方法：发现缺铁时，叶面喷施 0.2%～0.5%硫酸亚铁溶液，连喷 2～3 次，每隔 7～10 天喷 1 次。

第十四节　菜豆缺素症及防治方法

一、缺氮

症状：菜豆缺氮时，植株生长差，叶色淡绿，叶小，下部叶片先老化变黄甚至脱落，后逐渐上移，遍及全株，坐荚少，荚果生长发育不良。

防治方法：基肥要增施氮肥或增施有机肥；发现菜豆缺氮时，可叶面喷施0.2%～0.5%尿素溶液2～3次。

二、缺磷

症状：菜豆缺磷时，苗期叶色浓绿、发硬、矮化；结荚期下部叶黄化，上部叶叶片小，稍微向上挺。

防治方法：增施磷肥，施用充足的有机肥料；发现菜豆缺磷时，可叶面喷施0.3%～0.5%的过磷酸钙浸出液2～3次。

三、缺钾

症状：菜豆缺钾时，叶缘出现轻微的黄色，在顺序上先是叶缘，然后是叶脉间黄化，顺序明显，叶缘枯死，随着叶片不断生长，叶向外侧卷曲，叶片稍有硬化，荚果稍短。

防治方法：基肥增施钾肥，发现菜豆缺钾症状时，应立即追施氯化钾等速效钾肥，也可叶面喷施0.3%～0.5%的磷酸二氢钾水溶液2～3次。

四、缺硼

症状：菜豆缺硼时，植株生长点萎缩变褐干枯，新形成的叶芽和叶柄色浅、发硬、易折，上位叶向外侧卷曲，叶缘部分变褐色，当仔细观察上位叶叶脉时，有萎缩现象，荚果表皮出现木质化。

防治方法：基肥增施有机肥，提高土壤肥力，土壤缺硼，要基施硼肥，要适时浇水，防止土壤干燥；发现菜豆缺硼时，可用0.15%～0.2%的硼砂或硼酸水溶液叶面喷施2～3次。

五、缺钙

症状：菜豆缺钙时，植株矮小，未老先衰，茎端营养生长缓慢，侧根尖部死亡，呈瘤状突起，顶叶的叶脉间淡绿或黄色，幼叶卷曲，叶缘变黄失绿后从叶尖和叶缘向内死亡，植株顶芽坏死，但老叶仍绿。

防治方法：基肥增施含钙肥料，避免一次用大量钾肥和氮肥，发现菜豆缺钙时，可用0.3%的氯化钙水溶液叶面喷施2～3次，每周喷施1次。

六、缺镁

症状：菜豆缺镁时，在生长发育过程中，下位叶叶脉间的绿色渐渐地变黄，进一步发展，除了叶脉、叶缘残留点绿色外，叶脉间均黄白化。

防治方法：缺镁土壤，基肥施用含镁肥料，避免一次施用过量的钾、氮肥，阻碍对镁的吸收；发现缺镁时，可叶面喷施1％～2％硫酸镁水溶液2～3次。

七、缺铁

症状：菜豆缺铁时，幼叶叶脉间褪绿，呈黄白色，严重时全叶变黄白色干枯，但不表现坏死斑，也不出现死亡。

防治方法：尽量少用碱性肥料，防止土壤呈碱性，发现菜豆缺铁时，用0.1％～0.5％硫酸亚铁水溶液叶面喷施2～3次。

八、缺锌

症状：菜豆缺锌时，从中位叶开始褪色，与健康叶比较，叶脉清晰可见，随着叶脉间逐渐褪色，叶缘从黄化到变成褐色，节间变短，茎顶簇生小叶，株形丛状，叶片向外侧稍微卷曲，不开花结荚。

防治方法：在保证磷肥充足的情况下，不要过量施用磷肥，阻碍锌的吸收；发现缺锌时，每亩可追施1～1.5kg的硫酸锌；也可用0.1％～0.2％硫酸锌水溶液叶面喷施2～3次。

九、缺钼

症状：菜豆缺钼时，植株生长势差，幼叶褪绿，叶缘和叶脉间的叶肉呈黄色斑状，叶缘向内部卷曲，叶尖萎缩，常造成植株开花不结荚。

防治方法：改良土壤，防止土壤酸化阻碍钼的吸收。发现菜豆缺钼时，可叶面喷施0.05％～0.1％的钼酸铵水溶液，分别在苗期与开花期各喷施1～2次。

第十五节　西瓜缺素症及防治方法

一、缺氮

症状：西瓜对氮素反应敏感，缺氮时，植株生长缓慢，茎叶细弱，下部叶片绿色褪淡，茎蔓新梢节间缩短，幼瓜生长缓慢，果实小，产量低。

防治方法：西瓜缺氮时，可每亩追施尿素10～15kg（一般苗期缺氮，每株20g左右，伸蔓期缺氮，每亩10～15kg，结瓜期缺氮，每亩15kg左右）。或用0.3%～0.5%尿素溶液（苗期取下限，坐果前后取上限）叶面喷施2～3次。

二、缺磷

症状：西瓜缺磷时，根系发育差，植株细小，叶片背面呈紫色，花芽分化受到影响，开花迟，成熟晚，而且容易落花和化瓜，果肉中往往出现黄色纤维和硬块，甜度下降，种子不饱满。

防治方法：西瓜缺磷时，可每亩开沟追施15～30kg过磷酸钙；也可叶面喷施0.4%～0.5%的过磷酸钙浸出液2～3次。

三、缺钾

症状：西瓜缺钾时，植株抗逆性降低，西瓜的产量和品质都明显下降。具体表现为：植株生长缓慢，茎蔓细弱，叶面皱曲，老叶边缘变褐枯死，并渐渐地向内扩展，严重时还会向心叶发展，使之变为淡绿色，甚至叶缘也出现焦枯状，坐果率很低，已坐的瓜，个头也小，含糖量不高。

防治方法：西瓜缺钾时，可每亩用硫酸钾5～10kg（苗期缺钾，每亩3～5kg；伸蔓后每亩8～10kg）或草木灰30～60kg开沟埋施，也可叶面喷施0.4%～0.5%的硫酸钾或磷酸二氢钾溶液2～3次。

四、缺钙

症状：西瓜缺钙时，叶缘黄化干枯，叶片向外侧卷曲，呈降落伞状，植株顶部一部分变褐坏死，茎蔓停止生长。

防治方法：西瓜缺钙时，增施石膏粉或含钙肥料如过磷酸钙等，也可叶面喷施0.2%～0.4%的氯化钙溶液2～3次。

五、缺镁

症状：西瓜缺镁时，叶片主脉附近的叶脉间首先黄化，然后逐渐地向上扩大，使整叶变黄。

防治方法：可每亩施用5kg左右的硼镁肥作基肥；发现西瓜缺镁时，应及时叶面喷施0.1%硫酸镁溶液2～3次。

六、缺锌

症状：西瓜缺锌时，茎蔓纤细，节间短，叶片发育不良，向叶背翻卷，叶尖和叶缘逐渐焦枯。

防治方法：在基肥中，亩施硫酸锌 1～2kg 可防止发生缺锌症，发现西瓜缺锌时，应及时叶面喷施 0.1％～0.2％硫酸锌水溶液 2～3 次。

七、缺铁

症状：西瓜缺铁时，叶片叶脉间黄化，叶脉仍为绿色。

防治方法：不要大量施入碱性肥料，阻碍铁的吸收，发现西瓜缺铁时，可叶面喷施 0.1％～0.5％的硫酸亚铁水溶液 2～3 次。

八、缺硼

症状：西瓜缺硼时，新蔓节间变短，蔓梢向上直立，新叶变小，叶面凹凸不平，有叶色不匀的斑纹，有时会被诊为病毒病，因缺乏对症治疗而造成减产。

防治方法：基肥每亩施用 0.5～1kg 硼砂（与适量氮、磷化肥混匀撒施）；发现西瓜缺硼时，应及时叶面喷施 0.1％～0.2％的硼砂溶液 2～3次。

九、缺锰

症状：西瓜缺锰时，嫩叶脉间黄化，主脉仍为绿色，进而发展到刚成熟的大叶，种子发育不全，易形成变形果。

防治方法：基肥可亩施 1～4kg 硫酸锰；在播种时，可用 0.05％～0.1％硫酸锰溶液浸种 12 小时或每 1kg 种子拌入 4～8g 硫酸锰作种肥；发现西瓜缺锰时，应及时叶面喷施 0.05％～0.1％硫酸锰溶液 2～3 次。

第十六节 甜瓜缺素症及防治方法

一、缺氮

症状：甜瓜缺氮时，表现为叶片由下至上逐渐变黄，初发病时叶脉间变黄，叶脉凸出可见，最后叶片变黄。

防治方法：可在甜瓜授粉两周后，追施氮肥或叶面喷施氮肥，追施氮肥时，每亩追施尿素10～15kg。

二、缺磷

症状：甜瓜缺磷时，幼苗表现为叶色浓绿，叶片小而硬，植株矮小。发病中后期，叶片小，并稍向上挺。发病严重时叶片发生不规则褪绿斑点。

防治方法：在定植前整地和配制营养土时，按植株生长发育需要施入足量磷肥。在苗期发现症状时应采用土壤施肥和叶面喷施等方法补磷。土壤补磷可用磷酸二铵、三元复混肥等，叶面喷施采用0.3%～0.5%磷酸二氢钾等速效肥料，连喷2～3次。

三、缺钾

症状：甜瓜缺钾时，生长早期表现为叶边缘发生轻微黄化现象，并向叶脉发展，在中后期叶缘黄化枯死，并向外侧卷曲，其发病顺序一般先从基部叶片开始，逐渐向上扩散。

防治方法：结合土壤施肥和叶面喷施，土壤施钾可施用硫酸钾每亩5～10kg，叶面喷施可用0.3%～0.5%的磷酸二氢钾溶液等。甜瓜膨瓜期是需钾高峰期，追施钾肥要在膨瓜前的有效期内及时施用。

四、缺钙

症状：甜瓜缺钙时，植株细弱，出现矮化现象，雌花不充实。上部叶片变小，向内或向外侧卷曲，生长点附近的叶片中脉间褪色黄化，在雨后或日照不足后遇晴天急剧高温时，生长点附近的叶片边缘发生卷曲枯死。

防治方法：基施或追施石灰肥料，或用0.3%氯化钙水溶液叶面喷施2～3次，并及时浇水防止土壤干旱。

五、缺镁

症状：甜瓜缺镁时，较老茎叶中原有的镁元素向新叶或生长点运输，症状在老叶上呈现出来。表现为叶片缺绿，主脉附近叶脉先黄化，后逐渐扩大，整个叶片变黄。

防治方法：发现甜瓜缺镁时，每亩用硫酸镁50g，先用少量水溶化，再用50kg清水稀释，叶面喷施2～3次。

六、缺锌

症状：甜瓜缺锌时，中部叶片开始褪绿黄化，之后叶脉间褪色黄化，叶缘也随着黄化并变褐枯死，叶片向外侧发生卷曲，生长点附近的节间缩短，但其附近的新叶不褪色黄化。

防治方法：注意磷肥与锌肥的平衡施用，在定植前每亩施入硫酸锌1kg，发现甜瓜缺锌时，可用0.1%～0.2%硫酸锌叶面喷施2～3次。

七、缺铁

症状：甜瓜缺铁时，因叶绿素不能形成而造成“失绿症”，俗称“黄叶病”或“黄化病”。失绿症会首先出现在幼嫩叶片上，失绿的叶片最初只是在叶脉间的叶肉部分出现失绿黄化症，而叶脉仍然保持绿色，随后，叶片变为黄白色，叶脉也逐渐变黄。严重缺铁时，叶片上出现坏死斑点，叶片逐渐焦枯甚至整株死亡。

防治方法：通常叶面喷施含铁肥料效果较好，能有效预防和快速矫治缺铁性失绿症，发现甜瓜缺铁时，可用0.5%～1%硫酸亚铁溶液叶面喷施2～3次。

八、缺硼

症状：甜瓜缺硼时，表现为上部叶片向外侧卷曲，部分叶缘变褐，叶脉有萎缩现象，生长点附近的节间明显缩短，果实表皮出现木质色，植株出现自封顶现象。

防治方法：避免使用过量石灰性肥料，发现甜瓜缺硼时，可用0.1%～0.25%硼酸水溶液叶面喷施2～3次，并适量浇水。

九、缺锰

症状：甜瓜缺锰时，表现为嫩叶叶脉间发黄，主脉仍为绿色，严重时从叶缘向中脉发展，使主脉变黄，果实发育不全，形成变形果。

防治方法：发现甜瓜缺锰时，基肥可亩施1～4kg硫酸锰，也可用0.05%～0.1%硫酸锰水溶液叶面喷施2～3次。

第十七节 草莓缺素症及防治方法

一、缺氮

症状：草莓缺氮时，叶片逐渐由绿色变为淡绿色或黄色，局部枯焦而且比正常叶片略小，老叶的叶柄和花萼呈微红色，叶色较淡或呈锯齿状亮红色。

防治方法：定植前施足基肥，以满足其生长发育的需要。发现草莓缺氮时，每亩追施尿素或硝酸铵10kg左右，并立即浇水；花期可用0.3%～0.5%尿素溶液叶面喷施1～2次，或用0.3%尿素溶液在头茬果坐果30天后每隔7～10天喷施1次。

二、缺磷

症状：草莓缺磷时，植株生长发育不良，叶、花、果变小，叶片呈青铜色至暗绿色，近叶缘处出现紫褐色斑点。

防治方法：发现草莓缺磷时，及时用1%过磷酸钙浸出液或0.1%～0.2%磷酸二氢钾溶液每隔7～10天喷一次，连喷2～3次。

三、缺钾

症状：草莓缺钾时，小叶中脉周围呈青铜色，叶缘灼伤状或坏死，叶柄变紫色，随后坏死，老叶的叶脉间出现褐色小斑点，果实颜色浅、味道差。

防治方法：定植前增施有机肥料，生长期每亩追施硫酸钾8～10kg；发现草莓缺钾时，及时用0.1%～0.2%磷酸二氢钾溶液每隔7～10天喷1次，连喷2～3次。

四、缺钙

症状：草莓缺钙多发生在开花前现蕾时，新叶顶端部及叶缘变褐呈灼伤状或干枯，叶脉间褪绿变脆，小叶展开后不能正常生长，根系短，不发达，易发生硬果。

防治方法：草莓缺钙时，要适时浇水，保持土壤湿润。土壤增施石膏，一般每亩施用量为35～70kg，视缺钙程度而定。发现草莓缺钙时，及时用0.2%～0.3%氯化钙或用0.3%～0.5%硝酸钙溶液叶面喷施2～3次。

五、缺镁

症状：草莓缺镁时，最初上部叶片边缘黄化和变褐枯焦，进而叶脉间褪绿并出现暗褐色斑点，部分斑点发展为坏死斑。枯焦加重时，茎部叶片呈现淡绿色并肿起，枯焦现象随着叶龄的增长和缺镁程度的加重而加重。

防治方法：注意平衡施肥，防止过量施用氮、钾肥；发现草莓缺镁时，及时用 1%～2%硫酸镁溶液叶面喷施，一般每隔 10 天左右喷 1 次，连喷 2～3 次。

六、缺锌

症状：草莓缺锌时，老叶变窄，特别是基部叶片缺锌越重窄叶部分越伸长。严重缺锌时，新叶黄化，叶脉微红，叶片边缘有明显锯齿形边。

防治方法：基肥增施有机肥，改良土壤。发现草莓缺锌时，及时用 0.05%～0.1%硫酸锌溶液叶面喷施 2～3 次。

七、缺铁

症状：草莓缺铁时，幼叶黄化、失绿，开始叶脉仍为绿色，叶脉间变为黄白色。严重缺铁时，新长出的小叶变白，叶片边缘坏死或小叶黄化。

防治方法：基肥增施有机肥料，及时排水，保持土壤湿润。发现草莓缺铁时，及时用 0.2%～0.5%硫酸亚铁溶液叶面喷施 2～3 次。

八、缺硼

症状：草莓缺硼时，叶片短缩呈环状，畸形，有皱纹，叶缘褐色，老叶叶脉间失绿，叶上卷，匍匐蔓发生很慢，根少，花小，授粉和结实率低，果实畸形或呈瘤状、果小种子多，果品质量差。

防治方法：发现草莓缺硼时，及时用 0.15%硼砂溶液叶面喷施 2～3 次。

九、缺铜

症状：草莓缺铜时，新叶脉间失绿，出现花白斑。

防治方法：整地时，亩施 0.7～1kg 硫酸铜作基肥；生长期发现缺铜时，可用0.1%～0.2%硫酸铜溶液叶面喷施，一般每隔5～7天喷1次，连续喷施2～3次。

十、缺钼

症状：草莓缺钼时，叶片均匀地由绿转淡，随着缺钼程度的加重，叶片上出现焦枯、叶缘卷曲现象。

防治方法：发现草莓缺钼时，及时用0.03%～0.05%钼酸铵溶液叶面喷施2～3次。

第五章

测土配方施肥技术信息化

自2005年开始，农业部在全国范围内组织了声势浩大的测土配方施肥行动，先后投入数十亿资金，技术普及到2 498个项目县（场、单位），推广面积11. 5亿亩，为1. 6亿农户提供技术服务，受到广大农民热烈欢迎，取得了巨大的经济和社会效益。

测土配方施肥工作尽管收到了明显的效果，但目前仍然存在不少问题，真正能够实现在作物全生育过程测土化验、配方施肥的农户所占比例仍然不高，许多地区技术推广仍然停留在试验示范层面。农民施肥不科学的现象还很严重。产生这些问题的主要原因与我国的国情有很大的关系。首先我国农业生产主要组织形式是家庭联产承包责任制，单位生产规模小，种植意向、生产条件、技术水平差异性大，测土代表性和配方的指导性有局限性。其次从事农业生产的劳动力年龄偏大，文化科技素质低，接受能力差，向这些人宣传测土配方施肥困难很大。第三基层技术推广力量薄弱。推广体系不健全，推广人员数量不足。以北京为例，虽然北京属于人才聚集区，但区县一级的专职土肥技术推广人员多的不过6～7个人，少的只有3～4人，而乡镇一级基本没有相关技术人员，无法对农民进行更深入、更详细地指导。

解决这些问题根本途径涉及经济、社会、人口、体制等多方面因素，不可能一蹴而就。土肥技术部门只有立足现有条件，做好两方面工作，才能推动测土配方施肥技术推广继续顺利进行。一是更新完善技术推广手段，使之更适应当前工作环境。二是物化技术开发普及，让农民应用技术更方便。提高农民群众应用技术的主动性与自觉性。要想做好这两方面的工作，提高信息化水平，完善信息服务是关键。从国外的经验来看，农业信息化建设一般经历3个阶段。第一阶段是广播、电话通信阶段。科技信息通过电话和声像广播在农村的普及，传递给农业生产者，起到促进农业科技进步作用。第二阶段是计算机处理数据和农业数据库开发阶段。数据库作为最重要的信息资源，服务于农业生产。第三阶段是网络自动控制技术的开发及应用阶段。计算机网络应用逐步推到农场层面，计算机网络应用在农场管理与生产控制为农业带来了高质量、高效率和高效益。近年来我国在农业信息化建设取得巨大进步，但大都局限于国家和科研层面，直接服务于农户和基层推广单位的信息化建设只相当于发达国家第二阶段水平，有的地区甚至刚达到发达国家第一阶段水平。技术信息发布还要大量依赖平面媒体，推广手段局限于科技赶集、集中培训、展板宣传等形式，受众面虽广，但深度不够且时效性不强，农民无法及时获得针对性的指导。与其他部门信息联动也不够，利用现代化信息手段推动工作开展机制还未形成，因此加快信息化建设是当前推动测土配方施肥重要任务。

第一节　测土配方施肥信息化的意义

一、测土配方施肥信息化建设是发展都市农业的客观要求

近年来都市型现代农业的快速发展，新型作物，新型肥料和新的栽培模式不断出现，技术需求档次大幅提高，对农业产业集成度，技术更新速度、生态友好标准要求越来越高，尤其是食用农产品安全已成为一个重要的民生问题，受到全社会关注。肥料包括有机肥和化肥作为农业生产主要投入品，起着源头控制的作用，它的安全性以及对环境影响的重要性不言而喻。因此，实现测土配方施肥信息化管理，提高工作效率，对耕地质量监测、面源污染防控预警，作物养分运筹，科学指导农民科学施肥具有十分重要意义。

二、测土配方施肥信息化建设是土肥部门基础设施建设重要组成部分

现代社会对信息技术依赖程度越来越高，互联网技术已广泛地应用于社会各个方面。与传统的方式相比，互联网具备受众面广，时间限制少，信息传播速度快的优点。农户应用网络，能轻松获得技术服务与技术咨询，实现点对点的服务，大幅提高技术推广效率。因此现代农业基础设施不但包括农田保护设施、农村路网水利、交通物流等硬件设施，还包括农业信息服务设施。土肥行业作为长期性、基础型、宏观性的部门更应该积极推动信息技术在推广中的应用，建立信息管理和传输平台，提升信息化水平。可以讲信息化建设是土肥部门的一项重要功能性建设。

三、测土配方施肥信息化建设有利于加强各方面联系，形成新的推广机制

过去以技术人员为主体的推广模式已经不能适应快速发展形势，需要调动各部门力量，整合社会的人才资源，技术资源和市场资源，建立一套适合测土配方施肥技术推广的长效机制，最终使测土配方施肥成为农民自觉自愿接受的先进技术。在测土配方施肥行动开展的几年中，土肥部门探索加强与农资部门的协作，初步建立联动机制，取得良好的效果。但就总体而言，有针对性的配方肥还不多，农民购肥还存在盲目性，市场上假冒伪劣肥料还较多。因此，有必要加强农技部门与农资部门，农技部门与农民之间的信息沟通，加强信息纽带作用，形成联动机制，解决“最后一公里”问题。

四、测土配方施肥信息化建设是未来土肥工作的保证

虽然我国目前农业产业水平还比较低，农村劳动力总体素质较差，旧有的工作模式在一定范围内还需要存在。但随着我国现代化发展，农村合作组织大量出现，产业集中度有所提高，而且随着农村人口老龄化加剧，老一代劳动力将逐步退出劳动力市场，土地通过流转趋于集中，农业产业升级是必然趋势。推广部门要有超前意识，提早规划，更新技术手段和内容，以适应未来新型农技推广工作体制的变化，为建立长效推广机制，满足社会需要提供保证。

第二节 测土配方施肥信息化的含义及其目标任务

信息化的含义有3个方面。一是采用先进的管理理念，应用计算机网络技术去整合现有的资源，通过信息传输，加强与上游和下游（政府和农户）联系，实现信息共享。二是在这个信息传递过程中要完成信息的采集、传输、加工等过程，提高信息使用价值。三是通过为行政部门、推广单位、农户和其他社会部门提供准确而有效的数据信息，使信息更广泛地成为决策的依据和基础，提高决策水平。

信息化目标从低到高分为三级。

1. 低级目标：实现对现有工作的计算机管理

开发出运行稳定的信息管理软件，提高工作效率。着眼于及时、准确获取关键数据，为决策提供参考。基本不涉及业务流程改造和优化的

问题。

2. 中级目标：技术推广精细化管理

强化各业务单位的职能定位，加强信息互动，提高部门协调性和整体效益。通过对上下游的信息反馈来提高服务水平，不仅为市县两级技术人员提供服务而且能细化到为农户单元施肥决策提供技术支持，实现精准施肥。

3. 高级目标：提升信息系统管理职能，创新推广流程

通过信息化平台引入系统论管理理念，优化推广管理制度。实行流程化、网络化管理。信息系统不仅是管理工具，还是工作流程的中枢神经。信息化目标在于流程改造，工作较为复杂，难度比较大。

综上所述，实现测土配方施肥信息化的最终任务是提高测土配方施肥整体工作效率、提高服务水平和引导能力。高质量完成各项工作，实现推广效益最大化。

第三节　测土配方施肥信息化建设方法和步骤

测土配方施肥信息化建设是一项复杂工程，涉及认识水平、平台建设、队伍建设、技术能力、机制形成和资金配备等各方面工作，需要广泛听取各方面意见，明确建设目标，做好系统性规划设计。否则即使上马了信息化项目，运行效果也不理想。

一、解决三个前提性问题

①提高对信息化认识，一部分推广人员认为农民技术水平低，接受能力差，使用传统的推广方法完全够用。还有人认为开发一个网站，建立单位局域网就是实现信息化。以上两种认识都存在片面性，不利于信息化工作推进，需要提高这些推广人员的专业知识，让他们充分了解信息化的含义和信息化对工作的影响，提高运用信息网络的主动性。

②扩充农技人员专业知识，信息化建设涉及硬件设备、软件开发、网络传输、策划推广等非农专业知识，单凭农业部门自身无法顺利完成，需要引入其他智力资源共同参与。但作为信息化建设的开发和应用主体，农业推广人员还要认真学习了解相关技术知识、努力提高操作水平，能够保证信息化日常工作顺利进行。

③组建专业管理团队，长期以来农技推广技术队伍建设都是以农业技术为核心，没有专业从事信息化建设和推广人员，如果决心进行信息

化改造，就要组建专职队伍，解决人员瓶颈问题。团队的人员要具备信息专业和农业专业两方面的知识。

二、信息化建设具体步骤

1．进行详细的需求调研

第一步是进行详细的需求调研：需求调研是整个信息化建设的源头，直接决定了整个信息化成功与否。要在信息化建设之初，各业务单位要进行详细的调研论证、分析需求、明确目标，细心听取专家意见，提高决策的科学性和民主性，以免在目标模糊的情况下匆忙上马，导致工作不能顺利进行。

调研内容主要有：

工作需求调研：主要是政府对测土配方施肥工作要求；本地区土肥工作现有问题；农民的实际需求；现有工作流程的目标效果等，确定信息化建设重点、难点和开发顺序，此项工作也是各项调研工作中最重要的。

硬件设备调研：主要硬件设备投入情况，重点是网络服务器。目前，常用网络服务器有独立服务器、托管服务器和虚拟服务器 3 种方式。这 3 种方式的硬件种类、系统性能、安全性、接入速度、占用资金等指标区别较大，要根据目标选择合适的设备，避免造成后期维护成本增加。

技术资料搜集：搜集整理能够进入电子化的各种资料，包括各种图件、调查表、监测结果、试验数据等技术资料（如第二次土壤普查资料）以及邮编、行政代码、气象水文等辅助资料。

开发单位技术水平：系统平台的开发是信息化建设核心工作，因此要选择技术开发实力强，售后服务周到、人员相对稳定的软件开发企业进行合作，尤其是要对其数据库开发水平、网站建设能力，辅助资料获取能力以及软件版权等细节要进行详细调研。

2．开发信息化平台

第二步是开发信息化平台：开发测土配方施肥信息化平台要根据调研结果，按照全面、快捷、科学、直观、简单原则设计，突出专业形象，得到使用者认同。这是信息化最重要步骤，信息化核心和基础，其他工作基本都是围绕系统开发和运行展开的。

（1）系统开发的三要素

系统平台的建设通常需要确定 3 个方面内容：目的、服务对象和服务内容。测土配方施肥信息系统的三要素一般是如下内容：

目的：通过对测土配方施肥数据的收集整理和深入发掘，采用先进的网络信息传递技术，实现信息快速处理和传递，高一级的建设目的还要达到优化推广流程，提高土肥技术服务质量的目的。

服务对象：为政府决策提供依据、为推广单位提供工具，高级的系统平台还应为农民和农资提供相关技术服务和市场信息。

服务内容：建立测土配方施肥数据档案、动态监测信息分析、施肥指标体系，农民施肥动态，定期施肥预测等。

（2）系统平台开发规划与执行

土肥部门要与软件开发商共同制定技术解决方案。内容包括：编程语言、系统结构、系统功能、组网方案、投资预测、实施方案等内容。系统采用模块化的开发，即将系统可分解为若干独立模块，分阶段进行，最后进行组装。各阶段完成的任务不影响过程管理和数据流管理，每个阶段的系统都可以独立运行。开发前各业务单位、各岗位人员，共同对开发流程进行推演。对流程设计的合理性，是否存在工作重叠、冲突现象进行会商，进行充分的技术调研和交流，形成明确到各个细节实施方案。实施方案中要详细描述实施步骤和双方在实施过程中人员、资料配合、协调等具体工作（图 5-1）。

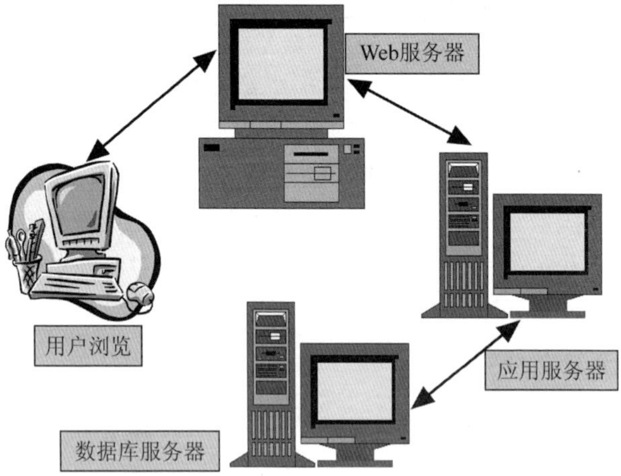

图 5-1 常见系统平台运行流程

（3）关键技术模块开发

①基础数据库。各种数据资源统一在基础数据库保存，由数据服务器进行管理和分配，目前，数据库支持语言有 SQL Server/Oracle/Sybase/MySQL/等，可根据服务器功能选择不同语言开发。

图形数据库：土壤图、土地利用现状图、行政区划图等必要图件。

属性数据库：测土配方施肥属性数据，即农业部技术规范所规定的7张调查表。

知识数据库：土肥领域内理论知识、事实数据等，如肥料品种、作物品种、氮、磷风险预警标准、土壤重金属临界值等技术资料。

模型库：针对需要求解问题，采用数学表达或陈述表达形式的集合。

基础数据库要能满足按标准格式进行输入、存储、检索、更新、显示、综合分析的需要。

②网页应用技术。指 Web 应用技术，包括 Web 浏览器、Web 服务器和 Internet 协议。在 Web 应用的中间层有一个 Web 服务器，它接受客户的请求，并把静态和动态内容组装成 Web 页面，然后递交给客户。

常用的 Web 技术有：

无交互的静态 Web 页：只用于共享信息资源，用户同服务器和浏览器之间均无交互，由 HTML 描述。

有交互的静态 Web 页：不同客户访问网页的结果相同，用户同服务器之间无交互，可以同浏览器之间有交互，用 HTML＋客户端脚本语言描述。

动态 Web 页：不同客户访问网页的结果可以不同，用户同服务器之间交互，实现一定的应用逻辑，用 HTML＋服务器端脚本语言描述。

现有 Web 技术开发可根据使用对象的需求和理解能力选择不同的技术。

③系统网络结构。现在网络应用软件开发通常采取的结构是 B/S 结构或 C/S 结构，这两者有各自优缺点。

B/S 结构：优点是不需要安装第三方软件，只要有 Web 浏览器就可以调用系统资源处理各项任务，缺点是响应时间过长，不易扩展，安全性差。

C/S 结构：优点是处理数据能力较快，安全性好。缺点是需要安装第三方软件，要求使用者有一定操作能力。

现在普遍的做法是采用 B/S 和 C/S 混合架构，结合两者的优势，避免它的不足。系统管理员和技术人员客户端采用 C/S 模式，通过局域网实现数据处理，一般用户客户端采用 B/S 模式，通过 Internet 访问系统。

④服务器技术。服务器根据客户机的请求处理特定的程序，并且把处理后的结果返回到客户机。服务器如何处理程序根据不同的技术和操作系统有所不同。支持动态页面生成的主要技术包括公共网关接口、服务器端脚本技术、Servlet 技术等（图 5-2）。

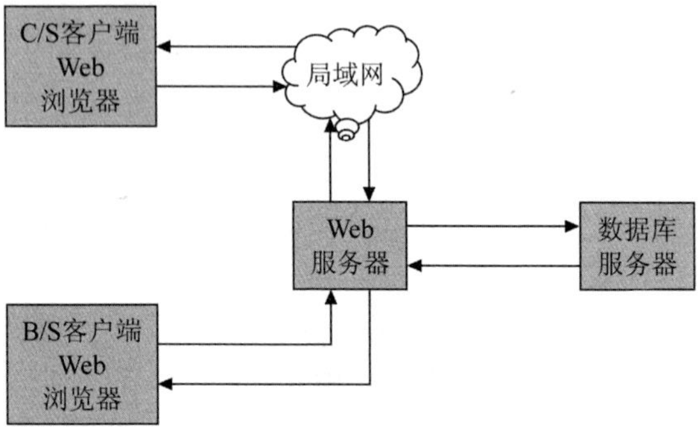

图 5-2 B/S 和 C/S 混合架构

⑤专家推荐施肥系统。应用田间试验结果形成的县域施肥指标体系，结合耕地质量等级，土壤养分供应状况，作物目标产量建立经济合理的施肥模型。以样点土壤养分测试结果为依据，向农民提供施肥方案。农户还通过 B/S 交互模式查询县、乡推荐施肥方案作为参考。这是系统开发的重要模块，直接服务于农户，交互界面力求简单明了，但施肥指标体系要十分严谨，具备科学性和实用性。专家推荐系统还要可移植，能够满足其他终端，如触摸屏、手机的需要。

⑥分析工具库。开发统计分析程序，对数值数据作各种统计计算。对土壤养分、土壤肥力分区、区域配方分区以至于作物信息、土地利用现状、农民过量施肥预警等信息进行专题分析。以折线、柱状图，饼图等形式表现。

(4) 系统验收

根据工作进展适时进行阶段性验收和系统交接验收两种。阶段性验收是指系统中某项功能的验收，系统交接验收是指系统开发完毕的总体运行验收。验收的相关内容主要是体现系统建设方案中的内容，一般都在开发前制定验收标准，双方技术人员按标准验收系统，系统全部验收完毕后共同撰写验收报告。

(5) 试运行及结果评估

系统正式上线前，应在小范围内进行试运行，系统进行磨合，检查系统平台能否满足需求，并对试运行结果做出评价，以决定是否全面上线。

系统运行效果的评估，主要包含以下几个方面。

①功能是否达到系统建设方案的要求，一般如果达到98%就可以认为合格；

②系统运行界面的优化，看操作的方便程度和美观性；

③系统的稳定性，能够达到7×24小时的稳定运行；

④系统的速度，对运算结果响应时间少于2秒左右；

⑤系统的可扩展性，可以根据客观需求增加功能。

试运行可以总结出系统的使用习惯是否偏离原有设计预想，如果偏离过多，说明数据模型设计不够准确，需要进行修改完善。

（6）实际上线运行

运行阶段，业务部门要不断检视各相关系统信息反馈，来发现业务流转中的各种问题，并进行协调，使系统趋于稳定，及时发现和消除给业务流转带来麻烦。通过在用户终端设定流量统计可以对系统使用情况进行统计，了解不同信息的使用情况。主要指标包括网站访问人次、页面浏览量，文章被转载和引用量，人均浏览页面数。

（7）云计算功能拓展

云计算是是一种新兴的互联网服务模型，伴随移动互联网发展应运而生。目前没有普遍一致的定义。现在通常理解为“云”就是存在于互联网上的服务器集群上的资源，它包括硬件资源（服务器、存储器、CPU等）和软件资源（如应用软件、集成开发环境等）。用户可以通过有线或无线网络借助浏览器进行访问，共享的软硬件资源和信息。它的核心思想是将大量用网络连接的计算资源统一管理和调度，构成一个计算资源池向用户按需服务。

当今社会，PC机依然是日常办公中的核心工具——我们用PC处理文档、存储资料、连结互联网等。而在“云计算”时代，“云”会替我们做存储和计算的工作。在开通移动互联网服务的地区，我们可以用任意一种智能终端设备，如电脑、智能手机、PDA、iPOD等，快速地查询和计算所需要的资料。例如网络搜索功能就是我们最常用的云服务。我们在百度，谷歌提交搜索关键字，然后百度，谷歌的服务器通过计算搜索返回搜索结果。

云计算的好处有，首先，提供了安全可靠的数据存储中心，当数据保存在网络服务上，就由专业化的数据存储中心来帮助保存数据，用户不用再担心数据丢失、病毒入侵等麻烦。其次，云计算对用户端的设备要求低，可以轻松实现不同设备间的数据应用共享。省去购买硬件和安装各种软件的麻烦。在云计算的网络应用模式中，数据保存在“云”端，你的所有电子设备只需要连接互联网，就可以同时访问和使用同一份数据。

发展云计算将极大提高测土配方施肥的推广效率，为智能农业发展提供了无限的可能。想像一下，农民在施肥以前，用手机连入网络，就可以查询到自己耕地养分，确定施肥的种类和数量；输入想要种植的作物可以查询到专家给出的施肥方案；购买肥料时，如果对肥料质量不放心，可以用手机查询包装袋上的编号，检查肥料是否经过登记；在生产过程中遇到施肥问题，可以将现场图片上传到服务器，由专家进行远程诊断，开出药方……这些图景虽然现在还不能完全实现，但随着信息技术的发展已不再是遥不可及。

云计算必将在不远的将来展示出强大的生命力，并将从多个方面改变我们的农业生产技术方式和推广模式。有条件的地区在进行测土配方施肥信息化工作时要有前瞻性规划，做好拓展云计算服务的准备。

3. 成立信息化工作管理中心

第三步是成立信息化工作管理中心。软件开发和硬件到位完成了信息化的基础工作，为了系统更好地运行，需要成立由操作员、农艺员、管理员共同组成的专职管理团队负责系统平台日常运转。操作员负责信息整理录入实时数据更新。管理员负责系统运行安全和软硬件故障简单维护。农艺师进行信息数据管理，及时跟踪数据变化。通过信息平台互动解决用户提出的技术问题，最大限度发挥信息平台在推广中的作用。

4. 人员培训

第四步是人员培训。信息化中所采用的模式或系统都是人机统一的系统，它需要使用者要有一定的计算机基础知识，在实施硬件、网络、软件安装调试的同时，要为培养熟练操作和具有一般系统维护知识的技术力量。其中，在农技人员普及信息化知识，完成系统操作。

5. 对外宣传

第五步是对外宣传。信息化系统平台建立后最重要的工作就是宣传，使社会方方面面了解土肥，关注土肥、支持土肥。尤其是信息技术服务工作，要重点抓好。对外服务网站要突出测土配方施肥的特色，抓住关键时期（春耕、三夏、三秋）、重点事件（政策发布、活动启动）进行宣传。拿出自己网站独有技术内容让用户了解你的服务与其他农业网站的不同之处，例如，土肥工作的数据、图件、分析、指标、消息等信息内容。此外，要坚持长期新闻的投放，因为新闻推广效果有缓存性，单靠一次两次的集中展示效果并不长久，只有经常性的更新内容，长期宣传，才能达到润物无声的效果。在终端选择上，除了 PC 机以外，还可以根据条件逐步扩展到触摸屏、手机、LED 屏、有线电视等信息终端，扩大普及面。

第四节　测土配方施肥信息化功能与应用

信息化建设归根结底是开展工作的工具，这个工具能够让我们的工作更规范，更有效率。所以，信息化建设是否成功的标志就是是否起到了工具的效果。通过系统平台，将测土配方施肥各个过程进行数据化处理，相关的过程用数据相互联结起来。工作过程管理转化为数据流管理，同时将关键数据根据指标转换为决策数据。

从宏观角度来讲信息化满足 3 个层面要求。

政府辅助决策：政府通过测土配方施肥系统可以进行耕地质量提升与管理、优势作物产业化开发的适宜性评价，耕地生产能力的评估与预测，化肥面源污染风险预警等多项工作的依据。并作出科学判断和决策。

土肥部门推广流程管理：运用系统研究区域养分运筹方案、制定区域配方肥方案，进行专业信息统计分析等。

农民单元科学施肥：通过网站宣传服务树立正确施肥观念，综合生产条件下的正确施肥决策和周年养分运筹。

从微观角度来说能够实现以下 5 个目标。

数据采集标准化：根据农业部制定统一的数据采集技术规范和本地区的实际需求制定数据采集模板，进行基础数据采集和录入。数据录入前仔细审核数值量纲、上下限、长度等，相关名称的使用注意规范性，筛选剔除可疑数据。所有的应用程序设置统一的系统操作。保证了数据的标准化、规范化。

信息管理电子化：土肥工作具有周期长工作量大的特点，用传统工具记录存在信息共享和交流不及时的现象。实现信息化后，所有的数据包括单元耕地基础信息，知识库、试验参数统计分析模型库等技术成果、技术规范、监测流程、风险预警等能够电子化，进入计算机管理。电子化信息与纸质信息实现互补。

信息传输网络化：数据通过有线或无线网络传递，当数据发生更新时，采用数据同步方式及时地把更新信息送到上级数据库中汇总。大大加快信息传递速度。上级机关还能对下级单位工作进程进行检查。

决策规划专家化：系统平台集成了耕地信息和科研成果，建立施肥决策模型。用户可以根据这些信息得出专家方案，制定出本区域相应的种植安排。

技术推广虚拟化：建立虚拟的推广教室，农民通过网络与推广人员交流，拓展了推广工作的时间和空间，在条件允许的情况下，还可以进行远程诊断操作，使推广更具针对性和实效性。

第五节　测土配方施肥信息化管理

一、领导高度重视

进行信息化建设另一个重要问题是管理问题，需要领导者高度重视。信息化建设引起业务流程重组，必将打破原有的工作格局，涉及层次不同的利益关系，因此，在一些重大问题上，必须由土肥部门“一把手”协调解决。业务单位之间责任清晰，职能间衔接而不能重叠甚至断裂，各个节点工作要高效、顺畅。

二、做好制度建设

信息化的实施需要足够的基础支持，必须强化基础管理工作，形成良好的信息化运作机制，实现信息流有效传递，增值服务。通过建立系统日常运行管理制度、网络安全制度、人员工作绩效考核制度、信息授权发布制度等完善的配套制度。其中，最重要的是信息授权发布制度，要根据国家的相关法律法规，针对不同的信息受众群体设定相应访问权限。例如，为农民和经销商主要提供一般性技术性、知识性信息，最好不要涉及宏观结论性数据。

三、部门人员管理

根据岗位工作要求确定信息管理部门人员的责任目标，操作员岗位重点考核入库数据数量、质量，更新速度。农艺师重点考核信息应答、信息反馈。管理员重点考核系统维护、网站宣传等方面。

第六节　北京市测土配方施肥信息化建设

市土肥站于2006年起着手进行测土配方施肥信息化建设，现在已完成数据管理和专家推荐施肥系统。实现对测土配方施肥数据的计算机管理，并在进行与区域耕地养分资源管理系统的融合。现将测土配方施肥信息管理与专家咨询系统做简要介绍。

系统使用的是SQL Server2000平台。利用VC＋＋、VB、C＃等工具进行开发，采用广域网分布式关系数据库结构。其优点是每个区县可作为节点数据库，都能通过虚拟管道实现数据定向传输。加快录入速度，提高工作效率。数据传输采用加密及认证措施，可利用公网传递，具有较高的安全性。共入库数据10.12万份。随着工作深入强化统计分析模块、专家推荐模块功能。

一、基础数据库

基础数据库主要包括4个方面的内容，一是田间试验和示范数据，二是施肥调查数据，三是土壤测试数据，四是数据录入质量管理。

1. 田间试验和示范数据

田间试验数据主要内容包括试验地基本情况、试验地土壤及植株测试结果、试验气象因素、前季作物施肥情况、主要农事活动和生产管理信息、试验结果数据等，是获得各种作物最佳施肥数量、施肥品种、施肥比例、施肥时期、施肥方法的根本途径，也是筛选、验证土壤养分测试方法、建立施肥指标体系的基本环节。

通过田间示范，能综合比较肥料投入、作物产量、经济效益、肥料利用率等指标，为测土配方施肥技术参数的进一步校正及进一步优化肥料配方提供依据。示范设置常规施肥对照区和测土配方施肥区两个处理，另外加设一个不施肥的空白处理。

2. 调查数据

施肥调查包括采样地块基本情况调查、采样点农户调查。

采样点基本情况调查包括采样点地理位置、自然条件、生产条件、土壤情况、来年种植意向、采样单位信息等。

采样点农户调查包括施肥相关情况、推荐施肥情况、实际施肥总体情况、实际施肥明细等。

3. 土壤测试数据

土壤测试是掌握耕地养分状况和耕地基础地力信息，进行农业生产和耕地养分管理的重要手段。通过对土壤中的物质组成、结构、性质、状态和含量进行定量测定，从而获取具有时间、空间代表性的耕地养分信息与测试结果，为指导测土配方施肥，进行耕地质量管理，促进农业的可持续发展提供技术支撑。

4. 数据录入质量管理

（1）建立基础数据采集模板

统一制定的数据采集模板，主要包括：采样地块基本情况调查数据采集模板、农户施肥情况数据采集模板、田间试验结果汇总数据采集模板、田间示范结果汇总数据采集模板、农户测土配方施肥准确度的评价统计数据采集模板等。

（2）规范数据的存储格式和交换模式

设计标准的属性数据库和空间数据库库结构，建立关系数据库平台（选择 MS SQL Server）的地方单位，数据存放在关系数据库中。

（3）建立统一的数据安全保障机制

为防止数据被损坏，建立数据安全保障机制：一是对数据进行存储和传输加密处理；二是通过数据存取控制，对数据存入、取出的方式和权限进行控制；三是采用数据库自动备份技术，定期备份数据，建立数据副本，各地还要定期把数据刻录成光盘再存放在安全的地方或进行异地备份。

二、施肥决策专家系统

通过土壤养分含量测定，综合考虑目标产量，生育时期，作物吸收率等因素在区域范围内提供施肥建议。

1. 查询功能

①基础信息查询 查询市、区县、乡镇、村级采样地块总量、田块基本信息、土壤养分检测结果、年度种植意向、参与农户数量、农户肥料施用概况等，了解项目进度，完成情况。

②试验示范查询 查询田间试验、示范安排的数量，作物及地域的分布，试验结果。

③信息反馈 推荐配方后，农民应用配方施肥的意向和节本增效情况（图 5-3）。

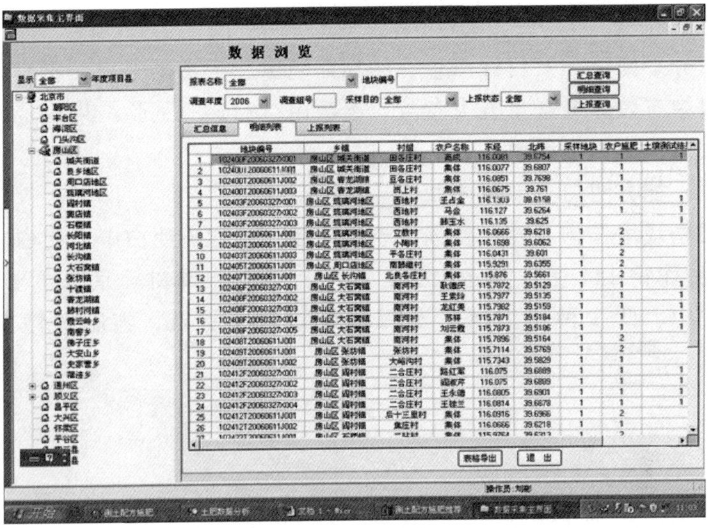

图 5-3 乡镇数据明细列表查询

2. 数据统计分析

①对全市的土壤测试数据进行统计分析，了解全市耕地平均养分状况以及高中低养分水平的比例。

②对作物种植类别进行统计分析，了解不同作物种类耕地平均养分状况和养分分级状况。

③以耕地地力等级为单元统计分析调查数据，了解各耕地地力等级内土壤类型分布状况、地貌类型分布状况、障碍因素分布状况等。

④比较年度调查的数据、国家及市的养分分级标准，了解本区域耕地养分变化动态和肥力水平。

⑤将粮田、蔬菜田、果园等不同种植类别的数据统计分析，发现施肥管理中存在的问题。

3. 网上施肥推荐

在该系统中，市土肥站根据多年的试验示范结果与北京市作物栽培特点，确定通过以下手段可实现网上推荐施肥。

(1) 肥料效应函数法

根据“3414”方案田间试验结果，建立当地主要作物的肥料效应函数，直接获得某区域、某种作物的氮、磷、钾最佳施肥量，直接推荐配方。

(2) 养分平衡法

根据目标产量与土壤供肥量差值估算施肥量。计算公式为：

$$施肥量=\frac{目标产量所需养分总量-土壤供肥量}{肥料中养分含量\times肥料当季利用率}$$

养分平衡法涉及目标产量、作物需肥量、土壤供肥量、肥料利用率和肥料中有效养分含量五大参数。参数由“3414”试验结果确定，田间反馈试验提供校正系数。

(3) 配方明白卡推荐施肥

根据栽培作物，直接查询市土肥站制作的配方明白卡。明白卡包括共 32 种作物 144 张，涵盖大田、蔬菜、经作和果树等京郊主要作物，按高、中、低 3 种肥力水平及每种作物需肥特点、施肥关键期推荐施肥。

附录

附件 1

测土配方施肥技术规范

2008 年 3 月

1　范围

本规范规定了全国测土配方施肥工作中肥料效应田间试验、样品采集与制备、田间基本情况调查、土壤与植株测试、肥料配方设计、配方肥料合理使用、效果反馈与评价、数据汇总、报告撰写等内容、方法与操作规程及耕地地力评价方法。

本规范适用于指导全国不同区域、不同土壤和不同作物的测土配方施肥工作。

2　引用标准

本规范引用下列国家或行业标准：

GB/T 6274　肥料和土壤调理剂 术语

NY/T 496　肥料合理使用准则 通则

NY/T 497　肥料效应鉴定田间试验技术规程

NY/T 309—1996　全国耕地类型区、耕地地力等级划分

NY/T 310—1996　全国中低产田类型划分与改良技术规范

NY/T 1119—2006　土壤监测规程

3　术语和定义

下列术语和定义适用于本规范：

3.1　测土配方施肥 soil testing and formulated fertilization

测土配方施肥是以肥料田间试验、土壤测试为基础，根据作物需肥规律、土壤供肥性能和肥料效应，在合理施用有机肥料的基础上，提出氮、磷、钾及中、微量元素等肥料的施用品种、数量、施肥时期和施用方法。

3.2　配方肥料 formula fertilizer

以土壤测试、肥料田间试验为基础，根据作物需肥规律、土壤供肥

性能和肥料效应，用各种单质肥料和（或）复混肥料为原料，配制成的适合于特定区域、特定作物品种的肥料。

3.3　肥料效应 fertilizer response

肥料效应是肥料对作物产量和品质的作用效果，通常以肥料单位养分的施用量所能获得的作物增产量和效益表示。

3.4　施肥量 dose rate; dose

施于单位面积耕地或单位质量生长介质中的肥料或养分的质量或体积。

3.5　常规施肥 regular fertilizing

常规施肥也称习惯施肥，指当地前 3 年平均施肥量（主要指氮、磷、钾肥）、施肥品种和施肥方法。

3.6　空白对照 control

无肥处理，用于确定肥料效应的绝对值，评价土壤自然生产力和计算肥料利用率等。

3.7　地力 soil fertility

地力是指在当前管理水平下，由土壤本身特性、自然背景条件和农田基础设施等要素综合构成的耕地生产能力。

3.8　耕地地力评价 soil productivity assessment

耕地地力评价是指根据耕地所在地的气候、地形地貌、成土母质、土壤理化性状、农田基础设施等要素相互作用表现出来的综合特征，对农田生态环境优劣、农作物种植适宜性、耕地潜在生物生产力高低进行评价。

4　肥料效应田间试验

4.1　试验目的

肥料效应田间试验是获得各种作物最佳施肥品种、施肥比例、施肥数量、施肥时期、施肥方法的根本途径，也是筛选、验证土壤养分测试方法、建立施肥指标体系的基本环节。通过田间试验，掌握各个施肥单元不同作物优化施肥数量，基、追肥分配比例，施肥时期和施肥方法；摸清土壤养分校正系数、土壤供肥能力、不同作物养分吸收量和肥料利用率等基本参数；构建作物施肥模型，为施肥分区和肥料配方设计提供依据。

4.2　试验设计

肥料效应田间试验设计，取决于试验目的。本规范推荐采用“3414”方案设计，在具体实施过程中可根据研究目的选用“3414”完全实施方案或部分实施方案。对于蔬菜、果树等经济作物，可根据作物特点设计试验方案。

4.2.1 “3414”完全实施方案

“3414”方案设计吸收了回归最优设计处理少、效率高的优点，是目前应用较为广泛的肥料效应田间试验方案。“3414”是指氮、磷、钾3个因素、4个水平、14个处理。4个水平的含义：0水平指不施肥，2水平指当地推荐施肥量，1水平（指施肥不足）=2水平×0.5，3水平（指过量施肥）=2水平×1.5。为便于汇总，同一作物、同一区域内施肥量要保持一致。如果需要研究有机肥料和中、微量元素肥料效应，可在此基础上增加处理（附表1-1）。

附表1-1 “3414”试验方案处理（推荐方案）

试验编号	处理	N	P	K
1	$N_0P_0K_0$	0	0	0
2	$N_0P_2K_2$	0	2	2
3	$N_1P_2K_2$	1	2	2
4	$N_2P_0K_2$	2	0	2
5	$N_2P_1K_2$	2	1	2
6	$N_2P_2K_2$	2	2	2
7	$N_2P_3K_2$	2	3	2
8	$N_2P_2K_0$	2	2	0
9	$N_2P_2K_1$	2	2	1
10	$N_2P_2K_3$	2	2	3
11	$N_3P_2K_2$	3	2	2
12	$N_1P_1K_2$	1	1	2
13	$N_1P_2K_1$	1	2	1
14	$N_2P_1K_1$	2	1	1

该方案可应用14个处理进行氮、磷、钾三元二次效应方程拟合，还可分别进行氮、磷、钾中任意二元或一元效应方程拟合。

例如，进行氮、磷二元效应方程拟合时，可选用处理2、7、11、12，求得在以K_2水平为基础的氮、磷二元二次效应方程；选用处理2、3、6、11可求得在P_2K_2水平为基础的氮肥效应方程；选用处理4、5、6、7可求得在N_2K_2水平为基础的磷肥效应方程；选用处理6、8、9、

10 可求得在 N_2P_2 水平为基础的钾肥效应方程。此外，通过处理 1，可以获得基础地力产量，即空白区产量。

其具体操作参照有关试验设计与统计技术资料。

4.2.2 “3414”部分实施方案

试验氮、磷、钾某一个或两个养分的效应或因其他原因无法实施“3414”完全实施方案，可在“3414”方案中选择相关处理，即“3414”的部分实施方案。这样既保持了测土配方施肥田间试验总体设计的完整性，又考虑到不同区域土壤养分特点和不同试验目的的要求，满足不同层次的需要。如有些区域重点要试验氮、磷效果，可在 K_2 做肥底的基础上进行氮、磷二元肥料效应试验，但应设置 3 次重复。具体处理及其与“3414”方案处理编号对应见附表 1-2。

附表 1-2 氮、磷二元二次肥料试验设计与“3414”方案处理编号对应表

处理编号	“3414”方案处理编号	处理	N	P	K
1	1	$N_0P_0K_0$	0	0	0
2	2	$N_0P_2K_2$	0	2	2
3	3	$N_1P_2K_2$	1	2	2
4	4	$N_2P_0K_2$	2	0	2
5	5	$N_2P_1K_2$	2	1	2
6	6	$N_2P_2K_2$	2	2	2
7	7	$N_2P_3K_2$	2	3	2
8	11	$N_3P_2K_2$	3	2	2
9	12	$N_1P_1K_2$	1	1	2

上述方案也可分别建立氮、磷一元效应方程。

在肥料试验中，为了取得土壤养分供应量、作物吸收养分量、土壤养分丰缺指标等参数，一般把试验设计为 5 个处理：空白对照（CK）、无氮区（PK）、无磷区（NK）、无钾区（NP）和氮、磷、钾区（NPK）。这 5 个处理分别是“3414”完全实施方案中的处理 1、2、4、8 和 6。如要获得有机肥料的效应，可增加有机肥处理区（M）；试验某种中（微）量元素的效应，在 NPK 基础上，进行加与不加该中（微）量元素处理得比较。试验要求测试土壤养分和植株养分含量，进行考种和计产。试验设计中，氮、磷、钾、有机肥等用量应接近肥料效应函数计算的最高产量施肥量或用其他方法推荐的合理用量（附表 1-3）。

附表 1-3 常规 5 处理试验设计与“3414”方案处理编号对应表

	“3414”方案处理编号	处理	N	P	K
无肥区	1	$N_0P_0K_0$	0	0	0
无氮区	2	$N_0P_2K_2$	0	2	2
无磷区	4	$N_2P_0K_2$	2	0	2
无钾区	8	$N_2P_2K_0$	2	2	0
氮磷钾区	6	$N_2P_2K_2$	2	2	2

4.3 试验实施

4.3.1 试验地选择

试验地应选择平坦、整齐、肥力均匀，具有代表性的不同肥力水平的地块；坡地应选择坡度平缓、肥力差异较小的田块；试验地应避开道路、堆肥场所等特殊地块。

4.3.2 试验作物品种选择

田间试验应选择当地主栽作物品种或拟推广品种。

4.3.3 试验准备

整地、设置保护行、试验地区划；小区应单灌单排，避免串灌串排；试验前采集土壤样品；依测试项目不同，分别制备新鲜或风干土样。

4.3.4 试验重复与小区排列

为保证试验精度，减少人为因素、土壤肥力和气候因素的影响，田间试验一般设 3～4 个重复（或区组）。采用随机区组排列，区组内土壤、地形等条件应相对一致，区组间允许有差异。同一生长季、同一作物、同类试验在 10 个以上时可采用多点无重复设计。

小区面积：大田作物和露地蔬菜作物小区面积一般为 20～50m^2，密植作物可小些，中耕作物可大些；设施蔬菜作物一般为 20～30m^2，至少 5 行以上。小区宽度：密植作物不小于 3m，中耕作物不小于 4m。多年生果树类选择土壤肥力差异小的地块和树龄相同、株形和产量相对一致的成年果树进行试验，每个处理不少于 4 株，以树冠投影区计算小区面积。

4.3.5 试验记载与测试

参照肥料效应鉴定田间试验技术规程（NY/T 497—2002）执行，试验前采集基础土样进行测定，收获期采集植株样品，进行考种和生物与经济产量测定。必要时进行植株分析，每个县每种作物应按高、中、低肥力分别各取不少于1组3414试验中1、2、4、8、6处理的植株样品；有条件的地区，采集3414试验中所有处理的植株样品。

测土配方施肥田间试验结果汇总表见附表1-6。

4.4 试验统计分析

常规试验和回归试验的统计分析方法参见肥料效应鉴定田间试验技术规程（NY/T 497—2002）或其他专业书籍，相关统计程序可在中国肥料信息网（http：//www.natesc.gov.cn/sfb /TfgjHgfx.htm）下载或应用。

5 样品采集与制备

采样人员要具有一定采样经验，熟悉采样方法和要求，了解采样区域农业生产情况。采样前，要收集采样区域土壤图、土地利用现状图、行政区划图等资料，绘制样点分布图，制订采样工作计划。准备GPS、采样工具、采样袋（布袋、纸袋或塑料网袋）、采样标签等。

5.1 土壤样品采集

土壤样品采集应具有代表性和可比性，并根据不同分析项目采取相应的采样和处理方法。

5.1.1 采样规划

采样点的确定应在全县范围内统筹规划。在采样前，综合土壤图、土地利用现状图和行政区划图，并参考第二次土壤普查采样点位图确定采样点位，形成采样点位图。实际采样时严禁随意变更采样点，若有变更须注明理由。其中，用于耕地地力评价的土样样品采样点在全县范围内布设，采样数量应为总采样数量的10%～15%，但不得少于400个，并在第一年全部完成耕地地力评价的土壤采样工作。

5.1.2 采样单元

根据土壤类型、土地利用、耕作制度、产量水平等因素，将采样区域划分为若干个采样单元，每个采样单元的土壤性状要尽可能均匀一致。

平均每个采样单元为100～200亩（平原区、大田作物每100～500亩采一个样，丘陵区、大田园艺作物每30～80亩采一个样，温室大棚作物每30～40个棚室或20～40亩采一个样）。为便于田间示范跟踪和施肥分区，采样集中在位于每个采样单元相对中心位置的典型地块（同一农户的地块），采样地块面积为1～10亩。有条件的地区，可以以农户地块为土壤采样单元，采用GPS定位，记录经纬度，精确到0.1″。

5.1.3 采样时间

在作物收获后或播种施肥前采集，一般在秋后。设施蔬菜在晾棚期采集。果园在果品采摘后的第一次施肥前采集，幼树及未挂果果园，应在清园扩穴施肥前采集。进行氮肥追肥推荐时，应在追肥前或作物生长的关键时期采集。

5.1.4 采样周期

同一采样单元，无机氮及植株氮营养快速诊断每季或每年采集1次；土壤有效磷、速效钾等一般2～3年采集1次；中、微量元素一般3～5年采集1次。

5.1.5 采样深度

大田采样深度为0～20cm，果园采样深度一般为0～20cm、20～40cm两层分别采集。用于土壤无机氮含量测定的采样深度应根据不同作物、不同生育期的主要根系分布深度来确定。

5.1.6 采样点数量

要保证足够的采样点，使之能代表采样单元的土壤特性。采样必须多点混合，每个样品取15～20个样点。

5.1.7 采样路线

采样时应沿着一定的线路，按照“随机”、“等量”和“多点混合”的原则进行采样。一般采用“S”形布点采样。在地形变化小、地力较均匀、采样单元面积较小的情况下，也可采用“梅花”形布点取样。要避开路边、田埂、沟边、肥堆等特殊部位。蔬菜地混合样点的样品采集要根据沟、垄面积的比例确定沟、垄采样点数量。果园采样要以树干为圆点向外延伸到树冠边缘的2/3处采集，每株对角采2点。

5.1.8 采样方法

每个采样点的取土深度及采样量应均匀一致，土样上层与下层的比例要相同。取样器应垂直于地面入土，深度相同。用取土铲取样应先铲出一个耕层断面，再平行于断面取土。所有样品都应采用不锈钢取土器采样。

5.1.9 样品量

混合土样以取土1kg左右为宜（用于推荐施肥的0.5kg，用于田间试验和耕地地力评价的2kg以上，长期保存备用），可用四分法将多余的土壤弃去。方法是将采集的土壤样品放在盘子里或塑料布上，弄碎、混匀，铺成正方形，画对角线将土样分成四份，把对角的两份分别合并成一份，保留一份，弃去一份。如果所得的样品依然很多，可再用四分法处理，直至所需数量为止。

5.1.10　样品标记

采集的样品放入统一的样品袋，用铅笔写好标签，内外各一张。采样标签样式见附表1-7。

5.2　土壤样品制备

5.2.1　新鲜样品

某些土壤成分如二价铁、硝态氮、铵态氮等在风干过程中会发生显著变化，必须用新鲜样品进行分析。为了能真实反映土壤在田间自然状态下的某些理化性状，新鲜样品要及时送回室内进行处理分析，用粗玻璃棒或塑料棒将样品混匀后迅速称样测定。

新鲜样品一般不宜贮存，如需要暂时贮存，可将新鲜样品装入塑料袋，扎紧袋口，放在冰箱冷藏室或进行速冻保存。

5.2.2　风干样品

从野外采回的土壤样品要及时放在样品盘上，摊成薄薄一层，置于干净整洁的室内通风处自然风干，严禁暴晒，并注意防止酸、碱等气体及灰尘的污染。风干过程中要经常翻动土样并将大土块捏碎以加速干燥，同时，剔除侵入体。

风干后的土样按照不同的分析要求研磨过筛，充分混匀后，装入样品瓶中备用。瓶内外各放标签一张，写明编号、采样地点、土壤名称、采样深度、样品粒径、采样日期、采样人及制样时间、制样人等项目。制备好的样品要妥善贮存，避免日晒、高温、潮湿和酸碱等气体的污染。全部分析工作结束，分析数据核实无误后，试样一般还要保存3～12个月，以备查询。“3414”试验等有价值、需要长期保存的样品，须保存于广口瓶中，用蜡封好瓶口。

5.2.2.1　一般化学分析试样

将风干后的样品平铺在制样板上，用木棍或塑料棍碾压，并将植物残体、石块等侵入体和新生体剔除干净。细小已断的植物须根，可采用静电吸附的方法清除。压碎的土样用2mm孔径筛过筛，未通过的土粒重新碾压，直至全部样品通过2mm孔径筛为止。通过2mm孔径筛的土样可供pH值、盐分、交换性能及有效养分等项目的测定。

将通过2mm孔径筛的土样用四分法取出一部分继续碾磨，使之全部通过0.25mm孔径筛，供有机质、全氮、碳酸钙等项目的测定。

5.2.2.2　微量元素分析试样

用于微量元素分析的土样，其处理方法同一般化学分析样品，但在采样、风干、研磨、过筛、运输、贮存等环节，不要接触容易造成样品污染的铁、铜等金属器具。采样、制样推荐使用不锈钢、木、竹或塑料工具，过筛使用尼龙网筛等。通过 2mm 孔径尼龙筛的样品可用于测定土壤有效态微量元素。

5.2.2.3 颗粒分析试样

将风干土样反复碾碎，用 2mm 孔径筛过筛。留在筛上的碎石称量后保存，同时将过筛的土壤称重，计算石砾质量百分数。将通过 2mm 孔径筛的土样混匀后盛于广口瓶内，用于颗粒分析及其他物理性状测定。

若风干土样中有铁锰结核、石灰结核或半风化体，不能用木棍碾碎，应首先将其细心拣出称量保存，然后再进行碾碎。

5.3 植物样品的采集与制备

5.3.1 采样要求

植物样品分析的可靠性受样品数量、采集方法及植株部位影响，因此，采样应具有：

——代表性：采集样品能符合群体情况，采样量一般为 1kg。

——典型性：采样的部位能反映所要了解的情况。

——适时性：根据研究目的，在不同生长发育阶段，定期采样。

——粮食作物一般在成熟后收获前采集籽实部分及秸秆；发生偶然污染事故时，在田间完整地采集整株植株样品；水果及其他植株样品根据研究目的确定采样要求。

5.3.2 样品采集

5.3.2.1 粮食作物

由于粮食作物生长的不均一性，一般采用多点取样，避开田边 2m，按“梅花”形（适用于采样单元面积小的情况）或“S”形采样法采样。在采样区内采取 10 个样点的样品组成一个混合样。采样量根据检测项目而定，籽实样品一般 1kg 左右，装入纸袋或布袋。要采集完整植株样品可以稍多些，约 2kg，用塑料纸包扎好。

5.3.2.2 棉花样品

棉花样品包括茎秆、空桃壳、叶片、籽棉等部分。样株选择和采样方法参照粮食作物。按样区采集籽棉，第一次采摘后将籽棉放在通透性较好的网袋中晾干（或晒干），以后每次收获时均装入网袋中，各次采摘结束后，将同一取样袋中的籽棉作为该采样区籽棉混合样。

5.3.2.3 油菜样品

油菜样品包括籽粒、角壳、茎秆、叶片等部分。样株选择和采样方法参照粮食作物。鉴于油菜在开花后期开始落叶，至收获期植株上叶片基本全部掉落，叶片的取样应在开花后期，每区采样点不应少于 10 个（每点至少 1 株），采集油菜植株全部叶片。

5.3.2.4　水果样品

平坦果园采样时，可采用对角线法布点采样，由采样区的一角向另一角引一对角线，在此线上等距离布设采样点，采样点多少根据采样区域面积、地形及检测目的确定。山地果园应按不同海拔高度均匀布点，采样点一般不应少于 10 个。对于树型较大的果树，采样时应在果树的上、中、下、内、外部及果实着生方位（东南西北）均匀采摘果实。将各点采摘的果品进行充分混合，按四分法缩分，根据检验项目要求，最后分取所需份数，每份 1kg 左右，分别装入袋内，粘贴标签，扎紧袋口。水果样品采摘时要注意树龄、长势、载果数量等。

5.3.2.5　蔬菜样品

蔬菜品种繁多，可大致分成叶菜、根菜、瓜果三类，按需要确定采样对象。

菜地采样可按对角线或“S”形法布点，采样点不应少于 10 个，采样量根据样本个体大小确定，一般每个点的采样量不少于 1kg。从多个点采集的蔬菜样，按四分法进行缩分，其中个体大的样本，如大白菜等可采用纵向对称切成 4 份或 8 份，取其 2 份的方法进行缩分，最后分取 3 份，每份约 1kg，分别装入塑料袋，粘贴标签，扎紧袋口。

如需用鲜样进行测定，采样时最好连根带土一起挖出，用湿布或塑料袋装，防止萎蔫。采集根部样品时，在抖落泥土或洗净泥土过程中应尽量保持根系的完整。

市场采样可参照市场水果取样方法进行。

5.3.3　标签内容

包括采样序号、采样地点、样品名称、采样人、采集时间和样品处理号等。

5.3.4　采样点调查内容

包括作物品种、土壤名称（或当地俗称）、成土母质、地形地势、耕作制度、前茬作物及产量、化肥农药施用情况、灌溉水源、采样点地理位置简图。果树要记载树龄、长势、载果数量等。

5.3.5　植株样品处理与保存

粮食籽实样品应及时晒干脱粒，充分混匀后用四分法缩分至所需量。需要洗涤时，注意时间不宜过长并及时风干。为了防止样品变质，虫咬，需要定期进行风干处理。使用不污染样品的工具将籽实粉碎，用0.5mm筛子过筛制成待测样品。带壳类粮食如稻谷应去壳制成糙米，再进行粉碎过筛。测定重金属元素含量时，不要使用能造成污染的器械。

完整的植株样品先洗干净，根据作物生物学特性差异，采用能反映特征的植株部位，用不污染待测元素的工具剪碎样品，充分混匀用四分法缩分至所需的量，制成鲜样或于60℃烘箱中烘干后粉碎备用。

田间（或市场）所采集的新鲜水果、蔬菜、烟叶和茶叶样品若不能马上进行分析测定，应暂时放入冰箱保存。

6 土壤与植物测试（附表1-4）

6.1 土壤测试

6.1.1 土壤质地

国际制；指测法或比重计法（粒度分布仪法）测定。

6.1.2 土壤容重

环刀法测定。

6.1.3 土壤水分

6.1.3.1 土壤含水量

烘干法测定。

6.1.3.2 土壤田间持水量

环刀法测定。

6.1.4 土壤酸碱度和石灰需要量

6.1.4.1 土壤pH值

土液比1∶2.5，电位法测定。

6.1.4.2 土壤交换酸

氯化钾交换——中和滴定法测定。

6.1.4.3 石灰需要量

氯化钙交换——中和滴定法测定。

6.1.5 土壤阳离子交换量

EDTA-乙酸铵盐交换法测定。

6.1.6 土壤水溶性盐分

6.1.6.1 土壤水溶性盐分总量

电导率法或重量法测定。

6.1.6.2 碳酸根和重碳酸根

电位滴定法或双指示剂中和法测定。

6.1.6.3 氯离子

硝酸银滴定法测定。

6.1.6.4 硫酸根离子

硫酸钡比浊法或EDTA间接滴定法测定。

6.1.6.5 钙、镁离子

原子吸收分光光度计法测定。

6.1.6.6 钾、钠离子

火焰光度法或原子吸收分光光度计法测定。

6.1.7 土壤氧化还原电位

电位法测定。

6.1.8 土壤有机质

油浴加热重铬酸钾氧化滴定法测定。

6.1.9 土壤氮

6.1.9.1 土壤全氮

凯氏蒸馏法测定。

6.1.9.2 土壤水解性氮

碱解扩散法测定。

6.1.9.3 土壤铵态氮

氯化钾浸提——靛酚蓝比色法测定。

6.1.9.4 土壤硝态氮

氯化钙浸提——紫外分光光度计法或酚二磺酸比色法测定。

6.1.10 土壤有效磷

碳酸氢钠或氟化铵－盐酸浸提——钼锑抗比色法测定。

6.1.11 土壤钾

6.1.11.1 土壤缓效钾

硝酸提取——火焰光度计、原子吸收分光光度计法或ICP法测定。

6.1.11.2 土壤速效钾

乙酸铵浸提——火焰光度计、原子吸收分光光度计法或ICP法测定。

6.1.12 土壤交换性钙镁

乙酸铵交换——原子吸收分光光度计法或ICP法测定。

6.1.13 土壤有效硫

磷酸盐－乙酸或氯化钙浸提——硫酸钡比浊法测定。

6.1.14 土壤有效硅

柠檬酸或乙酸缓冲液浸提-硅钼蓝比色法测定。

6.1.15 土壤有效铜、锌、铁、锰

DTPA浸提-原子吸收分光光度计法或ICP法测定。

6.1.16 土壤有效硼

沸水浸提——甲亚胺-H比色法或姜黄素比色法或ICP法测定。

6.1.17 土壤有效钼

草酸-草酸铵浸提——极谱法测定。

附表 1-4 测土配方施肥和耕地地力评价样品测试项目汇总表

测试项目		测土配方施肥	耕地地力评价
1	土壤质地指测法	必测	
2	土壤质地，比重计法	选测	
3	土壤容重	选测	
4	土壤含水量	选测	
5	土壤田间持水量	选测	
6	土壤 pH 值	必测	必测
7	土壤交换酸	选测	
8	石灰需要量	pH 值<6 的样品必测	
9	土壤阳离子交换量	选测	
10	土壤水溶性盐分	选测	
11	土壤氧化还原电位	选测	
12	土壤有机质	必测	必测
13	土壤全氮	选测	必测
14	土壤水解性氮	至少测试 1 项	
15	土壤铵态氮		
16	土壤硝态氮		
17	土壤有效磷	必测	必测
18	土壤缓效钾	必测	必测
19	土壤速效钾	必测	必测
20	土壤交换性钙镁	pH 值<6.5 的样品必测	
21	土壤有效硫	必测	
22	土壤有效硅	选测	
23	土壤有效铁、锰、铜、锌、硼	必测	
24	土壤有效钼	选测，豆科作物产区必测	

注：用于耕地地力评价的土壤样品，除以上养分指标必测外，项目县如果选择其他养分指标作为评价因子，也应当进行分析测试

6.2　植物测试

6.2.1　全氮、全磷、全钾

硫酸—过氧化氢消煮，或水杨酸—锌粉还原，硫酸—加速剂消煮，全氮采用蒸馏滴定法测定；全磷采用钒钼黄或钼锑抗比色法测定；全钾采用火焰光度法或原子吸收分光光度计法测定。

6.2.2　水分

常压恒温干燥法或减压干燥法测定。

6.2.3　粗灰分

干灰化法测定。

6.2.4　全钙、全镁

干灰化-稀盐酸溶解法或硝酸—高氯酸消煮，原子吸收分光光度计法或 ICP 法测定。

6.2.5　全硫

硝酸-高氯酸消煮法或硝酸镁灰化法，硫酸钡比浊法或 ICP 法测定。

6.2.6　全硼、全钼

干灰化-稀盐酸溶解，硼采用姜黄素或甲亚胺比色法测定，钼采用石墨炉原子吸收法或极谱法测定。

6.2.7　全量铜、锌、铁、锰

干灰化或湿灰化，原子吸收分光光度计法或 ICP 法测定。

6.3　土壤、植株营养诊断（选测项目）

6.3.1　土壤硝态氮田间快速诊断

水浸提，硝酸盐反射仪法测定。

6.3.2　冬小麦/夏玉米植株氮营养田间诊断

小麦茎基部、夏玉米最新展开叶叶脉中部榨汁，硝酸盐反射仪法测定。

6.3.3　水稻氮营养快速诊断

叶绿素仪或叶色卡法测定。

7　田间基本情况调查

7.1　调查内容

在土壤取样的同时，调查田间基本情况，填写测土配方施肥采样地块基本情况调查表，见附表 1-8。同时，开展农户施肥情况调查，填写农户施肥情况调查表，见附表 1-12；参见附件 1 中 11.2.1.2。

7.2　调查对象

调查对象是采样点所属村组人员和地块所属农户。

8 基础数据库的建立

8.1 数据库建立标准

8.1.1 属性数据采集标准

按照测土配方施肥数据字典建立属性数据的采集标准。采集标准包含对每个指标完整的命名、格式、类型、取值区间等定义。在建立属性数据库时要按数据字典要求，制订统一的基础数据编码规则，进行属性数据录入。

8.1.2 空间数据采集标准

县级地图采用1∶5万地形图为空间数学框架基础。

投影方式：高斯-克吕格投影，6度分带。

坐标系及椭球参数：西安80/克拉索夫斯基。

高程系统：1980年国家高程基准。

野外调查GPS定位数据：初始数据采用经纬度，统一采用GW84坐标系，并在调查表格中记载；装入GIS系统与图件匹配时，再投影转换为上述直角坐标系坐标。

8.2 数据库建立方法

8.2.1 属性数据库建立

属性数据库的内容包括田间试验示范数据、土壤与植物测试数据、田间基本情况及农户调查数据等。属性数据库的建立应独立于空间数据，按照数据字典要求在SQL或ACCESS等数据库中建立。

8.2.2 空间数据库建立

空间数据库的内容包括土壤图、土地利用现状图、行政区划图、采样点位图等。应用GIS软件，采用数字化仪或扫描后屏幕数字化的方式录入。图件比例尺为1∶5万。

8.2.3 施肥指导单元属性数据获取

可由土壤图、土地利用现状图和行政区划图叠加求交生成施肥指导单元图。在指导单元图内统计采样点，如果一个单元内有一个采样点，则该单元的数值就用该点的数值，如果一个单元内有多个采样点，则该单元的数值可采用多个采样点的平均值（数值型取平均值，文本型取大样本值，下同）；如果某一单元内没有采样点，则该单元的值可用与该单元相邻同土种的单元的值代替；如果没有同土种单元相邻，或相邻同土种单元也没有数据则可用与之相邻的所有单元（有数据）的平均值代替。

8.3　数据库的质量控制

8.3.1　属性数据质量控制

数据录入前应仔细审核，数值型资料应注意量纲、上下限，地名应注意汉字多音字、繁简体、简全称等问题，审核定稿后再录入。为保证数据录入准确无误，录入后还应逐条检查。

8.3.2　图件数据质量控制

扫描影像能够区分图中各要素，若有线条不清晰现象，需重新扫描。

扫描影像数据经过角度纠正，纠正后的图幅下方两个内图廓点的连线与水平线的角度误差不超过0.2度。

公里网格线交叉点为图形纠正控制点，每幅图应选取不少于20个控制点，纠正后控制点的点位绝对误差不超过0.2mm（图面值）。

矢量化：要求图内各要素的采集无错漏现象，图层分类和命名符合统一的规范，各要素的采集与扫描数据相吻合，画线（点位）整体或部分偏移的距离不超过0.3mm（图面值）。

所有数据层具有严格的拓扑结构。面状图形数据中没有碎片多边形。图形数据及属性数据的输入正确。

8.3.3　图件输出质量要求

图须覆盖整个辖区，不得丢漏。

图中要素必有项目包括评价单元图斑、各评价要素图斑和调查点位数据、线状地物、注记。要素的颜色、图案、线型等表示符合规范要求。

图外要素必有项目包括图名、图例、坐标系及高程系说明、成图比例尺、制图单位全称、制图时间等。

8.3.4　面积数据要求

耕地面积数据以当地政府公布的数据（土地详查面积）为控制面积。

8.3.5　统一的系统操作和数据管理

设置统一的系统操作和数据管理，各级用户通过规范的操作，来实现数据的采集、分析、利用和传输等功能。

9　肥料配方设计

9.1　基于田块的肥料配方设计

基于田块的肥料配方设计首先确定氮、磷、钾养分的用量，然后确定相应的肥料组合，通过提供配方肥料或发放配肥通知单，指导农民使用。肥料用量的确定方法主要包括土壤与植物测试推荐施肥方法、肥料效应函数法、土壤养分丰缺指标法和养分平衡法。

9.1.1 土壤与植物测试推荐施肥方法

该技术综合了目标产量法、养分丰缺指标法和作物营养诊断法的优点。对于大田作物，在综合考虑有机肥、作物秸秆应用和管理措施的基础上，根据氮、磷、钾和中、微量元素养分的不同特征，采取不同的养分优化调控与管理策略。其中，氮肥推荐根据土壤供氮状况和作物需氮量，进行实时动态监测和精确调控，包括基肥和追肥的调控；磷、钾肥通过土壤测试和养分平衡进行监控；中、微量元素采用因缺补缺的矫正施肥策略。该技术包括氮素实时监控、磷钾养分恒量监控和中、微量元素养分矫正施肥技术。

9.1.1.1 氮素实时监控施肥技术

根据不同土壤、不同作物、不同目标产量确定作物需氮量，以需氮量的30%～60%作为基肥用量。具体基施比例根据土壤全氮含量，同时参照当地丰缺指标来确定。一般在全氮含量偏低时，采用需氮量的50%～60%作为基肥；在全氮含量居中时，采用需氮量的40%～50%作为基肥；在全氮含量偏高时，采用需氮量的30%～40%作为基肥。30%～60%基肥比例可根据上述方法确定，并通过“3414”田间试验进行校验，建立当地不同作物的施肥指标体系。有条件的地区可在播种前对0～20cm土壤无机氮（或硝态氮）进行监测，调节基肥用量。

$$\text{基肥用量（kg/亩）}=\frac{\text{（目标产量需氮量}-\text{土壤无机氮）}\times\text{（30\%～60\%）}}{\text{肥料中养分含量}\times\text{肥料当季利用率}}$$

其中，土壤无机氮（kg/亩）＝土壤无机氮测试值（mg/kg）×0.15×校正系数。

氮肥追肥用量推荐以作物关键生育期的营养状况诊断或土壤硝态氮的测试为依据，这是实现氮肥准确推荐的关键环节，也是控制过量施氮或施氮不足、提高氮肥利用率和减少损失的重要措施。测试项目主要是土壤全氮含量、土壤硝态氮含量或小麦拔节期茎基部硝酸盐浓度、玉米最新展开叶叶脉中部硝酸盐浓度，水稻采用叶色卡或叶绿素仪进行叶色诊断，参见附件1中6.3。

9.1.1.2 磷钾养分恒量监控施肥技术

根据土壤有（速）效磷、钾含量水平，以土壤有（速）效磷、钾养分不成为实现目标产量的限制因子为前提，通过土壤测试和养分平衡监控，使土壤有（速）效磷、钾含量保持在一定范围内。对于磷肥，基本思路是根据土壤有效磷测试结果和养分丰缺指标进行分级，当有效磷水平处在中等偏上时，可以将目标产量需要量（只包括带出田块的收获物）的100%～110%作为当季磷肥用量；随着有效磷含量的增加，需要减少磷肥用量，直至不施；随着有效磷的降低，需要适当增加磷肥用量，在极缺磷的土壤上，可以施到需要量的150%～200%。在2～3年后再次测土时，根据土壤有效磷和产量的变化再对磷肥用量进行调整。钾肥首先需要确定施用钾肥是否有效，再参照上面方法确定钾肥用量，但需要考虑有机肥和秸秆还田带入的钾量。一般大田作物磷、钾肥料全部做基肥。

9.1.1.3　中微量元素养分矫正施肥技术

中、微量元素养分的含量变幅大，作物对其需要量也各不相同。主要与土壤特性（尤其是母质）、作物种类和产量水平等有关。矫正施肥就是通过土壤测试，评价土壤中、微量元素养分的丰缺状况，进行有针对性的因缺补缺的施肥。

9.1.2　肥料效应函数法

根据“3414”方案田间试验结果建立当地主要作物的肥料效应函数，直接获得某一区域、某种作物的氮、磷、钾肥料的最佳施用量，为肥料配方和施肥推荐提供依据。

9.1.3　土壤养分丰缺指标法

通过土壤养分测试结果和田间肥效试验结果，建立不同作物、不同区域的土壤养分丰缺指标，提供肥料配方。

土壤养分丰缺指标田间试验也可采用“3414”部分实施方案，详见附件1中4.2.2。“3414”方案中的处理1为空白对照（CK），处理6为全肥区（NPK），处理2、4、8为缺素区（即PK、NK和NP）。收获后计算产量，用缺素区产量占全肥区产量百分数即相对产量的高低来表达土壤养分的丰缺情况。相对产量低于50%的土壤养分为极低；相对产量50%～60%（不含）为低，60%～70%（不含）为较低，70%～80%（不含）为中，80%～90%（不含）为较高，90%（含）以上为高，从而确定适用于某一区域、某种作物的土壤养分丰缺指标及对应的肥料施用数量。对该区域其他田块，通过土壤养分测试，就可以了解土壤养分的丰缺状况，提出相应的推荐施肥量。

9.1.4　养分平衡法

9.1.4.1　基本原理与计算方法

根据作物目标产量需肥量与土壤供肥量之差估算施肥量，计算公式为：

$$施肥量（kg/亩）=\frac{目标产量所需养分总量-土壤供肥量}{肥料中养分含量\times肥料当季利用率}$$

养分平衡法涉及目标产量、作物需肥量、土壤供肥量、肥料利用率和肥料中有效养分含量五大参数。土壤供肥量即为“3414”方案中处理1的作物养分吸收量。目标产量确定后因土壤供肥量的确定方法不同，形成了地力差减法和土壤有效养分校正系数法两种。

地力差减法是根据作物目标产量与基础产量之差来计算施肥量的一种方法。其计算公式为：

$$施肥量（kg/亩）=\frac{（目标产量-基础产量）\times单位经济产量养分吸收量}{肥料中养分含量\times肥料利用率}$$

基础产量即为“3414”方案中处理1的产量。

土壤有效养分校正系数法是通过测定土壤有效养分含量来计算施肥量。其计算公式为：

$$施肥量（kg/亩）=\frac{作物单位产量养分吸收量\times目标产量-土壤测试值\times0.15\times土壤有效养分校正系数}{肥料中养分含量\times肥料利用率}$$

9.1.4.2　有关参数的确定

——目标产量

目标产量可采用平均单产法来确定。平均单产法是利用施肥区前3年平均单产和年递增率为基础确定目标产量，其计算公式是：

$$目标产量（kg/亩）=（1+递增率）\times前3年平均单产（kg/亩）$$

一般粮食作物的递增率为10％～15％，露地蔬菜为20％，设施蔬菜为30％。

——作物需肥量

通过对正常成熟的农作物全株养分的分析，测定各种作物百千克经济产量所需养分量，乘以目标常量即可获得作物需肥量。

$$作物目标产量所需养分量（kg）=\frac{目标产量（kg）}{100}\times百千克产量所需养分量（kg）$$

——土壤供肥量

土壤供肥量可以通过测定基础产量、土壤有效养分校正系数两种方法估算：

通过基础产量估算（处理1产量）：不施肥区作物所吸收的养分量作为土壤供肥量。

$$土壤供肥量（kg）=\frac{不施养分区农作物产量（kg）}{100}\times百千克产量所需养分量（kg）$$

通过土壤有效养分校正系数估算：将土壤有效养分测定值乘一个校正系数，以表达土壤“真实”供肥量。该系数称为土壤有效养分校正系数。

$$土壤有效养分校正系数（\%）=\frac{缺素区作物地上部分吸收该元素量（kg/亩）}{该元素土壤测定值（mg/kg）\times 0.15}$$

——肥料利用率

一般通过差减法来计算：利用施肥区作物吸收的养分量减去不施肥区农作物吸收的养分量，其差值视为肥料供应的养分量，再除以所用肥料养分量就是肥料利用率。

$$肥料利用率（\%）=\frac{施肥区农作物吸收养分量（kg/亩）-缺素区农作物吸收养分量（kg/亩）}{肥料施用量（kg/亩）\times 肥料中养分含量（\%）}\times 100$$

上述公式以计算氮肥利用率为例来进一步说明。

施肥区（NPK 区）农作物吸收养分量（kg/亩）：“3414”方案中处理 6 的作物总吸氮量；

缺氮区（PK 区）农作物吸收养分量（kg/亩）：“3414”方案中处理 2 的作物总吸氮量；

肥料施用量（kg/亩）：施用的氮肥肥料用量；

肥料中养分含量（%）：施用的氮肥肥料所标明的含氮量。

如果同时使用了不同品种的氮肥，应计算所用的不同氮肥品种的总氮量。

——肥料养分含量

供施肥料包括无机肥料与有机肥料。无机肥料、商品有机肥料含量按其标明量，不明养分含量的有机肥料养分含量可参照当地不同类型有机肥养分平均含量获得。

9.2 县域施肥分区与肥料配方设计

在 GPS 定位土壤采样与土壤测试的基础上，综合考虑行政区划、土壤类型、土壤质地、气象资料、种植结构、作物需肥规律等因素，借助信息技术生成区域性土壤养分空间变异图和县域施肥分区图，优化设计不同分区的肥料配方。主要工作步骤如下：

9.2.1 确定研究区域

一般以县级行政区域为施肥分区和肥料配方设计的研究单元。

9.2.2 GPS 定位指导下的土壤样品采集

土壤样品采集要求使用 GPS 定位，采样点的空间分布应相对均匀，如每 100 亩采集一个土壤样品，先在土壤图上大致确定采样位置，然后在标记位置附近的一个采集地块上采集多点混合土样。

9.2.3 土壤测试与土壤养分空间数据库的建立

将土壤测试数据和空间位置建立对应关系，形成空间数据库，以便能在 GIS 中进行分析。

9.2.4 土壤养分分区图的制作

基于区域土壤养分分级指标，以 GIS 为操作平台，使用 Kriging 等方法进行土壤养分空间插值，制作土壤养分分区图。

9.2.5 施肥分区和肥料配方的生成

针对土壤养分的空间分布特征，结合作物养分需求规律和施肥决策系统，生成县域施肥分区图和分区肥料配方。

9.2.6 肥料配方的校验

在肥料配方区域内针对特定作物，进行肥料配方验证。

9.3 测土配方施肥建议卡

见附表 1-9。

10 配方肥料合理施用

在养分需求与供应平衡的基础上，坚持有机肥料与无机肥料相结合；坚持大量元素与中量元素、微量元素相结合；坚持基肥与追肥相结合；坚持施肥与其他措施相结合。在确定肥料用量和肥料配方后，合理施肥的重点是选择肥料种类、确定施肥时期和施肥方法等。

10.1 配方肥料种类

根据土壤性状、肥料特性、作物营养特性、肥料资源等综合因素确定肥料种类，可选用单质或复混肥料自行配制配方肥料，也可直接购买配方肥料。

10.2 施肥时期

根据肥料性质和植物营养特性，适时施肥。植物生长旺盛和吸收养分的关键时期应重点施肥，有灌溉条件的地区应分期施肥。对作物不同时期的氮肥推荐量的确定，有条件区域应建立并采用实时监控技术。

10.3 施肥方法

常用的施肥方式有撒施后耕翻、条施、穴施等。应根据作物种类、栽培方式、肥料性质等选择适宜施肥方法。例如，氮肥应深施覆土，施肥后灌水量不能过大，否则造成氮素淋洗损失；水溶性磷肥应集中施用，难溶性磷肥应分层施用或与有机肥料堆沤后施用；有机肥料要经腐熟后施用，并深翻入土。

11 示范及效果评价

11.1 田间示范

11.1.1 示范方案

每县在主要作物上设20～30个测土配方施肥示范点，进行田间对比示范。示范设置常规施肥对照区和测土配方施肥区两个处理，另外加设一个不施肥的空白处理，其中测土配方施肥、农民常规施肥处理面积不少于200m^2、空白对照（不施肥）处理不少于30m^2。其他参照一般肥料试验要求。通过田间示范，综合比较肥料投入、作物产量、经济效益、肥料利用率等指标，客观评价测土配方施肥效益，为测土配方施肥技术参数的校正及进一步优化肥料配方提供依据。田间示范应包括规范的田间记录档案和示范报告，具体记录内容参见附表1-10测土配方施肥田间示范结果汇总表。

11.1.2 结果分析与数据汇总

对于每一个示范点，可以利用3个处理之间产量、肥料成本、产值等方面的比较，从增产和增收等角度进行分析，同时也可以通过测土配方施肥产量结果与计划产量之间的比较，进行参数校验。有关增产增收的分析指标如下。

11.1.2.1 增产率

测土配方施肥产量与对照（常规施肥或不施肥处理）产量的差值相对于对照产量的百分数。

$$增产率（\%）=\frac{测土配方施肥产量-对照产量}{对照产量}\times 100\%$$

11.1.2.2 增收

测土配方施肥比对照（常规施肥或不施肥处理）增加的纯收益。

增收（元/亩）＝（测土配方施肥产量－对照产量）×产品单价－（测土配方施肥肥料成本－对照肥料成本）

11.2 农户调查反馈

11.2.1 农户施肥情况的调查

11.2.1.1 测土样点农户的调查与跟踪

每县选择100～200个有代表性的农户进行跟踪监测，调查填写《农户施肥情况调查表》，见附表1-12。

11.2.1.2 农户施肥调查

每县选择100个以上有代表性的农户，开展农户施肥调查，以权重、按比例选择测土配方施肥农户、常规施肥农户及不同生产水平的农户，调查内容参见附表1-12，再作汇总分析，以县为单位完成《农户测土配方施肥准确度的评价统计表》，见附表1-11。

11.2.2　测土配方施肥的效果评价方法

11.2.2.1　测土配方施肥农户与常规施肥农户比较

从作物产量、效益、地力变化等方面进行评价。

11.2.2.2　农户测土配方施肥前后的比较

从农民实施测土配方施肥前后的产量、效益进行评价。

11.2.2.3　测土配方施肥准确度的评价

从农户和作物两方面对测土配方施肥技术准确度进行评价。

12　实验室建设与质量控制

12.1　实验室建设

12.1.1　实验室布局

实验室使用面积不小于200m^2，由样品处理室、样品保存室、天平室、电热室、分析室、浸提室、贮藏室、危险品贮藏室等组成。

样品干燥需要自然或强制通风，可安装远红外加热设备，但室温不宜超过40℃。样品研磨需要强制通风、除尘。

样品保存室用于存放样品和参比样，一般样品需保存3～12个月，肥料田间试验的基础土壤样品应长期保存。

贮藏室是化验室备用物品贮藏的场所，主要是备用的化学试剂和仪器设备、备件等，必须独立。

浸提室应配置空调，用于样品浸提、稀释、显色等。

分析室应配置空调，用于放置原子吸收分光光度计（强排风）、火焰光度计（强排风）、紫外—可见分光光度计、酸度计等仪器及分析操作使用，仪器应配置标准数据接口或计算机，用于数据自动采集。

危险品贮藏室最好设于大楼以外，主要存放少量易燃、易爆和剧毒危险品，必须有防渗、防爆、防盗设计。

浸提室、分析室等均需设上下水管线，配置防溅洒防护装置，如洗眼器、淋浴喷头等。

12.1.2　环境

制定具体措施，①保证检测工作不受外部环境影响；②保证检测的废液、废水等有害物质对周围环境不产生不利影响；③保证检测人员的身体健康。

12.1.3　仪器

主要包括以下仪器设备：原子吸收分光光度计、火焰光度计、紫外—可见分光光度计、凯氏定氮仪、酸度计、电导仪、超纯水器、样品粉碎机、振荡机、电热干燥箱、电子天平和计算机等。

12.1.4　人员

应配备与检测任务相适应的技术人员。

12.2　质量控制

12.2.1　实验室环境条件的控制

一般可参考以下要求：

环境温度：15～35℃；

相对湿度：20%～75%；

电源电压：220±11V，注意接地良好；

噪　　声：仪器室噪声<55dB，工作间噪声<70dB；

含 尘 量：<0.28mg/m^3；

照　　度：(200～350) lx；

振　　动：天平室、仪器室应在4级以下，振动速度<0.20mm/秒；

特殊仪器设备的使用，特殊样品试剂的存放和特殊分析项目的开展，应满足其各自规定的环境条件。

12.2.2　人力资源的控制

按照计量认证的要求，配备相应的专业技术人员，定期培训，定期考核，确保人员素质。

12.2.3　仪器设备及标准物质控制

实验室计量器具主要有仪器设备、玻璃量器、标准物质三类。

12.2.3.1　仪器设备

应购买已获产品质量认证的专业厂家生产的产品。对检测准确性和有效性有影响的仪器设备，应制定周期校核、检定计划。属强制性检定的，应定期送法定机构检定；属非强制性检定但有检定规程的，一般也应定期送检或自检，但自检应建标并考核合格；属非强制性检定又无检定规程的或不属计量器具但对检测准确性和有效性有影响的，应定期组织自校或验证。自检和验证常用的方法应使用有证标准物质和组织实验室间比对等。

12.2.3.2　玻璃量器

应购置有《制造计量器具许可证》的产品。玻璃量器应按周期进行检定，其中与标准溶液配制、标定有关的，定期送法定机构检定，其余的由本单位具有检定员资格的人员按有关规定自检。

12.2.3.3 标准物质

应购买国务院有关业务主管部门批准、并授权生产，附有标准物质证书且在有效期内的产品。实验室的参比样品、工作标准溶液等应溯源到国家有证标准物质。

12.2.3.4 参比样制备

12.2.3.4.1 土样采集

选择有代表性的土壤类型，采集耕层土样，每类土样不低于1 000kg。样品采集要防止污染。

12.2.3.4.2 样品制备

①风干：将田间采集的土壤摊平，放在无污染的塑料薄膜上风干。剔除植物残体、砂砾石块等侵入体和新生体。干燥期间注意防尘，避免直接暴晒。②磨碎与过筛：用机械粉碎机制样，通过0.25mm孔径筛。在研磨与过筛过程中应注意样品的再次除杂。为提高样品的稳定性，有条件的地方可将过筛后的样品通过105℃烘干6小时处理。③混匀：把通过0.25mm孔径筛的土壤样品全部置于无污染的搅拌器内（如混凝土搅拌机或BB肥混合器）搅拌，直到搅拌均匀为止，搅拌时间由土样数量和搅拌器性能而定。将混匀的样品全都分装到塑料瓶中（样重约1kg），备用。④均匀性检查：当最小包装单元总量小于500瓶时，可按随机数表抽取15～25瓶（一般为20瓶），大于500瓶时，按3×计算抽样数；抽取的每个包装单元再分上下两层各抽取30g样品进行测定，推荐检查测定项目为有机质、速效钾和有效铜（或锰），测定时每个项目由同一人在同一实验条件下在尽量短的时间内完成；测试结果采用单因子方差分析法判定，当测定项目均为F计算值≤0.05临界值时，则可以认为该批样品均匀。⑤定值：按检测要求将一定量的样品分发至8个以上条件良好的实验室，同一项目用统一的方法进行测试分析，结果经整理统计后，得到平均值和标准差。检测项目包括：有机质、pH值、全氮、全磷、全钾、阳离子交换量、水解性氮、有效磷、速效钾、缓效钾、有效中、微量元素等。⑥稳定性检查：样品定值后由制备单位会同2～3个条件良好的化验室进行稳定性检查，第一个年度内检查1次，以后每2～3个年度内检查1次，检查参比样的定值是否在方法的允许误差范围内。

12.2.4 实验室内的质量控制

12.2.4.1 标准溶液的校准

标准溶液分为元素标准溶液和标准滴定溶液两类。应严格按照国家有关标准配置、使用和保存。

12.2.4.2 空白试验

空白值的大小和分散程度，影响着方法的检测限和结果的精密度。影响空白值的主要因素：纯水质量、试剂纯度、试液配制质量、玻璃器皿的洁净度、精密仪器的灵敏度和精密度、实验室的清洁度、分析人员的操作水平和经验等。空白试验一般平行测定的相对差值不应大于50％，同时，应通过大量的试验，逐步总结出各种空白值的合理范围。每个测试批次及重新配置药剂都要增加空白。

12.2.4.3 精密度控制

精密度一般采用平行测定的允许差来控制。通常情况下，土壤样品需作10％～30％的平行。5个样品以下的，应增加为100％的平行。

平行测试结果符合规定的允许差，最终结果以其平均值报出，如果平行测试结果超过规定的允许差，需再加测一次，取符合规定允许差的测定值报出。如果多组平行测试结果超过规定的允许差，应考虑整批重作。

12.2.4.4 准确度控制

准确度一般采用标准样品作为控制手段。通常情况下，每批样品或每50个样品加测标准样品一个，其测试结果与标准样品标准值的差值，应控制在标准偏差（S）范围内。

采用参比样品控制与标准样品控制一样，但首先要与标准样品校准或组织多个实验室进行定值。在土壤测试中，一般用标准样品控制微量分析，用参比样品控制常量分析。如果标准样品（或参比样品）测试结果超差，则应对整个测试过程进行检查，找出超差原因再重新工作。此外，加标回收试验也经常用作准确度的控制。

12.2.4.5 干扰的消除或减弱

干扰对检测质量影响极大，应注意干扰的存在并设法排除。主要方法有：

可采用物理或化学方法分离被测物质或除去干扰物质；

利用氧化还原反应，使试液中的干扰物转化为不干扰的形态；

加入络合剂掩蔽干扰离子；

采用有机溶剂的萃取及反萃取消除干扰；

采用标准加入法消除干扰；

采用其他分析方法避开干扰。

12.2.4.6　其他措施

实验室内的质量控制除上述日常工作外，还需要由质量管理人员对检测结果的准确度、重复性和复现性进行控制，对检测结果的合理性进行判断。

12.2.4.6.1　准确度控制

用标样作为密码样，每年至少考核1～2次；尽可能参加上级部门组织的实验室能力验证和考核。

12.2.4.6.2　重复性控制

按不同类别随机抽取样品，制成双样同批抽查；随机抽取已检样，编成密码跨批抽查；同（跨）批抽查的样品数量应控制在样品总数的5%左右。

12.2.4.6.3　复现性控制

室内互检：安排同一实验室不同人员进行双人比对；

室间外检：分送同一样品到不同实验室，接同一方法进行检测；

方法比对：对同一检测项目，选用具有可比性的不同方法进行比对。

12.2.4.6.4　检测结果的合理性判断

检测结果的合理性判断，是质量控制的辅助手段，其依据主要来源于有关专业知识，以土壤测试为例，其合理性判断的主要依据是：

土壤元素（养分含量）的空间分布规律，主要是不同类型、不同区域的土壤背景值和土壤养分含量范围；

土壤元素（养分含量）的垂直分布规律，主要是土壤元素（养分含量）在不同海拔高度或不同剖面层次的分布规律；

土壤元素（养分含量）与成土母质的关系；

土壤元素（养分含量）与地形地貌的关系；

土壤元素（养分含量）与利用状况的关系。

各检测项目之间的相互关系：

检测结果的合理性判断，只能作为复验或外检的依据，而不能作为最终结果的判定依据。

12.2.5　实验室间的质量控制

实验室间的质量控制是一种外部质量控制，可以发现系统误差和实验室间数据的可比性，可以评价实验室间的测试系统和分析能力，是一种有效的质量控制方法。

实验室间质量控制的主要方法为能力验证，即由主管单位统一发放质控样品，统一编号，确定分析项目、分析方法及注意事项等，各实验室按要求时间完成并报出结果，主管单位根据考核结果给出优秀、合格、不合格等能力验证结论。

13　测土配方施肥数据汇总与报告撰写

各级测土配方施肥工作承担单位提交本区域年度数据库，包括田间试验数据库、农户调查数据库、土壤采样数据库、土壤样品测试数据库、肥料配方数据库、测土配方施肥效果评价数据库等，填写测土配方施肥工作情况汇总表，见附表1-13、附表1-14、附表1-15和附表1-16。同时撰写并提交本区域年度技术报告，主要内容包括：种植业概况（来自县统计数据）、测土情况、田间试验情况、配方推荐情况、配方校验与示范结果、农民测土配方施肥反馈结果、测土配方施肥总体效果、经验与问题、改进办法。

14　耕地地力评价

14.1　资料准备

14.1.1　图件资料（比例尺1∶5万）

地形图（采用中国人民解放军总参谋部测绘局测绘的地形图）、第二次土壤普查成果图（最新的土壤图、土壤养分图等）、土地利用现状图、农田水利分区图、行政区划图及其他相关图件。

14.1.2　数据及文本资料

第二次土壤普查成果资料，基本农田保护区划定统计资料，近3年种植面积、粮食单产与总产、肥料使用等统计资料，历年土壤、植物测试资料。

14.2　技术准备

14.2.1　确定耕地地力评价因子

根据全国耕地地力评价因子总集，见附表1-5，结合当地实际情况，从六大方面的因子中选取本县耕地地力评价因子。选取的因子应对当地耕地地力有较大的影响，在评价区域内的变异较大，在时间序列上具有相对的稳定性，因子之间独立性较强。

附表 1-5 全国耕地地力评价因子总集

气象	≥0°积温	耕层理化性状	质地
	≥10°积温		容重
	年降水量		pH
	全年日照时数		CEC
	光能辐射总量		有机质
	无霜期		全氮
	干燥度		有效磷
立地条件	经度		速效钾
	纬度		缓效钾
	海拔		有效锌
	地貌类型		有效硼
	地形部位		有效钼
	坡度		有效铜
	坡向		有效硅
	成土母质		有效锰
	土壤侵蚀类型		有效铁
	土壤侵蚀程度		有效硫
	林地覆盖率		交换性钙
	地面破碎情况		交换性镁
	地表岩石露头状况	障碍因素	障碍层类型
	地表砾石度		障碍层出现位置
	田面坡度		障碍层厚度
剖面性状	剖面构型		耕层含盐量
	质地构型		一米土层含盐量
	有效土层厚度		盐化类型
	耕层厚度		地下水矿化度
	腐殖层厚度	土壤管理	灌溉保证率
	田间持水量		灌溉模数
	冬季地下水位		抗旱能力
	潜水埋深		排涝能力
	水型		排涝模数
			轮作制度
			梯田类型
			梯田熟化年限

14.2.2 确定评价单元

用土地利用现状图（比例尺为1：5万）、土壤图（比例尺为1：5万）叠加形成的图斑作为评价单元。评价区域内的耕地面积要与政府发布的耕地面积一致。

14.3 耕地地力评价

14.3.1 评价单元赋值

根据各评价因子的空间分布图或属性数据库，将各评价因子数据赋值给评价单元。对点位分布图，采用插值的方法将其转换为栅格图，再与评价单元图叠加，通过加权统计给评价单元赋值；对矢量分布图（如土壤质地分布图），将其直接与评价单元图叠加，通过加权统计、属性提取，给评价单元赋值；对线形图（如等高线图），使用数字高程模型，形成坡度图、坡向图等，再与评价单元图叠加，通过加权统计给评价单元赋值。

14.3.2 确定各评价因子的权重

采用特尔斐法与层次分析法相结合的方法确定各评价因子权重。

14.3.3 确定各评价因子的隶属度

对定性数据采用特尔斐法直接给出相应的隶属度；对定量数据采用特尔斐法与隶属函数法结合的方法确定各评价因子的隶属函数，将各评价因子的值代入隶属函数，计算相应的隶属度。

14.3.4 计算耕地地力综合指数

采用累加法计算每个评价单元的地力综合指数。

$$IFI = \sum (F_i \times C_i)$$

IFI —— 耕地地力综合指数（Integrated Fertility Index）；

F_i—— 第i个评价因子的隶属度；

C_i—— 第i个评价因子的组合权重。

14.3.5 地力等级划分与成果图件输出

根据地力综合指数分布，采用累积曲线法或等距离法确定分级方案，划分地力等级，绘制耕地地力等级图。

14.3.6 归入全国耕地地力等级体系

依据《全国耕地类型区、耕地地力等级划分》（NY/T 309—1996），归纳整理各级耕地地力要素主要指标，形成与粮食生产能力相对应的地力等级，并将各等级耕地归入全国耕地地力等级体系。

14.3.7 划分中低产田类型

依据《全国中低产田类型划分与改良技术规范》（NY/T 310—

1996)，分析评价单元耕地土壤主导障碍因素，划分并确定中低产田类型、面积和主要分布区域。

14.4 耕地地力评价数据汇总与报告撰写

各级耕地地力评价工作承担单位提交本区域年度数据，包括农户调查数据库、采样地基本情况调查数据库、土壤采样数据库、土壤样品测试数据库等。同时，撰写并提交本区域年度技术报告，主要内容包括：技术报告和评价成果报告。其中，评价成果报告分为耕地地力评价结果报告、耕地地力评价与改良利用报告、耕地地力评价与测土配方施肥报告、耕地地力评价与种植业布局区划报告等。

附表 1-6 测土配方施肥________（作物名）田间试验结果汇总表

地点：____省____地市____县____（乡村农户地块名），邮编：_____；东经：___度___分___秒，北纬：___度___分___秒；海拔_____ m

土名：____土类____亚类____土属____土种；地下水位＊通常____最高____最低____ m；灌排能力______；障碍因素____；耕层厚度____ cm

土体构型：________；地形部位及农田建设：________；侵蚀程度____；肥力等级____；代表面积____亩；取土时期___年___月___日

土壤测试结果＊

取样层次 cm	有机质 g/kg	全氮 g/kg	速效氮 mg/kg	全磷 g/kg	有效磷 mg/kg	全钾 g/kg	缓效钾 mg/kg	速效钾 mg/kg	交换量 cmol(＋)/kg	碳酸钙 g/kg	pH	国际制质地	容重 g/cm³	土壤结构	有效徽量元素（mg/kg）						其他（mg/kg）		
															Fe	Mn	Cu	Zn	B	Mo			
0—																							
—																							

一、试验目的、原理和方法

二、供试作物品种、名称及特征描述（田间生长期：____年____月____日—____年____月____日）

三、田间操作、天气及灾害情况

<table>
<tr><td rowspan="2">灌溉</td><td>月、日</td><td></td><td></td><td></td><td></td><td></td><td>合计</td><td rowspan="2">生长季降水量</td><td>月、日</td><td></td><td></td><td></td><td></td><td></td><td>合计</td><td>年降水总量</td></tr>
<tr><td>方/亩</td><td></td><td></td><td></td><td></td><td></td><td></td><td>mm</td><td></td><td></td><td></td><td></td><td></td><td></td><td></td></tr>
<tr><td rowspan="3" colspan="2">其他农事活动及灾害</td><td>月、日</td><td colspan="11"></td><td></td><td>无霜期</td><td>≥10℃积温</td></tr>
<tr><td rowspan="2">活动现象</td><td rowspan="2" colspan="11"></td><td>生长季</td><td></td><td>℃</td></tr>
<tr><td>全年</td><td></td><td>℃</td></tr>
</table>

（续表）

四、试验设计与结果

处理	序号	1	2	3	4	5	6	7	8	9	10	11	12	13	14	15	16	17	18
	代码	$N_0P_0K_0$	$N_0P_2K_2$	$N_1P_2K_2$	$N_2P_0K_2$	$N_2P_1K_2$	$N_2P_2K_2$	$N_2P_3K_2$	$N_2P_2K_0$	$N_2P_2K_1$	$N_2P_2K_3$	$N_3P_2K_2$	$N_1P_1K_2$	$N_1P_2K_1$	$N_2P_1K_1$				
亩产 kg	重复Ⅰ																		
	重复Ⅱ																		
	重复Ⅲ																		

注：1. 处理序号须与方案中的编号一致　　2. 本次试验是否代表常年情况：

3. 前季作物：　　名称：　　品种：　　产量：　　施肥量（kg/亩）：N：　　P_2O_5：　　K_2O：　　是否代表常年：

4. 试验 2 水平处理的施肥量（kg/亩）：N：　　P_2O_5：　　K_2O：　　其他（注明元素及用量）

填报单位：＿＿＿＿＿＿ 邮编：＿＿＿＿ 电话：＿＿＿＿ 传真：＿＿＿＿ 联系人：＿＿＿＿ 填报时间：＿＿＿＿

* 土壤测试需注明具体测试方法（测试方法参照本规范），养分以单质表示。注意编号与附表 1-8 和附表 1-14 一致

附表 1-7　土壤采样标签（式样）

统一编号：（和农户调查表编号一致）　　　　　　　　　　　　　　　　　邮编：

采样时间：　　　　年　　　　月　　　　日　　　　时

采样地点：　　　　省　　　　市　　　　县　　　　乡（镇）
　　　　　　　　　村　　　　地块　　　　农户名：

地块在村的（中部、东部、南部、西部、北部、东南、西南、东北、西北）

采样深度：①0～20cm　②____ cm（不是①的，在②填写）该土样由____点混合（规范要求 15～20 点）

经度：____度____分____秒　　　　纬度：____度____分____秒

采样人：　　　　　　　　　　　　　　　　联系电话：

附表 1-8 测土配方施肥采样地块基本情况调查表

统一编号：__________调查组号：__________采样序号：______________

采样目的：__________采样日期：__________上次采样日期：__________

地理位置	省（市）名称		地（市）名称		县（旗）名称	
	乡（镇）名称		村组名称		邮政编码	
	农户名称		地块名称		/	/
	地块位置		距村距离（m）		/	/
	纬度(度:分:秒)		经度(度:分:秒)		海拔高度（m）	
自然条件	地貌类型		地形部位		/	/
	地面坡度（度）		田面坡度（度）		坡向	
	通常地下水位（m）		最高地下水位（m）		最深地下水位（m）	
	常年降雨量（mm）		常年有效积温（℃）		常年无霜期（天）	
生产条件	农田基础设施		排水能力		灌溉能力	
	水源条件		输水方式		灌溉方式	
	熟制		典型种植制度		常年产量水平（kg/亩）	
土壤情况	土类		亚类		土属	
	土种		俗名		/	/
	成土母质		剖面构型		土壤质地(手测)	
	土壤结构		障碍因素		侵蚀程度	
	耕层厚度（cm）		采样深度（cm）		/	/
	田块面积（亩）		代表面积（亩）		/	/
来年种植意向	茬口	第一季	第二季	第三季	第四季	第五季
	作物名称					
	品种名称					
	目标产量					
采样调查单位	单位名称				联系人	
	地址				邮政编码	
	电话		传真		采样调查人	
	E-mail					

说明：每一取样地块一张表。与附表 1-12 联合使用，编号一致。

附表 1-9　测土配方施肥建议卡

农户姓名：________　______省______县（市）______乡（镇）______村 编号：________

地块面积：____________亩　　地块位置：______________　距村距离：____________

	测试项目	测试值	丰缺指标	养分水平评价		
				偏低	适宜	偏高
土壤测试数据	全氮（g/kg）					
	速效氮（mg/kg）					
	有效磷（mg/kg）					
	速效钾（mg/kg）					
	有机质（g/kg）					
	pH 值					
	有效铁（mg/kg）					
	有效锰（mg/kg）					
	有效铜（mg/kg）					
	有效锌（mg/kg）					
	有效硼（mg/kg）					
	有效钼（mg/kg）					
	交换性钙（mg/kg）					
	交换性镁（mg/kg）					
	有效硫（mg/kg）					
	有效硅（mg/kg）					

作物名称			作物品种		目标产量（kg/亩）	
		肥料配方	用量（kg/亩）	施肥时间	施肥方式	施肥方法
推荐方案一	基肥					
	追肥					
推荐方案二	基肥					
	追肥					

技术指导单位：________联系方式：________联系人：________日期：________

附表 1-10 测土配方施肥__________（作物名） 田间试验结果汇总表

编号：__________

地点：____省____地市____县____（乡村农户地块名），邮编：____；东经：___度___分___秒，北纬：___度___分___秒；海拔____ m

土名：____土类____亚类____土属____土种；地下水位＊通常____最高____最低____ m；灌排能力______；障碍因素____；耕层厚度____ cm

土体构型：________；地形部位及农田建设：________；侵蚀程度____；肥力等级____；代表面积____亩；取土时期___年___月___日

土壤测试结果＊

取样层次 cm	有机质 g/kg	全氮 g/kg	速效氮 mg/kg	全磷 g/kg	有效磷 mg/kg	全钾 g/kg	缓效钾 mg/kg	速效钾 mg/kg	交换量 cmol(＋)/kg	碳酸钙 g/kg	pH值	国际制质地	容重 g/cm^3	土壤结构	有效微量元素（mg/kg）						其他（mg/kg）		
															Fe	Mn	Cu	Zn	B	Mo			
0—																							
—																							

示范结果

	生长日期		产量	化肥用量（kg/亩）				有机肥	有机肥	有机肥养分折纯（kg/亩）					降水量（mm）		灌溉（m^3/亩）		面积（亩）	作物品种
	年月日—年月日	天数	kg/亩	N	P_2O_5	K_2O		kg/亩	品种	有机质	N	P_2O_5	K_2O		次数	总量	次数	总量		
配方施肥区																				
农民常规区																				
空白处理区																				

施肥推荐方法：__________，不正常情况及备注：__________

填报单位：__________ 邮　编：________ 电　话：________

传真：__________ 联系人：________ 填报时间：________

＊土壤测试需注明具体测试方法（测试方法参照本规范），养分以单质表示。注意编号与附表 1-8 一致

附表 1-11 农户测土配方施肥准确度的评价统计表

________年________县________作物农户测土配方施肥执行情况对比表

配方状况	样本数	施氮量（kg/亩）		施磷量（kg/亩）		施钾量（kg/亩）		养分比例	
		平均	标准差	平均	标准差	平均	标准差	氮磷比	氮钾比
配方推荐									
实际执行									
差值（与推荐比）									

________年________县________作物测土配方施肥执行效果对比表

配方状况	样本数	施肥成本（元/亩）		产量（kg/亩）		效益（元/亩）		配方施肥增加%	
		平均	标准差	平均	标准差	平均	标准差	产量	效益
配方推荐									
实际执行									
差值（与推荐比）									

附表 1-12　农户施肥情况调查表

统一编号：

<table>
<tr><td colspan="2" rowspan="4">施肥相关情况</td><td>生长季节</td><td></td><td colspan="3">作物名称</td><td colspan="2"></td><td colspan="2">品种名称</td><td colspan="2"></td></tr>
<tr><td>播种季节</td><td></td><td colspan="3">收获日期</td><td colspan="2"></td><td colspan="2">产量水平</td><td colspan="2"></td></tr>
<tr><td>生长期内降水次数</td><td></td><td colspan="3">生长期内降水总量</td><td colspan="2"></td><td colspan="2">/</td><td colspan="2">/</td></tr>
<tr><td>生长期内灌水次数</td><td></td><td colspan="3">生长期内灌水总量</td><td colspan="2"></td><td colspan="2">灾害情况</td><td colspan="2"></td></tr>
<tr><td rowspan="5">推荐施肥情况</td><td colspan="2">是否推荐施肥指导</td><td></td><td colspan="2">推荐单位性质</td><td></td><td colspan="2">推荐单位名称</td><td colspan="4"></td></tr>
<tr><td rowspan="4">配方内容</td><td rowspan="3">目标产量（kg/亩）</td><td rowspan="3">推荐肥料成本（元/亩）</td><td colspan="5">化肥（kg/亩）</td><td colspan="4">有机肥（kg/亩）</td></tr>
<tr><td colspan="3">大量元素</td><td colspan="2">其他元素</td><td colspan="2" rowspan="2">肥料名称</td><td colspan="2" rowspan="2">实物量</td></tr>
<tr><td>N</td><td>P_2O_5</td><td>K_2O</td><td>养分名称</td><td>养分用量</td></tr>
<tr><td></td><td></td><td></td><td></td><td></td><td></td><td></td><td colspan="2"></td><td colspan="2"></td></tr>
<tr><td colspan="2" rowspan="4">实施施肥总体情况</td><td rowspan="3">实际产量（kg/亩）</td><td rowspan="3">实际肥料成本（元/亩）</td><td colspan="5">化肥（kg/亩）</td><td colspan="4">有机肥（kg/亩）</td></tr>
<tr><td colspan="3">大量元素</td><td colspan="2">其他元素</td><td colspan="2" rowspan="2">肥料名称</td><td colspan="2" rowspan="2">实物量</td></tr>
<tr><td>N</td><td>P_2O_5</td><td>K_2O</td><td>养分名称</td><td>养分用量</td></tr>
<tr><td></td><td></td><td></td><td></td><td></td><td></td><td></td><td colspan="2"></td><td colspan="2"></td></tr>
<tr><td rowspan="11">实际施肥明细</td><td>汇总</td><td></td><td></td><td></td><td></td><td></td><td></td><td></td><td colspan="2"></td><td colspan="2"></td></tr>
<tr><td rowspan="10">施肥明细</td><td rowspan="2">施肥序次</td><td rowspan="2">施肥时期</td><td colspan="3" rowspan="2">项　目</td><td colspan="6">施肥情况</td></tr>
<tr><td>第一种</td><td>第二种</td><td>第三种</td><td>第四种</td><td>第五种</td><td>第六种</td></tr>
<tr><td rowspan="8">第一次</td><td rowspan="8"></td><td colspan="3">肥料种类</td><td></td><td></td><td></td><td></td><td></td><td></td></tr>
<tr><td colspan="3"></td><td></td><td></td><td></td><td></td><td></td><td></td></tr>
<tr><td rowspan="5">养分含量情况（%）</td><td rowspan="3">大量元素</td><td>N</td><td></td><td></td><td></td><td></td><td></td><td></td></tr>
<tr><td>P_2O_5</td><td></td><td></td><td></td><td></td><td></td><td></td></tr>
<tr><td>K_2O</td><td></td><td></td><td></td><td></td><td></td><td></td></tr>
<tr><td rowspan="2">其他元素</td><td>养分名称</td><td></td><td></td><td></td><td></td><td></td><td></td></tr>
<tr><td>养分含量</td><td></td><td></td><td></td><td></td><td></td><td></td></tr>
<tr><td colspan="3">实物量（kg/亩）</td><td></td><td></td><td></td><td></td><td></td><td></td></tr>
</table>

（续表）

实际施肥明细	施肥明细	第二次		肥料种类							
				肥料名称							
				养分含量情况（%）	大量元素	N					
						P_2O_5					
						K_2O					
					其他元素	养分名称					
						养分含量					
				实物景（kg/亩）							
实际施肥明细		第…次		肥料种类							
				肥料名称							
				养分含量情况（%）	大量元素	N					
						P_2O_5					
						K_2O					
					其他元素	养分名称					
						养分含量					
				实物景（kg/亩）							
实际施肥明细		第六次		肥料种类							
				肥料名称							
				养分含量情况（%）	大量元素	N					
						P_2O_5					
						K_2O					
					其他元素	养分名称					
						养分含量					
				实物景（kg/亩）							

该表说明　每一季作物一张表，请填写齐全采样前一个年度的每季作物。农户调查点必须填写完“实际施肥明细”，其他点必须填写完“实际施肥总体情况”及以上部分，与附表 1-8 联合使用，编号一致

附表 1-13　测土配方施肥土壤测度结果汇总表

编号________，地点：________省________地市________县________乡村________农户________地块名，邮编：________

取样层次	质地	容重	土壤水分（%）		pH值	交换酸	阳离子交换量	电导率	水溶性盐分总量	水溶性阴离子（kg^{-1}）			氧化还原电位
cm	国际制	G/cm	自然含水量	田间持水量		cmol(＋)/kg	cmol(＋)/kg	S/m	g/kg	$CO_3^{2-}+HCO_3^-$	Cl^-	SO_4^{2-}	mV
0—													
—													

有机质	全氮	水解氮	铵态氮	硝态氮	全磷	有效磷	全钾	缓效钾	速效钾	交换性钙镁 mg/kg		中、微量元素（mg/kg）							
g/kg	g/kg	mg/kg	mg/kg	mg/kg	g/kg	mg/kg	g/kg	mg/kg	mg/kg	Ca	Mg	Fe	Mn	Cu	Zn	B	Mo	S	Si

注意：编号与附表 1-8、附表 1-12 一致

附表 1-14 测土配方施肥植物测试结果表

编号：__________，地点：____省____地市____县____乡村____农户____地块名，邮编：________

区组及处理编号	全氮 %	全磷 %	全钾 %	水分 %	粗灰分 %	全钙 $mgkg^{-1}$	全镁 $mgkg^{-1}$	全硫 $mgkg^{-1}$	全硼 $mgkg^{-1}$	全钼 $mgkg^{-1}$	全铜 $mgkg^{-1}$	全锌 $mgkg^{-1}$	全铁 $mgkg^{-1}$	全锰 $mgkg^{-1}$

注意：编号与附表 1-6 一致。

附表 1-15 ______________ **（省、县）测土配方施肥工作汇总表**

项目			单位	分年度					
				年计划	年已落实	200	200	200	200
总播种面积			万亩						
测土配方施肥面积			万亩						
效益	增产		万 t						
	节肥		万 t						
	增收＋节支		万元						
田间试验	肥料田间效应试验	总数	个						
		3414 类	个						
		小区总数	个						
	配方校正试验	总数	个						
		小区数	个						
	示范展示	总数	个						
		小区数	个						
		面积	亩						
土壤测试	土壤样品采集数量		个						
	大量元素测试		个						
			项次						
	中、微量元素测试		个						
			项次						
其他分析化验	氨素调控		个						
			项次						
	植物分析		个						
			项次						
			个						
			项次						
配方肥推广	配方个数		个						
	总量		t						
	施用面积		万亩						
	应用农户		户						
	覆盖村		个						
其他方式	发放配肥通知单		张						
	指导施肥面积		万亩						
	应用农户		户						
	覆盖村		个						
培训情况	培训技术人员		人日						
	培训农户		户						
	培训农民		人日						

附表 1-16 测土配方施肥补贴资金项目（省、县）情况汇总表

年度 ________省（区）________地（市）________县（市）

1. 基本情况

项目	单位	数量	项目	单位	数量	肥料品种	用量(t)	其中自产(t)
总人口	万人		耕地面积	万亩		尿素		
农业户数	户		粮食总产量	t		碳酸氮铵		
农业人口	万人		农作物播种面积	万亩		普钙		
农业劳力	万人		粮食作物	万亩		磷酸一铵		
上年农民人均	元		水稻	万亩		磷酸二铵		
土肥技术人员	人		小麦	万亩		氯化钾		
中级以上	人		玉米	万亩		复混肥料		
化验室面积	m^2		大豆	万亩		配方肥料	个	
仪器设备	台套		棉花	万亩		配肥站	万 t	
价值	万元							

注：肥料用量和自产量均指实物量

2. 施肥情况

项目		单位	水稻	小麦	玉米	大豆	棉花	
常规施肥	面积	万亩						
	亩产	kg/亩						
	单价	kg/亩						
	有机肥用量	kg/亩						
	化肥总用量	kg/亩						
	氮肥	kg/亩						
	磷肥	kg/亩						
	钾肥	kg/亩						
	中、微肥	kg/亩						
测土配方施肥	面积	万亩						
	亩产	kg/亩						
	单价	kg/亩						
	有机肥用量	kg/亩						
	化肥总用量	kg/亩						
	氮肥	kg/亩						
	磷肥	kg/亩						
	钾肥	kg/亩						
	中、微肥	kg/亩						
	增产							
	节肥							
	增收＋节支							

注：有机肥料用量指实物量，化肥用量指折纯量

附件 2

肥料标识　内容和要求（GB 18382—2001）

1　范围

本标准规定了肥料标识的基本原则、一般要求及标识内容等。

本标准适用于中华人民共和国境内生产、销售的肥料。

2　引用标准

下列标准所包含的条文，通过在本标准中引用而构成为本标准的条文。本标准出版时，所示版本均为有效。所有标准都会被修订，使用本标准的各方应探讨使用下列标准最新版本的可能性。

GB 190—1990 危险货物包装标志

GB 191—2000 包装储运图示标志

GB/T 14436—1993 工业产品保证文件，总则

3　定义

本标准采用下列定义：

3.1　标志 marking

用于识别肥料产品及其质量、数量、特征和使用方法所做的各种表示的统称。标志可以用文字、符号、图案以及其他说明物等表示。

3.2　标签 label

供识别肥料和了解其主要性能而附以必要资料的纸片、塑料片或者包装袋等容器的印刷部分。

3.3　包装肥料 packed fertilizer

预先包装于容器中，以备交付给客户的肥料。

3.4　容器 container

直接与肥料相接触并可按其单位量运输或贮存的密闭设备（例如袋、瓶、槽、桶）。

注：个别国家肥料超大尺寸包装的产品称为散装。

3.5　肥料 fertilizer

以提供植物养分为其主要功效的物料。

3.6　缓效肥料 slow-release fertilizer

养分所呈的化合物或物理状态，能在一段时间内缓慢释放供植物持

续吸收利用的肥料。

3.7 包膜肥料 coated fertilizer

为改善肥料功效和（或）性能，在其颗粒表面涂以其他物质薄层制成的肥料。

3.8 复混肥料 compound fertilizer

氮、磷、钾三种养分中，至少有两种养分标明量的由化学方法和（或）掺混方法制成的肥料。

3.9 复合肥料 complex fertilizer

氮、磷、钾三种养分，至少有两种养分标明量的仅由化学方法制成的肥料，是复混肥料的一种。

3.10 有机-无机复混肥料 organic-inorganic compound fer-tilizer

含有一定量有机质的复混肥料。

3.11 单一肥料 straight fertilizer

氮、磷、钾三种养分中，仅具有一种养分标明量的氮肥、磷肥或钾肥的通称。

3.12 大量元素（主要养分）primary nutrient；macronutrient

对元素氮、磷、钾的通称。

3.13 中量元素（次要养分）secondary element；nutrient

对元素钙、镁、硫等的通称。

3.14 微量元素（微量养分）trace element；micronutrient

植物生长所必需的，但相对来说是少量的元素，例如，硼、锰、铁、锌、铜、钼或钴等。

3.15 肥料品位 fertilizer grade

以百分数表示的肥料养分含量。

3.16 配合式 formula

按 N-P_2O_5-K_2O（总氮-有效五氧化二磷-氧化钾）顺序，用阿拉伯数字分别表示其在复混肥料中所占百分比含量的一种方式。

注："0" 表示肥料中不含该元素。

3.17 标明量 declarable content

在肥料或土壤调理剂标签或质量证明书上标明的元素（或氧化物）含量。

3.18 总养分 total primary nutrient

总氮、有效五氧化二磷和氧化钾含量之和，以质量百分数计。

4 原理

规定标识的主要内容及定出肥料包装容器上的标志尺寸、位置、文字、图形等大小，以使用户鉴别肥料并确定其特性。这些规定因所用的容器不同而异：

——装大于25kg（或25L）肥料的，或

——装5～25kg（或5～25L）肥料的，或

——装小于5kg（或5L）肥料的。

5 基本原则

5.1 标志所标注的所有内容，必须符合国家法律和法规的规定，并符合相应产品标准的规定。

5.2 标志所标注的所有内容，必须准确、科学、通俗易懂。

5.3 标志所标注的所有内容，不得以错误的、引起误解的欺骗性的方式描述或介绍肥料。

5.4 标志所标注的所有内容，不得以直接或间接暗示性的语言、图形、符号导致用户将肥料或肥料的某一性质与另一肥料产品混淆。

6 一般要求

标志所标注的所有内容，应清楚并持久地印刷在统一的并形成反差的基底上。

6.1 文字

标志中的文字应使用规范汉字，可以同时使用少数民族文字、汉语拼音及外文（养分名称可以用化学元素符号或分子式表示），汉语拼音和外文字体应小于相应汉字和少数民族文字。

应使用法定计量单位。

6.2 图示

应符合GB 190和GB 191的规定。

6.3 颜色

使用的颜色应醒目、突出、易使用户特别注意并能迅速识别。

6.4 耐久性和可用性

直接印在包装上，应保证在产品的可预计寿命期内的耐久性，并保持清晰可见。

6.5 标志的形式

分为外包装标识、合格证、质量证明书、说明书及标签等。

7 标识内容

7.1 肥料名称及商标

7.1.1 应标明国家标准、行业标准已经规定的肥料名称。对商品名称或者特殊用途的肥料名称，可在产品名称下以小 1 号字体（见 10.1.3）予以标注。

7.1.2 国家标准、行业标准对产品名称没有规定的，应使用不会引起用户、消费者误解和混淆的常用名称。

7.1.3 产品名称不允许添加带有不实、夸大性质的词语，如“高效×××”、“××肥王”、“全元素××肥料”等。

7.1.4 企业可以标注经注册登记的商标。

7.2 肥料规格、等级和净含量

7.2.1 肥料产品标准中已规定规格、等级、类别的，应标明相应的规格、等级、类别。若仅标明养分含量，则视为产品质量全项技术指标符合养分含量所对应的产品等级要求。

7.2.2 肥料产品单件包装上应标明净含量。净含量标注应符合《定量包装商品计量监督规定》的要求。

7.3 养分含量

应以单一数值标明养分的含量。

7.3.1 单一肥料

7.3.1.1 应标明单一养分的百分含量。

7.3.1.2 若加入中量元素、微量元素，可标明中量元素、微量元素（以元素单质计，下同），应按中量元素、微量元素两种类型分别标明各单养分含量及各自相应的总含量，不得将中量元素、微量元素含量与主要养分相加。微量元素含量低于 0.02%或（和）中量元素含量低于 2%的不得标明。

7.3.2 复混肥料（复合肥料）

7.3.2.1 应标明 N、P_2O_5、K_2O 总养分的百分含量，总养分标明值应不低于配合式中单养分标明值之和，不得将其他元素或化合物计入总养分。

7.3.2.2 应以配合式分别标明总氮、有效五氧化二磷、氧化钾的百分含量，如氮磷钾复混肥料 15、15、15。二元肥料应在不含单养分的位置标以“0”，如氮钾复混肥料 15、0、10。

7.3.2.3 若加入中量元素、微量元素，不在包装容器和质量证明书上标明（有国家标准或行业标准规定的除外）。

7.3.3 中量元素肥料

7.3.3.1 应分别单独标明各中量元素养分含量及中量元素养分含量之和。含量小于 2%的单一中量元素不得标明。

7.3.3.2 若加入微量元素，可标明微量元素，应分别标明各微量元素的含量及总含量，不得将微量元素含量与中量元素相加。其他要求同7.3.1.2。

7.3.4 微量元素肥料

应分别标出各种微量元素的单一含量及微量元素养分含量之和。

7.3.5 其他肥料

参照7.3.1和7.3.2执行。

7.4 其他添加含量

7.4.1 若加入其他添加物，可标明其他添加物，应分别标明各添加物的含量及总含量，不得将添加物含量与主要养分相加。

7.4.2 产品标准中规定需要限制并标明的物质或元素等应单独标明。

7.5 生产许可证编号

对国家实施生产许可证管理的产品，应标明生产许可证的编号。

7.6 生产者或经销者的名称、地址应标明经依法登记注册并能承担产品质量责任的生产者或经销者名称、地址。

7.7 生产日期或批号

应在产品合格证、质量证明书或产品外包装上标明肥料产品的生产日期或批号。

7.8 肥料标准

7.8.1 应标明肥料产品所执行的标准编号。

7.8.2 有国家或行业标准的肥料产品，如标明标准中未有规定的其他元素或添加物，应制定企业标准，该企业标准应包括所添加元素或添加物的分析方法，并应同时标明国家标准（或行业标准）和企业标准。

7.9 警示说明

运输、贮存、使用过程中不当，易造成财产损坏或危害人体健康和安全的，应有警示说明。

7.10 其他

7.10.1 法律、法规和规章另有要求的，应符合其规定。

7.10.2 生产企业认为必要的，符合国家法律、法规要求的其他标识。

8 标签

8.1 粘贴标签及其他相应标签

如果容器的尺寸及形状允许，标签的标志区最小应为120mm×70mm，最小文字高度至少为3mm，其余应符合本标准第十章的规定。

8.2　系挂标签

系挂标签的标志区最小应为120mm×70mm，最小文字高度至少为3mm，其余应符合本标准第十章的规定。

9　质量证明书或合格证

应符合GB/T 14436的规定。

10　标志印刷

10.1　装大于25kg（或25L）肥料的容器

10.1.1　标志区位置及区面积

一块矩形区间，其总面积至少为所选用面的40%，该选用面应为容器的主要面之一，标识内容应打印在该面积内。区间的各边应与容器的各边相平行。

区内所有标识，均应水平方向按汉字顺序印刷，不得垂直或斜向印刷标识内容。

10.1.2　主要项目标识尺寸

根据打印标识区的面积（附件2中10.1.1），应采用三种标识尺寸，以使标识标注内容能清楚地布置排列，这三种尺寸应为X/Y/Z比例，它仅能在如附表2-1所示范围内变化，最小字体的高度至少应为10mm。

附表2-1　三种标识尺寸比例

最小字体尺寸 mm	尺寸比例小（X）/中（Y）/大（Z）	
	最小比例	最大比例
≤20	1/2/4	1/3/9
>20	1/1.5/3	1/2.5/7

10.1.3　标识区内主要项目和文字尺寸

标识标注内容应用印刷文字，标识项目的尺寸应符合附表2-2要求。

10.2　装5～25kg（或5～25L）肥料的容器

最小文字高度至少为5mm，其余应符合本标准10.1条的规定。

10.3　装5kg（或5L）以下肥料容器

如容器尺寸及形状允许，标识区最小尺寸应为12mm×70mm，最小文字高度至少为3mm，其余应符合本标准10.1条的规定。

该标准非等效采用 ISO 7409—1984。与 ISO 7409—1984 相比，本标准增加了相关的术语定义，同时根据国家的有关法律、法规和规章，增加了相应的标识内容和要求。ISO（国际标准化组织）是一个世界性的国家标准团体（ISO 成员团体）的联合机构。国际标准的制定工作通常通过 ISO 各技术委员会进行。每个成员团体均有机会加入，与 ISO 有联系的各政府的或非政府的国际组织也可参加。经技术委员会采纳的国际标准草案，在由 ISO 理事会批准为国际标准之前，要先发给各成员团体通过。ISO 7409 国际标准是由 ISO/TC 134 肥料和土壤调理剂技术委员会制定的，并于 1981 年发给各成员单位。此标准已由下列国家的成员单位通过：奥地利、意大利、罗马尼亚、捷克斯洛伐克、肯尼亚、南非、埃及、朝鲜、斯里兰卡、西德、墨西哥、英国、匈牙利、荷兰、美国、伊拉克、挪威、苏联、以色列、波兰、葡萄牙。

国家标准 GB 18382—2001 将从 2002 年 1 月 1 日起实施。

附表 2-2 标志区内要项目和文字尺寸

序号	标识标注主要内容		文字		
			小（X）	中（Y）	大（Z）
1	肥料名称及商标			·	·
2	规格、等级及类别			·	·
3	组成	作为主要标志内容的养分或总养分		·	·
		配合式（单养分标明值）	·	·	
		产品标准规定应单独标明的项目，如氯含量、枸溶性磷等	·	·	
		作为附加标志的元素、养分或其他添加物	·		
4	产品标准编号		·	·	
5	生产许可证号（适用于实施生产许可证管理的肥料）		·	·	
6	净含量			·	·
7	生产或经销单位名称		·	·	
8	生产或经销单位地址		·	·	
9	其他		·	·	

注：进口肥料可不标注表中第 4、5 项，但应标明原产国或地区（指香港、澳门、台湾）。

附件 3

肥料登记管理办法

2000 年 6 月 12 日经农业部常务会议通过 2000 年 6 月 23 日中华人民共和国农业部令第 32 号发布施行，2004 年 7 月 1 日农业部令 38 号修订。

第一章　总　则

第一条　为了加强肥料管理，保护生态环境，保障人畜安全，促进农业生产，根据《中华人民共和国农业法》等法律法规，制定本办法。

第二条　在中华人民共和国境内生产、经营、使用和宣传肥料产品，应当遵守本办法。

第三条　本办法所称肥料，是指用于提供、保持或改善植物营养和土壤物理、化学性能以及生物活性，能提高农产品产量，或改善农产品品质，或增强植物抗逆性的有机、无机、微生物及其混合物料。

第四条　国家鼓励研制、生产和使用安全、高效、经济的肥料产品。

第五条　实行肥料产品登记管理制度，未经登记的肥料产品不得进口、生产、销售和使用，不得进行广告宣传。

第六条　肥料登记分为临时登记和正式登记两个阶段：

（一）临时登记：经田间试验后，需要进行田间示范试验、试销的肥料产品，生产者应当申请临时登记。

（二）正式登记：经田间示范试验、试销可以作为正式商品流通的肥料产品，生产者应当申请正式登记。

第七条　农业部负责全国肥料登记和监督管理工作。

省、自治区、直辖市人民政府农业行政主管部门协助农业部做好本行政区域内的肥料登记工作。

县级以上地方人民政府农业行政主管部门负责本行政区域内的肥料监督管理工作。

第二章　登记申请

第八条　凡经工商注册，具有独立法人资格的肥料生产者均可提出肥料登记申请。

第九条　农业部制定并发布《肥料登记资料要求》。

肥料生产者申请肥料登记，应按照《肥料登记资料要求》提供产品化学、肥效、安全性、标签等方面资料和有代表性的肥料样品。

第十条　农业部负责办理肥料登记受理手续，并审查登记申请资料是否齐全。

境内生产者申请肥料临时登记，其申请登记资料应经其所在地省级农业行政主管部门初审后，向农业部提出申请。

第十一条　生产者申请肥料临时登记前，须在中国境内进行规范的田间试验。

生产者申请肥料正式登记前，须在中国境内进行规范的田间示范试验。

对有国家标准或行业标准，或肥料登记评审委员会建议经农业部认定的产品类型，可相应减免田间试验和/或田间示范试验。

第十二条　境内生产者生产的除微生物肥料以外的肥料产品田间试验，由省级以上农业行政主管部门认定的试验单位承担，并出具试验报告；微生物肥料、国外以及中国港、澳、台地区生产者生产的肥料产品田间试验，由农业部认定的试验单位承担，并出具试验报告。

肥料产品田间示范试验，由农业部认定的试验单位承担，并出具试验报告。

省级以上农业行政主管部门在认定试验单位时，应坚持公正的原则，综合考虑农业技术推广、科研、教学试验单位。

经认定的试验单位应接受省级以上农业行政主管部门的监督管理。试验单位对所出具的试验报告的真实性承担法律责任。

第十三条　有下列情形的肥料产品，登记申请不予受理：

（一）没有生产国使用证明（登记注册）的国外产品；

（二）不符合国家产业政策的产品；

（三）知识产权有争议的产品；

（四）不符合国家有关安全、卫生、环保等国家或行业标准要求的产品。

第十四条　对经农田长期使用，有国家或行业标准的下列产品免予登记：

硫酸铵，尿素，硝酸铵，氰氨化钙，磷酸铵（磷酸一铵、二铵），硝酸磷肥，过磷酸钙，氯化钾，硫酸钾，硝酸钾，氯化铵，碳酸氢铵，钙镁磷肥，磷酸二氢钾，单一微量元素肥，高浓度复合肥。

第三章　登记审批

第十五条　农业部负责全国肥料的登记审批、登记证发放和公告工作。

第十六条 农业部聘请技术专家和管理专家组织成立肥料登记评审委员会，负责对申请登记肥料产品的产品化学、肥效和安全性等资料进行综合评审。

第十七条 农业部根据肥料登记评审委员会的综合评审意见，在评审结束后20日内作出是否颁发肥料临时登记证或正式登记证的决定。

肥料登记证使用《中华人民共和国农业部肥料审批专用章》。

第十八条 农业部对符合下列条件的产品直接审批、发放肥料临时登记证：

（一）有国家或行业标准，经检验质量合格的产品。

（二）经肥料登记评审委员会建议并由农业部认定的产品类型，申请登记资料齐全，经检验质量合格的产品。

第十九条 农业部根据具体情况决定召开肥料登记评审委员会全体会议。

第二十条 肥料商品名称的命名应规范，不得有误导作用。

第二十一条 肥料临时登记证有效期为一年。肥料临时登记证有效期满，需要继续生产、销售该产品的，应当在有效期满两个月前提出续展登记申请，符合条件的经农业部批准续展登记。续展有效期为一年。续展临时登记最多不能超过两次。

肥料正式登记证有效期为五年。肥料正式登记证有效期满，需要继续生产、销售该产品的，应当在有效期满六个月前提出续展登记申请，符合条件的经农业部批准续展登记。续展有效期为五年。

登记证有效期满没有提出续展登记申请的，视为自动撤销登记。登记证有效期满后提出续展登记申请的，应重新办理登记。

第二十二条 经登记的肥料产品，在登记有效期内改变使用范围、商品名称、企业名称的，应申请变更登记；改变成分、剂型的，应重新申请登记。

第四章 登记管理

第二十三条 肥料产品包装应有标签、说明书和产品质量检验合格证。标签和使用说明书应当使用中文，并符合下列要求：

（一）标明产品名称、生产企业名称和地址；

（二）标明肥料登记证号、产品标准号、有效成分名称和含量、净重、生产日期及质量保证期；

（三）标明产品适用作物、适用区域、使用方法和注意事项；

（四）产品名称和推荐适用作物、区域应与登记批准的一致；

禁止擅自修改经过登记批准的标签内容。

第二十四条　取得登记证的肥料产品，在登记有效期内证实对人、畜、作物有害，经肥料登记评审委员会审议，由农业部宣布限制使用或禁止使用。

第二十五条　农业行政主管部门应当按照规定对辖区内的肥料生产、经营和使用单位的肥料进行定期或不定期监督、检查，必要时按照规定抽取样品和索取有关资料，有关单位不得拒绝和隐瞒。对质量不合格的产品，要限期改进。对质量连续不合格的产品，肥料登记证有效期满后不予续展。

第二十六条　肥料登记受理和审批单位及有关人员应为生产者提供的资料和样品保守技术秘密。

第五章　罚　则

第二十七条　有下列情形之一的，由县级以上农业行政主管部门给予警告，并处违法所得 3 倍以下罚款，但最高不得超过 30 000 元；没有违法所得的，处 10 000 元以下罚款：

（一）生产、销售未取得登记证的肥料产品；

（二）假冒、伪造肥料登记证、登记证号的；

（三）生产、销售的肥料产品有效成分或含量与登记批准的内容不符的。

第二十八条　有下列情形之一的，由县级以上农业行政主管部门给予警告，并处违法所得 3 倍以下罚款，但最高不得超过 20 000 元；没有违法所得的，处 10 000 元以下罚款：

（一）转让肥料登记证或登记证号的；

（二）登记证有效期满未经批准续展登记而继续生产该肥料产品的；

（三）生产、销售包装上未附标签、标签残缺不清或者擅自修改标签内容的。

第二十九条　肥料登记管理工作人员滥用职权、玩忽职守、徇私舞弊、索贿受贿，构成犯罪的，依法追究刑事责任；尚不构成犯罪的，依法给予行政处分。

第六章　附　则

第三十条　生产者办理肥料登记，应按规定交纳登记费。

生产者进行田间试验和田间示范试验，应按规定提供有代表性的试验样品并支付试验费。试验样品须经法定质量检测机构检测确认样品有效成分及其含量与标明值相符，方可进行试验。

第三十一条　省、自治区、直辖市人民政府农业行政主管部门负责本行政区域内的复混肥、配方肥（不含叶面肥）、精制有机肥、床土调酸剂的登记审批、登记证发放和公告工作。省、自治区、直辖市人民政府农业行政主管部门不得越权审批登记。

省、自治区、直辖市人民政府农业行政主管部门参照本办法制定有关复混肥、配方肥（不含叶面肥）、精制有机肥、床土调酸剂的具体登记管理办法，并报农业部备案。

省、自治区、直辖市人民政府农业行政主管部门可委托所属的土肥机构承担本行政区域内的具体肥料登记工作。

第三十二条　省、自治区、直辖市人民政府农业行政主管部门批准登记的复混肥、配方肥（不含叶面肥）、精制有机肥、床土调酸剂，只能在本省销售使用。如要在其他省区销售使用的，须由生产者、销售者向销售使用地省级农业行政主管部门备案。

第三十三条　下列产品适用本办法：

（一）在生产、积造有机肥料过程中，添加的用于分解、熟化有机物的生物和化学制剂；

（二）来源于天然物质，经物理或生物发酵过程加工提炼的，具有特定效应的有机或有机无机混合制品，这种效应不仅包括土壤、环境及植物营养元素的供应，还包括对植物生长的促进使用。

第三十四条　下列产品不适用本办法：

（一）肥料和农药的混合物；

（二）农民自制自用的有机肥料。

第三十五条　本办法下列用语定义为：

（一）配方肥是指利用测土配方技术，根据不同作物的营养需要、土壤养分含量及供肥特点，以各种单质化肥为原料，有针对性地添加适量中、微量元素或特定有机肥料，采用掺混或造粒工艺加工而成的，具有很强的针对性和地域性的专用肥料。

（二）叶面肥是指施与植物叶片并能被其吸收利用的肥料。

（三）床土调酸剂是指在农作物育苗期，用于调节育苗床土酸度（或 pH 值）的制剂。

（四）微生物肥料是指应用于农业生产中，能够获得特定肥料效应的含有特定微生物活体的制品，这种效应不仅包括了土壤、环境及植物营养元素的供应，还包括了其所产生的代谢产物对植物的有益作用。

（五）有机肥料是指来源于植物和/或动物，经发酵、腐熟后，施与土壤以提供植物养分为其主要功效的含碳物料。

（六）精制有机肥是指经工厂化生产的，不含特定肥料效应微生物的，商品化的有机肥料。

（七）复混肥是指氮、磷、钾 3 种养分中，至少有 2 种养分标明量的肥料，由化学方法和/或物理加工制成。

（八）复合肥是指仅由化学方法制成的复混肥。

第三十六条　本办法所称“违法所得”是指违法生产、经营肥料的销售收入。

第三十七条　本办法由农业部负责解释。

第三十八条　本办法自发布之日起施行。农业部 1989 年发布、1997 年修订的《中华人民共和国农业部关于肥料、土壤调理剂及植物生长调节剂检验登记的暂行规定》同时废止。

附件 4　主要作物单位产量养分吸收量（见附表 4）

附表 4　主要作物单位产量养分吸收量

作　物	收获物	形成 100kg 经济产量所吸收的养分量（kg）		
		氮（N）	五氧化二磷（P_2O_5）	氧化钾（K_2O）
水稻	籽粒	2.25	1.10	2.70
冬小麦	籽粒	3.00	1.25	2.50
春小麦	籽粒	3.00	1.00	2.50
大麦	籽粒	2.70	0.90	2.20
玉米	籽粒	2.57	0.86	2.14
谷子	籽粒	2.50	1.25	1.75
高粱	籽粒	2.60	1.30	1.30
甘薯	鲜块根	0.35	0.18	0.55
马铃薯	鲜块根	0.50	0.20	1.06
大豆	豆粒	7.20	1.80	4.00
豌豆	豆粒	3.09	0.86	2.86
花生	荚果	6.80	1.30	3.80
棉花	籽棉	5.00	1.80	4.00
油菜	菜籽	5.80	2.50	4.30
芝麻	籽粒	8.23	2.07	4.41
烟草	鲜叶	4.10	0.70	1.10
大麻	纤维	8.00	2.30	5.00
甜菜	块根	0.40	0.15	0.60
甘蔗	茎	0.19	0.07	0.30
黄瓜	果实	0.40	0.35	0.55
架芸豆	果实	0.81	0.23	0.68
茄子	果实	0.30	0.10	0.40
番茄	果实	0.45	0.50	0.50
胡萝卜	块根	0.31	0.10	0.50
萝卜	块根	0.60	0.31	0.50
甘蓝	叶球	0.41	0.05	0.38

（续表）

作　物	收获物	形成 100kg 经济产量所吸收的养分量（kg）		
		氮（N）	五氧化二磷（P_2O_5）	氧化钾（K_2O）
洋葱	葱头	0.27	0.12	0.23
芹菜	全株	0.16	0.08	0.42
菠菜	全株	0.36	0.18	0.52
大葱	全株	0.30	0.12	0.40
柑橘（温州蜜橘）	果实	0.60	0.11	0.40
苹果（国光）	果实	0.30	0.08	0.32
梨（廿世纪）	果实	0.47	0.23	0.48
柿（富有）	果实	0.59	0.14	0.54
葡萄（玫瑰露）	果实	0.60	0.30	0.72
桃（白凤）	果实	0.48	0.20	0.76

注：

1. 一般大田作物包括相应的茎、叶等营养器官的养分数量；
2. 块根、块茎、果实均为鲜重，籽实为风干重；
3. 大豆、花生等豆科作物主要借助根瘤菌固定空气中的氮素，从土壤中吸收的氮素仅占$\frac{1}{3}$左右

资料来源：《肥料手册》，北京农业大学《肥料手册》编写组，农业出版社

附件 5 主要作物养分含量表（见附表 5）

附表 5 主要作物养分含量表

作物名称	果实			茎叶		
	N%	P%	K%	N%	P%	K%
水稻	1.212	0.300	0.370	0.773	0.130	1.804
玉米	1.465	0.317	0.528	0.748	0.412	1.266
小麦	2.160	0.370	0.425	0.565	0.067	1.280
棉花	3.920	0.628	0.921	1.167	0.245	1.731
油菜	3.966	0.679	1.236	0.782	0.149	1.506
大豆	6.272	0.636	1.713	1.289	0.173	1.287
花生	4.182	0.305	0.723	1.343	0.127	0.841
豌豆	4.377	0.410	1.100	1.400	0.153	0.415
大麦	2.016	0.287	0.838	0.479	0.103	1.099
高粱	1.326	0.385	0.397	0.436	0.170	1.206
谷子	1.456	0.267	0.592	0.595	0.068	1.718
荞麦	1.100	0.180	0.230	0.850	0.310	1.810
蚕豆	3.959	0.534	1.100	4.160	0.100	1.102
红豆	5.850	1.450	2.500	1.195	0.810	0.495
红薯	0.671	0.264	0.596	1.453	0.296	1.333
马铃薯	1.167	0.181	1.259	0.987	0.086	0.668
芝麻	3.028	0.668	0.502	0.386	0.107	2.107
烤烟	2.634	0.184	1.849	1.626	0.286	2.714
甘蔗	0.221	0.048	0.295	0.061	0.081	0.470

附件 6 主要有机肥养分含量表（见附表 6）

附表 6 主要有机肥养分含量表

代码	名称	风干基			鲜基		
		N%	P%	K%	N%	P%	K%
A	粪尿类	4.689	0.802	3.011	0.605	0.175	0.411
A01	人粪尿	9.973	1.421	2.794	0.643	0.106	0.187
A02	人粪	6.357	1.239	1.482	1.159	0.261	0.304
A03	人尿	24.591	1.609	5.819	0.526	0.038	0.136
A04	猪粪	2.090	0.817	1.082	0.547	0.245	0.294
A05	猪尿	12.126	1.522	10.679	0.166	0.022	0.157
A06	猪粪尿	3.773	1.095	2.495	0.238	0.074	0.171
A07	马粪	1.347	0.434	1.247	0.437	0.134	0.381
A09	马粪尿	2.552	0.419	2.815	0.378	0.077	0.573
A10	牛粪	1.560	0.382	0.898	0.383	0.095	0.231
A11	牛尿	10.300	0.640	18.871	0.501	0.017	0.906
A12	牛粪尿	2.462	0.563	2.888	0.351	0.082	0.421
A19	羊粪	2.317	0.457	1.284	1.014	0.216	0.532
A22	兔粪	2.115	0.675	1.710	0.874	0.297	0.653
A24	鸡粪	2.137	0.879	1.525	1.032	0.413	0.717
A25	鸭粪	1.642	0.787	1.259	0.714	0.364	0.547
A26	鹅粪	1.599	0.609	1.651	0.536	0.215	0.517
A28	蚕沙	2.331	0.302	1.894	1.184	0.154	0.974
B	堆沤肥类	0.925	0.316	1.278	0.429	0.137	0.487
B01	堆肥	0.636	0.216	1.048	0.347	0.111	0.399
B02	沤肥	0.635	0.250	1.466	0.296	0.121	0.191
B04	凼肥	0.386	0.186	2.007	0.230	0.098	0.772
B05	猪圈粪	0.958	0.443	0.950	0.376	0.155	0.298
B06	马厩肥	1.070	0.321	1.163	0.454	0.137	0.505
B07	牛栏粪	1.299	0.325	1.820	0.500	0.131	0.720
B10	羊圈粪	1.262	0.270	1.333	0.782	0.154	0.740
B16	土粪	0.375	0.201	1.339	0.146	0.120	0.083
C	秸秆类	1.051	0.141	1.482	0.347	0.046	0.539
C01	水稻秸秆	0.826	0.119	1.708	0.302	0.044	0.663

（续表）

代码	名 称	风干基			鲜 基		
		N%	P%	K%	N%	P%	K%
C02	小麦秸秆	0.617	0.071	1.017	0.314	0.040	0.653
C03	大麦秸秆	0.509	0.076	1.268	0.157	0.038	0.546
C04	玉米秸秆	0.869	0.133	1.112	0.298	0.043	0.384
C06	大豆秸秆	1.633	0.170	1.056	0.577	0.063	0.368
C07	油菜秸秆	0.816	0.140	1.857	0.266	0.039	0.607
C08	花生秸秆	1.658	0.149	0.990	0.572	0.056	0.357
C12	马铃薯藤	2.403	0.247	3.581	0.310	0.032	0.461
C13	红薯藤	2.131	0.256	2.750	0.350	0.045	0.484
C14	烟草秆	1.295	0.151	1.656	0.368	0.038	0.453
C27	胡豆秆	2.215	0.204	1.466	0.482	0.051	0.303
C29	甘蔗茎叶	1.001	0.128	1.005	0.359	0.046	0.374
D	绿肥类	2.417	0.274	2.083	0.524	0.057	0.434
D01	紫云英	3.085	0.301	2.065	0.391	0.042	0.269
D02	苕子	3.047	0.289	2.141	0.632	0.061	0.438
D05	草木樨	1.375	0.144	1.134	0.260	0.036	0.440
D06	豌豆	2.470	0.241	1.719	0.614	0.059	0.428
D07	箭舌豌豆	1.846	0.187	1.285	0.652	0.070	0.478
D08	蚕豆	2.392	0.270	1.419	0.473	0.048	0.305
D09	萝卜菜	2.233	0.347	2.463	0.366	0.055	0.414
D17	紫穗槐	2.706	0.269	1.271	0.903	0.090	0.457
D18	三叶草	2.836	0.293	2.544	0.643	0.059	0.589
D22	满江红	2.901	0.359	2.287	0.233	0.029	0.175
D23	水花生	2.505	0.289	5.010	0.342	0.041	0.713
D25	水葫芦	2.301	0.430	3.862	0.214	0.037	0.365
D26	紫茎泽兰	1.541	0.248	2.316	0.390	0.063	0.581
D28	篙枝	2.522	0.315	3.042	0.644	0.094	0.809
D32	黄荆	2.558	0.301	1.686	0.878	0.099	0.576
D33	马桑	1.896	0.190	0.839	0.653	0.066	0.284
D45	山青	2.334	0.268	1.858			
D49	茅草	0.749	0.109	0.755	0.385	0.054	0.381

（续表）

代码	名　称	风干基			鲜　基		
		N%	P%	K%	N%	P%	K%
D52	松毛	0.924	0.094	0.448	0.407	0.042	0.195
E	杂肥类	0.761	0.540	3.737	0.253	0.433	2.427
E02	泥肥	0.239	0.247	1.620	0.183	0.102	1.530
E03	肥土	0.555	0.142	1.433	0.207	0.099	0.836
F	饼肥	0.428	0.519	0.828	2.946	0.459	0.677
F01	豆饼	6.684	0.440	1.186	4.838	0.521	1.338
F02	菜子饼	5.250	0.799	1.042	5.195	0.853	1.116
F03	花生饼	6.915	0.547	0.962	4.123	0.367	0.801
F05	芝麻饼	5.079	0.731	0.564	4.969	1.043	0.778
F06	茶籽饼	2.926	0.488	1.216	1.225	0.200	0.845
F09	棉籽饼	4.293	0.541	0.760	5.514	0.967	1.243
F18	酒渣	2.867	0.330	0.350	0.714	0.090	0.104
F32	木薯渣	0.475	0.054	0.247	0.106	0.011	0.051
G	海肥类	2.513	0.579	1.528	1.178	0.332	0.399
H	农用废渣液	0.882	0.348	1.135	0.317	0.173	0.788
H01	城市垃圾	0.319	0.175	1.344	0.275	0.117	1.072
I	腐殖酸类	0.956	0.231	1.104	0.438	0.105	0.609
I01	褐煤	0.876	0.138	0.950	0.366	0.040	0.514
J	沼气肥	6.231	1.167	4.455	0.283	0.113	0.136
J01	沼渣	12.924	1.828	9.886	0.109	0.019	0.088
J02	沼液	1.866	0.755	0.835	0.499	0.216	0.203

注：据全国有机肥品质调查汇总得出，供计算有机肥养分折纯量参考。

附件 7　化学肥料性质与特点（见附表 7-1～7-5）

附表 7-1　化学肥料性质与特点——氮肥

肥料名称	含氮量（%）	性　质	施　用　特　点
尿素	44～46	白色或淡黄色针状结晶。一般加防湿剂制成小米状颗粒。易吸湿空气中水汽，也易溶解于水。溶解过程强烈吸热。为酰胺态氮。施入土壤后会被微生物转化成碳酸铵或碳酸氢铵	适于各种土壤和作物。由于开始施入后土壤吸附较少，应避免大雨前施入。在稻田施用后要停水 3～5 天，待尿素转变为碳酸铵或碳酸氢铵，被土壤吸附后在灌水。要采取"少量多餐"的措施。做种肥时，用量要少，施得要匀，最好使种子与肥料保持 2～3cm 距离。适于作根外追肥。根外追肥的浓度是：稻、麦等禾谷类作物 1.5%～2%，蔬菜 1.0%，果树 0.5%
硝酸铵	32～35	白色结晶、有吸湿性及爆炸性。易溶于水，溶解过程强烈吸热。应保存于干燥阴凉处，避免麸糠、煤油等有机杂质混入。结块时应轻轻敲碎	适于各种作物。所含硝态氮不能被土壤胶体吸附，容易流失，因此，不宜在水稻田使用，也不宜在大雨或灌溉前施用，防止随水流失宜作追肥，也要采取"少量多餐"的措施。在石灰性、碱性土壤施用，要深施盖土。不要与碱性物质混合。要用一袋开一袋。如一袋未用完，应放在筒或缸内加盖防潮
氯化铵	24～25	白色或淡黄色结晶。化学中性，生理酸性。性质稳定。吸湿性小	基本同硫铵。不宜在盐碱地施用。不宜用于烟草、甘薯、马铃薯、葡萄等忌氯作物
碳酸氢铵	17	白色、灰白色或褐色结晶或细粒。有刺鼻的氨臭。高温高湿时极易分解挥发，溶于水后较稳定。有吸湿性。溶解性差	要保存在低温、干燥的地方，不让风吹日晒。不要与种子同库。一般作基肥。旱地可结合犁地深施；水田在最后一次耙田时撒施。作种肥应在播种行旁开沟条施或穴施，施后立即盖土。作追肥也要开沟，或挖穴深施。施用时不要把肥料撒到茎叶上。也可结合灌水，随水流送
氨水	15～17	液体，纯者无色，有时因含杂质而呈黑色或黄绿色。强碱性，极易挥发。对铜、铝制品有腐蚀性。溶入大量水或用土吸收后挥发性减弱	贮存时要防挥发、防渗漏、防腐蚀。贮存的容器没有裂缝，里面最好再涂一层沥青，装上氨水的要密封起来

附表 7-2 化学肥料性质与特点——磷肥

肥料名称	含磷量(%)	性质	施用特点
过磷酸钙	14～20	灰白色或黑色粉末，稍有酸味。酸性。在石灰性土壤上易与钙化合成不溶性钙盐。有效成分以水溶性为主	不宜与碱性肥料混合贮存。适于各种土壤和各种作物。在酸性土壤上要先施石灰，6～7天后再施用。为了防止土壤固定，可与少量有机肥混合施用。一般用作基肥、种肥集中条施。如来不及作基肥、种肥，应及早追施。用1%～2%浓度的溶液对小麦、玉米、棉花、果树等时面喷施，有良好效果
钙镁磷肥	16	灰褐色或绿色粉末。碱性。有效成分为柠檬酸溶性的。不吸湿，易保存，运输方便	肥效较慢。宜作基肥，不宜作追肥。最好与堆肥混合堆沤施用。深施在作物根系分布最多的土层效果较好。适宜于酸性土壤。在石灰性土壤上效果略低于过磷酸钙
脱氟磷肥	25～30	灰白色或灰黑色的颗粒或粉末。不易吸水，无腐蚀性。所含磷素大部分为柠檬酸溶性的	同钙镁磷肥

附表 7-3 化学肥料性质与特点——钾肥

肥料名称	含钾量(%)	性质	施用特点
硫酸钾	48～52	白色结晶，易溶于水。吸湿性很小，贮存时不结块。化学中性，生理酸性	可做基肥、种肥、追肥。钾素一般可被土壤吸附，不会流失，但在保肥能力差的砂土上也要采取“少量多餐”的措施。应首先用在甜菜、马铃薯、红薯等喜钾作物上。在酸性土壤施用应注意施石灰
氯化钾	50～60	白色结晶，工业产品略带黄色。化学中性，生理酸性。易溶于水，吸湿性小	作基肥、追肥均可。对土壤酸化程度较硫酸钾为重，酸性土上要注意施石灰。除对烟草、薯类等忌氯作物不宜施外，其他作物均可施用

附表 7-4　化学肥料性质与特点——复合肥料

肥料名称	养分含量			性　质	施　用　特　点
	氮	磷	钾		
磷酸一铵（安福粉）	11～12	56	—	一般灰色，多制成粒状。无腐蚀性，溶解性差	所含养分以磷为主。可用作基肥或种肥。作种肥可与种子混在一起，不会烧苗。由于磷多氮少，要注意补施氮肥，用量可比过磷酸钙少1/3～1/2
磷酸二铵（重安福粉）	20～21	46～53	—		
硝酸钾	13～15	45～46		白色结晶。易溶解，有吸湿性。化学反应与生理反应均属中性	肥效快，可做种肥、追肥。在缺钾的砂质土及漏肥土上，要采用“少量多餐”的措施

附表 7-5　化学肥料性质与特点——微量元素肥料

肥料种类	缺肥土壤	缺肥症状	施肥方法
硼肥 硼酸 （17.5%） 硼砂 （11.3%） 硼镁肥 （1.4%） 硼泥 （1%）	石灰性土壤，地下水位高的沙滩地、多雨地区的酸性土壤	小麦穗子空瘪，棉花不结铃，油菜“花而不实”，豆类根部结瘤差。果实小枝生长点死亡，果树表面有黑色斑块，落果严重	1. 浸种、拌种：浸种用0.01%～0.02%硼砂溶液浸5小时。拌种浓度稍大。2. 喷施：用0.02%～0.1%溶液。小麦孕穗期、油菜薹花期、棉花蕾期、果树盛花期喷1～3次。3. 根施：大田每亩用硼砂0.5～0.75kg，果树0.4～0.6kg/株，结合深翻施下
锰肥 硫酸锰 （27%） 氯化锰 （17%） 钢铁厂 炉渣 （1%～5%）	黄土母质上发育的土壤，轻质石灰性土壤	苹果、柑橘、桃、葡萄、番茄易发病。主要表现为幼嫩叶片叶脉间失绿，从叶缘起向中间发展，严重时叶尖变枯	1. 豆科作物和磷肥配合，非豆科作物和氮、磷配合效果好。2. 与酸性化肥混施以减少固定。3. 根施每亩硫酸锰1kg。拌种4～8g/kg。浸种、喷施以0.1%为宜，浸种12小时，喷施加尿素有助叶片吸收，时间在花期前
钼肥 钼酸铵 （54%）	黄土母质上发育的土壤，轻质石灰性土壤，冲积砂土	豆科作物结瘤不良，固氮作用减弱；番茄叶色变浅，叶缘上卷；甜菜叶色变白	1. 豆科、十字花科作物施钼肥效果极显著。2. 处理种子：0.1%溶液浸种12小时。每千克种子用2g拌种。3. 喷施：浓度0.01%～0.1%，苗期与花期都喷效果好

(续表)

肥料种类	缺肥土壤	缺肥症状	施肥方法
锌肥 硫酸锌 (23%) 氯化锌 (48%)	石灰性土壤新平整的生土地，砂质冲积土，磷素丰富的土壤	玉米幼苗呈白色苗期叶脉间失绿，呈黄白条带状，后期果穗小，缺粒秃尖。烟草叶缘现黄白病斑，叶变小。辣椒叶脉及时缘变黄白、苹果、梨叶变小，色不匀、节间缩短。桃叶变小、变细，叶色暗	1. 根施：每亩0.75～1.5kg，与酸性肥料混合深施。勿与磷肥混施。2. 处理种子：用0.02%～0.05%溶液浸种，每千克种子用2～6g拌种。3. 喷施：用0.1%～0.5%溶液，加少量熟石灰可避免药害，可与杀虫剂合喷
铜肥 硫酸铜 (26%) 炼铜矿渣	含大量有机质的沼泽化土壤和泥炭土	谷类穗芒发育不全，有时大量分蘖不抽穗。洋葱鳞片变薄。番茄卷时、不开花	用0.02%～0.05%硫酸铜溶液喷施或浸种

注：括弧内为肥料元素的含量

附件 8　主要肥料能否混合施用查对表（见附表 8）

附表 8　主要肥料能否混合施用查对表

氯化铵	1																					
碳酸氢铵	1	1																				
氨水	1	1	1																			
硝酸铵	1	3	1	1																		
硝酸钙	3	3	3	3	3																	
硝酸铵钙	1	3	3	3	1	1																
硫硝酸铵	2	1	1	1	2	3	1															
尿素	1	1	1	1	1	3	1	3														
石灰氮	3	3	3	3	3	1	3	3	3													
过磷酸钙	2	2	2	2	1	3	3	1	1	3												
重过磷酸钙	2	2	2	2	3	3	3	1	1	3	2											
钙镁磷肥	3	3	3	3	3	3	3	3	3	3	3	3										
沉淀磷酸钙	2	2	1	1	1	3	1	1	1	3	1	1	3									
钢渣磷肥	3	3	3	3	3	1	3	3	3	2	3	3	1	1								
磷矿粉、骨粉	1	1	1	3	1	1	1	1	1	2	2	3	2	1	2							
磷酸铵	1	1	1	1	1	3	3	1	1	3	2	2	3	2	3	3						
硫酸钾	2	2	1	1	2	1	1	2	2	2	1	2	3	2	2	2	1					
氯化钾	2	2	1	1	2	3	3	1	1	1	2	2	3	2	1	1	3	2				
草木灰	3	3	3	3	3	1	3	3	3	2	3	3	2	1	2	2	3	2	2			
人粪尿	2	2	3	3	2	3	3	1	1	3	2	2	2	2	3	2	2	2	2	3		
堆肥、圈肥	2	2	3	3	2	3	3	1	1	3	2	2	2	2	3	2	1	2	2	3	2	
石灰	3	3	3	3	3	1	3	3	3	2	3	3	2	3	2	2	3	2	2	3	3	3
	硫酸铵	氯化铵	碳酸氢铵	氨水	硝酸铵	硝酸钙	硝酸铵钙	硫硝酸铵	尿素	石灰氮	过磷酸钙	重过磷酸钙	钙镁磷肥	沉淀磷酸钙	钢渣磷肥	磷矿粉骨粉	磷酸铵	硫酸铵	氯化钾	草木灰	人畜粪尿	肥堆圈肥

注：1 表示可以混合施用；2 表示混合后立即施用；3 表示不能混合施用

附件 9

常用化肥特性及施用技术要点歌

铵态氮肥

铵态氮肥较常用，主要特性水能溶；
铵根离子带阳电，阴电土粒相互拥。
硝化作用变硝氮，提高氮肥有效性；
与碱混合铵变氨，氨气挥发不肥田。

①碳酸氢铵

碳酸氢铵偏碱性，施入土壤变为中。
含氮十六至十七，各种作物都适宜。
高温高湿易分解，施用千万要深埋。
牢记莫混钙镁磷，还有草灰人尿粪。

②硫酸铵

硫铵俗称肥田粉，氮肥以它作标准。
含氮高达二十一，各种作物都适宜。
生理酸性较典型，最适土壤偏碱性。
混合普钙变一铵，氮磷互补增效应。

③氯化铵

氯化铵、生理酸，含量二十五个氮；
施用千万莫混碱，用于种肥出苗难。
牢记红薯马铃薯，烟叶甜菜都忌氯。
重用棉花和水稻，掺和尿素肥效高。

硝态氮肥

硝态氮肥问世早，用作追肥肥效高。
主要养分为氮素，钠钙离子也起效。
硝根离子带阴电，土壤胶粒吸附难。
但易水溶肥效快，吸湿性强易爆燃。

①硝酸钠

智利硝石硝酸钠，多在旱地施用它。
最适作物为甜菜，还有萝卜和亚麻。
含氮较低为十五，也适其他农作物。
生理反应呈碱性，盐碱水地不要用。

②硝酸钙

挪威硝石硝酸钙，常温之下不分解。
含氮十四生理碱，易溶于水呈弱酸。
各类土壤都适用，最好施于缺钙田。
最适作物马铃薯，甜菜大麦和稻谷。

铵态、硝态氮肥

铵态硝态为一体，称为铵态硝态肥。
典型代表为硝铵，氮肥家族为骨干。
硫硝酸铵新型肥，含量可达二十七。
硝酸铵钙有前途，能够中和酸碱度。

①硝酸铵

硝酸铵、生理酸，内含三十四个氮。
铵态硝态各一半，吸湿性强易爆燃。
施用最好作追肥，不施水田不混碱。
掺和钾肥氯化钾，理化性质大改观。

②硫硝酸铵

硫硝酸铵为复盐，易溶于水呈弱酸。
含氮可达二十七，铵氮硝氮三比一。
只因含有铵态氮，千万莫混碱性肥。
适应各种农作物，用作追肥最适宜。

③硝酸铵钙

硝酸铵钙为复盐，又名石灰硝酸铵。
由于含有碳酸钙，减轻结块和爆燃。
一般含氮二十二，易溶于水呈弱碱。
铵氮硝氮各一半，混施普钙肥效减。

酰胺、氰氨态氮肥

酰胺氮肥如尿素，没有离子能吸附。
脲酶作用变碳铵，然后浇水肥效速。
氰铵氮肥石灰氮，入土变为氰氨盐。
接着转化为尿素，再变碳铵需七天。

①尿素

尿素性平呈中性，各类土壤都适用。
含氮高达四十六，根外追肥称英雄。
施入土壤变碳铵，然后才能大水灌。

千万牢记要深施，提前施用最关键。

石灰氮，有毒性，杀虫灭菌有作用。
掺土堆沤变尿素，黑色粉末质地轻。
含氮二十性偏碱，莫混普钙铵态氮。
接触皮肤要冲洗，莫施十字花科地。

液态氮肥氮溶液，氨水液氨为液体。
目前虽说用量少，发展前景大无比。
原因设备较简单，便于生产成本低。
施肥易于机械化，廉价省工又省力。

用水吸收合成氮，生成氨水性为碱。
腐蚀性强能杀虫，储运密封保安全。
施用得当似硫铵，随水灌溉较方便，
无论水田及旱地，强调深埋是关键。

液氨来自气体氨，加压降温成液氨。
沸点很低性为碱，遇氯溴碘易爆燃。
施入土壤吸附快，关键作到要深埋。
储运要求用钢瓶，不戴罩帽不能用。

几种氮肥溶于水，直接生成氮溶液。
挥发性小性偏碱，加入磷钾成复肥。
储运施用都方便，发展前景很可观。
施用方法似氨水，牢记深埋是一环。

微量元素硼和锰，还有锌钼铁氯铜。
这些元素虽说少，所起作用可不小。
一能促进氮代谢，使其合成高蛋白。
二使作物能固氮，还能参与磷代谢。
微量元素性不同，施用各有各的用。
要想使其显奇功，请看下面的特性。

常用硼肥有硼酸，硼砂已经用多年。
硼酸弱酸带光泽，三斜晶体粉末白；
有效成分近十八，热水能够溶解它。
四硼酸钠称硼砂，干燥空气易风化；
含硼十一性偏碱，适应各类酸性田。
作物缺硼植株小，叶片厚皱色绿暗。
棉花缺硼蕾不花，多数作物花不全。
增施硼肥能增产，关键还需巧诊断。
麦棉烟麻苜蓿薯，甜菜油菜及果树；
这些作物都需硼，用作喷施浸拌种。
浸种浓度掌握稀，万分之一就可以。
叶面喷施作追肥，浓度万分三至七。
硼肥拌种经常用，千克种子一克肥。
用于基肥农肥混，每亩莫过一千克。

常用钼肥钼酸铵，五十四钼六个氮。
粒状结晶易溶水，也溶强碱及强酸。
太阳暴晒易风化，失去晶水以及氨。
作物缺钼叶失绿，首先表现叶脉间。
豆科作物叶变黄，番茄叶边向上卷。
柑橘失绿黄斑状，小麦成熟要迟延。
最适豆科十字科，小麦玉米也喜欢。
不适葱韭等蔬菜，用作基肥混普钙。
每亩只需用二两，严防施用超剂量。
经常用于浸拌种，根外喷施最适应。
浸种浓度千分一，根外追肥也适宜。
拌种公斤需四克，对水因种各有异。
还有钼肥钼酸钠，含钼有达三十八。
白色晶体易溶水，酸地施用加石灰。

常用锰肥硫酸锰，结晶白色或淡红。
含锰二六至二八，易溶于水易风化。
作物缺锰叶肉黄，出现病斑烧焦状。
严重全叶都失绿，叶脉仍绿特性强。

对照病态巧诊断，科学施用是关键。
一般亩施三千克，生理酸性农肥混。
拌种公斤用八克，二十克重用甜菜。
浸种叶喷浓度同，千分之一就可用。
另有氯锰含十七，碳酸锰含三十一。
氯化锰含六十八，基肥常用锰废渣。
对锰敏感作物多，甜菜麦类及豆科；
玉米谷子马铃薯，葡萄花生桃苹果。

常用锌肥硫酸锌，按照剂型有区分：
一种七水化合物，白色颗粒或白粉。
含锌稳定二十三，易溶于水为弱酸。
二种含锌三十六，菱状结晶性有毒。
最适土壤石灰性，还有酸性砂质土。
适应玉米和甜菜，稻麻棉豆和果树。
是否缺锌要诊断，酌情增锌能增产。
玉米对锌最敏感，缺锌叶白穗秃尖。
小麦缺锌叶缘白，主脉两侧条状斑。
果树缺锌幼叶小，缺绿斑点连成片。
水稻缺锌草丛状，植株矮小生长慢。
亩施莫超两千克，混合农肥生理酸。
遇磷生成磷酸锌，不易溶水肥效减。
玉米常用根外喷，浓度一定要定真。
若喷百分零点五，外添一半石灰熟。
这个浓度经常用，还可用来喷果树。
其他作物千分三，连喷三次效明显。
拌种千克四克肥，浸种一克就可以。
另有锌肥氯化锌，白色粉末锌氯粉。
含锌较高四十八，制造电池常用它。
还有锌肥氧化锌，又叫锌白氧化锌。
含锌高达七十八，不溶于水和乙醇。
百分之一悬浊液，可用秧苗来蘸根。
能溶醋酸碳酸铵，制造橡胶可充填。
医药可用作软膏，油漆可用作颜料。
最好锌肥螯合态，易溶于水肥效高。

常用铁肥有黑矾，又名亚铁色绿蓝。
含铁十九硫十二，易溶于水性为酸。
南方稻田多缺硫，施用一季壮一年。
北方土壤多缺铁，直接施地肥效减；
应混农肥人粪尿，用于果树大增产；
施用黑矾五千克，二百千克农肥掺；
集中施于树根下，增产效果更可观；
为免土壤来固定，最好根外追肥用；
亩需黑矾二百克，对水一百千克整；
时间掌握出叶芽，连喷三次效果明；
也可树干钻小孔，株塞两克入孔中；
还可针注果树干，浓度百分零点三。
作物缺铁叶失绿，增施黑矾肥效速。
最适作物有玉米，高粱花生大豆蔬。

目前铜肥有多种，溶水只有硫酸铜。
五水含铜二十五，蓝色结晶有毒性。
应用铜肥有技术，科学诊断看苗情。
作物缺铜叶尖白，叶缘多呈黄灰色。
果树缺铜顶叶簇，上部顶梢多死枯。
认准缺铜才能用，多用基肥浸拌种。
基肥亩施一千克，可掺十倍细土混。
重施石灰砂壤土，土壤肥沃富钾磷；
麦麻玉米及莴苣，洋葱菠菜果树敏。
浸种用水十千克，对肥零点两克准。
外加五克氢氧钙，以免作物受毒害。
根外喷施浓度大，氢氧化钙加百克。
掺拌种子一千克，仅需铜肥为一克。
硫酸铜加氧化钙，波尔多液防病害。
常用浓度百分一，掌握等量五百克。
铜肥减半用苹果，小麦柿树和白菜。
石灰减半用葡萄，番茄瓜类及辣椒。
由于铜肥有毒性，浓度宁稀不要浓。
（来源：农业部测土配方施肥办公室）

附件 10

农作物缺素症诊断方法口诀

作物营养要平衡，营养失衡把病生，病症发生早诊断，准确判断好矫正。
缺素判断并不难，根茎叶花细观察，简单介绍供参考，结合测土很重要。
缺氮抑制苗生长，老叶先黄新叶薄，根小茎细多木质，花迟果落不正常。
缺磷株小分蘖少，新叶暗绿老叶紫，主根软弱侧根稀，花少果迟籽粒小。
缺钾株矮生长慢，老叶尖缘卷枯焦，根系易烂茎纤细，种果畸形不饱满。
缺锌节短株矮小，新叶黄白肉变薄，棉花叶缘上翘起，桃梨小叶或簇叶。
缺硼顶叶绉缩卷，腋芽丛生花蕾落，块根空心根尖死，花而不实最典型。
缺钼株矮幼叶黄，老叶肉厚卷下方，豆类枝稀根瘤少，小麦迟迟不灌浆。
缺锰失绿株变形，幼叶黄白褐斑生，茎弱黄老多木质，花果稀少重量轻。
缺钙未老株先衰，幼叶边黄卷枯黏，根尖细脆腐烂死，茄果烂脐株萎蔫。
缺镁后期植株黄，老叶脉间变褐亡，花色苍白受抑制，根茎生长不正常。
缺硫幼叶先变黄，叶尖焦枯茎基红，根系暗褐白根少，成熟迟缓结实稀。
缺铁失绿先顶端，果树林木最严重，幼叶脉间先黄化，全叶变白难矫正。
缺铜变形株发黄，禾谷叶黄幼尖蔫，根茎不良树冒胶，谷难抽穗芒不全。

主要参考文献

[1]《植物营养失调症彩色图谱——诊断与施肥》陆景陵，陈伦寿编著．中国农业科学技术出版社，2009.9.

[2]《果树施肥手册》劳秀荣主编．中国农业出版社，2008.10.

[3]《果园测土配方施肥技术》劳秀荣，杨守祥，韩燕来主编．中国农业出版社．农村读物出版社，2007.11.

[4]《科学施肥必读》陆景陵，陈伦寿，曹一平编著．中国林业出版社，2007.11.

[5]《测土配方施肥技术问答》农业部种植业管理司，全国农业技术推广中心编著．中国农业出版社，2005.8.

[6]《化肥科学使用指南》楮天铎等编著．金盾出版社，2002.6.

[7]《化肥使用指南》吴玉光，刘立新，黄德明编著．中国农业出版社，2000.9.